U0023206

策略性行銷（行銷策略）

Strategic Marketing：A Guide for Developing Sustainable Competitive Advantage

身為世界人口第二多的國家，印度市場歷經了政府解除管制和民營化的風潮後，已成為世界各大跨國企業的兵家必爭之地。同時也因為其幅員遼闊以及人口結構多樣化，企業在印度的每一場行銷戰役，都提供給我們絕佳的案例研究教材。

本書以嚴謹的架構介紹行銷策略，並佐以豐富的相關案例與實戰研究，誠為鑽研這個領域的學子與從業人員可以參考的好書。

M. J. Xavier／著
李茂興．沈孟宜／譯

STRATEGIC MARKETING

M. J. Xavier

ISBN 957-0453-39-7

Printed in Taiwan, Republic of China

原書序

在九○年代，印度的行銷活動面臨了一段史無前例的大躍進。企業爭權的戰役不再是發生在董事會的小房間內，而是在整個市場上。印度政府在九○年代所採行的自由化政策，已經對許多新的消費產品開啓了一扇活門。是故在許多領域中，競爭逐漸趨於白熱化。原先在各自的領域中身爲領導者的企業，如今已瀕臨生存邊緣。新生代的達西（desi）企業家甚至現身挑戰印度的跨國企業。因而爲求保有自身的市場競爭力，許多公司現在談論的是成本控制和提升附加價值。這一切都對企業戰場造成了巨大的變革－從強調產品導向轉向顧客導向，而終至行銷導向。

今日行銷管理的實務做法已經歷經了長足的進步。策略性行銷概念的新發展、分析工具和技術的進步、以及使用較系統化的做法來制定行銷決策的接受度增高，在在強力的衝擊了組織內的行銷活動。許多企業的公司策略逐漸開始受到市場需要和行銷策略的引導。

本書的價值在於能反映現今的環境，並藉由許多印度的案例實況來探討行銷策略。

本書是筆者在許多學府，包括了位於邦加洛爾的IIM、孟買的SP Jain 管理學院、溝雅（Goa）的溝雅管理學院、馬里波的TA PAI管理學院、和滿蘇的SDM管理學院中，教授學生「策略性行銷」課程的成果。因爲本課程缺乏標準參考教材之故，教學上的需要成爲了催生這本書的主因。

使我在此一專業領域獲益良多的原因，要歸功於我和位於寇德卡拉（Kodaikanal）的南部化工公司（SPIC）合作的這段機緣。長達五天的「策略性行銷」主管進修課程，曾在SPIC和其相關企業經理人之間深獲好評。本書之所以採實務導向，是因為這些課程的參與者大多希望在課程中加強實務應用的部份。

本書由九個章節構成。第一章介紹策略性行銷的整體概念。第二章檢視環境的力量，並探討應變的策略。第三章介紹行銷研究的方法，以及進行市場分析和顧客分析的需求預測技術。第四章探討進行市場分析的工具和技術。第五章向讀者揭露顧客分析的各個層面。第六章則是競爭者分析，而第七章則探討公司優劣勢分析。第八章討論整合行銷組合分析。第九章則是透過行銷策略的擬定，來整合上述章節探討過的概念。

本書的撰寫方式是為了要協助經理人，無論是來自行銷或其它的領域，都能夠增進他們對策略性行銷及其應用的了解。本書也同樣適合當做商學院「策略性行銷」選修課程的教科書。

致謝詞

許多人直接的或間接的協助促成了這本書的誕生。我很感激所有曾經參加過我的策略性行銷經理人課程的參與者，以及選修此課程的所有學生。他們的問題和偶然表現出來的疑惑眼神，都促使我更深入的研究並尋找更多相關的案例，今日才建構出這本書。

我感謝B. School(Brillian’s Business School)，我曾經在那裡主筆六個策略性行銷和其相關主題的錄影帶教學課程。我也必須感謝《Hindu Business Line and Indian Management》的編輯群，他們出版了我在此一領域發表的幾篇文章。

我感激所有閱讀本書先前版本的匿名讀者，他們的建議使我獲益良多，尤其是在重新編排此書方面。

若我忘記感謝我的妻子Jaya就太不可原諒了，她是我決定執筆撰寫這本書的催化劑。

我也希望能謝謝邦加洛爾IIM的B. Rama女士，這本書大部份都是由她打字。

M. J. Xavier

目　錄

第一章

策略性行銷：事業部規劃的有效工具

時至今日，市場上競爭日益激烈，消費者的偏好也不斷改變，對行銷人來說，策略性地規劃他們在市場上的活動已經變成不可或缺的工作。策略性行銷所闡述的主題，包括如何選擇目標市場、應付市場競爭、規劃進入市場的策略、以及一些相關的議題。基本上，正因爲今日市場環境的詭譎多變，才造就了策略性行銷這門學科的興起。在了解何謂策略性行銷之前，我們必須先初步的了解何謂「策略」，以及何謂「行銷」。所以在正式進入策略性行銷規劃這個主題之前，我們將先在本章簡單的闡述一些事業部策略的概念，和各種策略擬訂的做法，同時我們也會探討行銷的概念，以及行銷學上最新的趨勢。本章中也會談到策略性行銷和企業規劃的差別，並且釐清策略性行銷和行銷管理的不同之處。

策略的概念

今日「策略」二字已經成爲流行用語。我們總是聽到有人在談論什麼國防的策略、經營的策略、比賽的策略（或板球、或下棋）、個人的策略、國家的策略、全球的策略、宗教的策略等等不勝枚舉。在不同的時點上，「策略」一詞對不同的人來說代表著不同的意義。因此柯林斯（Collins）字典對策略一詞下了以下三種定義：

1. 採用一種計劃來達成目標，尤其是在政治學、經濟學、或商業領域。
2. 規劃在何處佈署軍隊及武器，以得到最佳軍事優勢的一種手段。
3. 規劃達成目標的最佳方式，或在某種領域（例如下棋）中成功的一種手段。

或許上述的定義不能使你確實的了解策略是什麼，但它們至少會給你一個大致的概念——策略就是進行某些規劃，來讓你達成某些目標。以下的章節將會探討事業部策略的演進過程，以及各種擬訂策略的做法。

事業部策略的演進

事業部策略的演進會經過下列的階段：

1. 對公司進行長期的規劃。
2. 能力和機會相配合，例如：配合環境給予的機會，找出公司的能力可以發揮之處。
3. 以規劃獲得競爭優勢。
4. 在詭譎多變的環境下，應具備的因應能力（Copability, coping + ability）。

對公司進行長期的規劃

在60年代，組織機構重視建立明確的長期發展目標，並且堅定的朝目標邁進。這種潮流的基礎理念在於，整個世界的市場都對企業敞開大門，企業可以隨心所欲的建立想要達成的長期目標，並且慢慢的學習如何去達成。整體經濟的成長方向，和企業營運的成長方向是一致的。當時錢德勒（Chandler, 1979）就對策略下了一個定義：「策略就是事業體決定其基本、長期的目標之後，爲達成這些目標，事業體必須採取的適當行動和合理的資源分配。」，這個定義尤其反映了當時的看法。

能力和機會相配合

根據明茲伯格（Mintzberg, 1979）所述：「策略是組織機構及其所處環境間的一種斡旋的力量；組織機構爲適應環境而進行的決策模式，有一致性的軌跡可循。」

然而到了70年代時，環境的威脅及機會開始並存，因而才突顯出策略規劃的重要性。因爲資源有限，尤其是石油的存量，加上傳統產業的機會開始受限，這些是導致焦點改變的主要原因。對許多公司來說，靠著整合和多角化來使公司成長，是其策略規劃的核心所在。

以規劃獲得競爭優勢

隨著日本及一些新興工業國家的競爭漸趨白熱化，80年代強調的重點轉變爲競爭優勢，以及提供比其它競爭者所能提供的更高價值給消費者。爲達到規模經濟的優勢，當時許多企業熱衷於併購（M&A）或併吞（Takeovers）其它企業。下述的定義，即是反映當時狀況下的產物。

根據奧門（Ohmae, 1982）所述，「策略規劃者的主要工作，就是相對於競爭對手，使企業在使事業成功的主要因素上有更好的表現。」他對策略的中心思想，是建立在下列三種主要參與者的關係上—公司、競爭者、和消費者。公司必須努力運用其相對優勢，以突顯自己和競爭者的不同。因此在選擇的市場區隔中，換句話說就是對於目標消費群，公司要能提供更高的附加價值及最佳的顧客滿意度。

波特（Porter, 1985）將策略定義爲「達成競爭優勢的主要媒介」。他也將競爭性策略定義爲在一個產業（產生競爭的主要舞台）中，企業搜尋本身最想要擁有的競爭地位。透過考量會決定競爭優勢的變數，競爭性策略主要目的在於爲企業建立一個有利潤並能永續經營的地位。

在動盪環境下的因應能力

在90年代，整體趨勢變得更加複雜，而企業界也踏入前所未有的未知領域。國際競爭、科技的快速發展、消費者偏好的改變、以及匯率的變動，在在都使得規劃者難以做出正確的計劃。企劃書上的墨水還沒有乾，可能市場的遊戲規則就已經改變。因此，在這種詭譎多變的環境下，決策的方向就從原來的尋求能力與機會的配合，轉變成強調事業體的應變能力。

這種轉變的結果就是許多公司不再進行長期規劃。它們開始透過直覺及經驗來進行管理。議題管理（issues management）在當時蔚爲風尙。爲了要快速應變環境的改變，公司採用這種管理方式來持續監控公司的內在及外在環境，以找出會嚴重影響公司經營方向的議題。接著公司會採取行動來對付這些直接性的議題，及其可能造成的衝擊。戴伊（Day, 1990）稱這種策略爲調適性規劃（adaptive planning）。

在全球化的時代中，個別公司並無法佔有能剝削全球市場的所有能力及技術，是故企業界漸漸向策略聯盟以及合資的方向靠攏，使公司能擁有足夠的國際競爭力。企業由競爭走向合作是個明顯的趨勢。

歸納上述的看法，我們認爲策略涉及：如何達成組織的長期目標；找出企業資源和外在環境的機會能互相配合之處；擁有競爭優勢；以及能應付動盪的環境。

我們接著將探討一些不同的策略擬訂取向。

不同的策略擬訂取向

就像許多學者專家致力於研究企業政策或策略管理一樣，關於策略的擬訂也存在著許多學說。下文我們將介紹幾種較廣為人知的學說（Xavier 1995）：

1. 策略層級
2. 散彈槍策略與來福槍策略
3. 隨機應變規劃與正式規劃
4. 直覺規劃與分析規劃
5. 一般性策略
6. 策略性意圖
7. 策略的型態
8. 合乎邏輯的漸進法
9. 主動策略與創造性策略
10. 隨機做法
11. 策略即革新

策略層級

策略層級（Strategic hierarchy）是學界中一項非常熱門的作法。典型的策略層級作法會依據圖1.1的步驟進行。

一般來說，企業的使命通常是反映公司創立者的價值觀，而每一家公司都應該清楚地將自己的企業使命（Mission）文字化。就像美國的嬌生公司（Johnson & Johnson）奉爲圭臬的信條是：「我們相信我們首先要對我們的醫生、護士和病人、對母親和父親、和所有使用我們產品和服務的其它人負責。爲滿足他們的需求，我們所做的每件事都必須符合高品質。此外，我們必須持續的降低我們的成本以維持

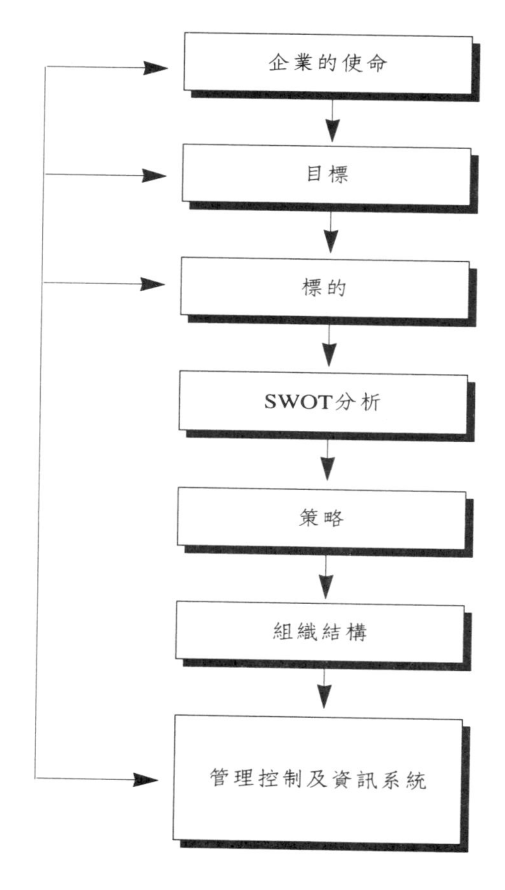

圖1.1　策略層級取向

合理的價格。」

日本松下電器的創辦人，同樣也有一套自己的經營哲學，其中的主要重點為：

- 企業的天職就是要大量製造產品，並以高品質、低價格的方式貢獻社會。
- 企業的利潤來自於貢獻社會而得的報償。
- 永遠致力於「共存共榮」。
- 員工的團結及和諧，是完成工作不可或缺的因素。

企業使命的文字化必須明確的闡述企業的目標（Objectives）及標的（Goals）。組織機構的目標，通常是希望能在某個領域上（如市場佔有率、新產品的推出、利潤等）取得領先的地位。而標的通常都是一些特定的結果，像是市場佔有率達到百分之五十，或在市場上推出某些數量的新產品。

SWOT分析（優勢、劣勢、機會、威脅：Strengths、Weaknesses、Opportunities、Threats）能幫助公司完善的發展策略，以達成公司的目標。有了策略之後應該要調整組織結構（Structure），使公司能為目標而進行活動。管理控制及資訊系統（Management Control and Information System，MCIS）則幫助經理人控制及檢討組織的績效，檢視組織是否能完成其企業的任命、目標、和標的。

散彈槍策略與來福槍策略

當公司不知該如何開發新事業時，可以有以下二種選擇：（1）公司可以先決定目標市場，了解市場需求，並依據市場偏好來發展新產品，或（2）先開發一個好的產品，由公司的技術人員來定義這項產品，隨後在市場上推出，使任何有興趣的人都來購買。第一項策略即是來福槍策略（rifle strategies），公司明確的了解它的目標和目的，並據此做出決策。第二項策略則爲散彈槍策略（shotgun strategies），因爲這種策略就像一個人拿著散彈槍掃射所有方向，希望總有一些子彈能射中目標。我們將會在第九章中更詳細的探討這二種作法。

隨機應變規劃與正式規劃

隨機應變（street-smart）的企業家，經常批評正式規劃（formal planning）的做法既緩慢又不切實際。舉例來說，讀者們想像一個狀況：爲了要出清存貨，公司可以對一種有一點小瑕疵的產品提供10%的折價優惠。一個科班出身的MBA，可能就會照著他所受的正統訓練教育來進行嚴謹的分析，不過等到他最後終於結束分析並做出結論時，他的競爭對手可能早就以沒有瑕疵的產品提供10%折價優惠，並和客戶達成交易了。

帕樂飲料公司（Parle）的老闆陳漢（Ramesh Chauhan）是衆所公認最能隨機應變的人。下面的案例，描述當帕樂公司的品牌Thums Up最具威脅性的競爭對手雙可樂公司（Double-Cola）要進入孟貝（Mumbai）市場鋪貨時，所面臨的嚴酷考驗。「國內百分之六十五的瓶裝飲料市場由發源於孟買的帕樂飲料公司控制，而其嚴酷的老闆陳漢，更在孟買當地的瓶裝飲料市場擁有強大的主控權。這種奇特的產業生態產生了不少問題，當雙可樂公司六月中要進入孟買市場時，所遭受的陰謀迫害就是一項血淋淋的例證。當時席夫席納（Shiv Sena）工會的分支巴拉提亞席納（Bharatiya Kamghar Sena）突然堅持雙可樂製造公司必須將合約經銷商吸收爲其全職的員工，這些合約經銷商傳統上是和所有的無酒精飲料製造商合作，抽取一定成數的佣金。令人疑惑的是，巴拉提亞席納也是帕樂飲料公司所認可的工會，但卻沒有對帕樂飲料公司提出這樣無理的要求。」（Offstage－Double

Jeopardy，《Business Word》，3－16 August 1987，p.96）。除此之外，雙可樂公司還面臨更嚴重的問題，它投入大量的金錢來打廣告，並成功的刺激消費者對雙可樂公司產品的需求，但令人遺憾的是雙可樂公司卻無法將他的產品在各個零售據點中鋪貨。

直覺規劃與分析規劃

一般而言，受過正規教育訓練的專業經理人都很相信邏輯的力量，即使他們升遷到需要對公司做出決策並規劃公司發展方向的核心階層，也不願意放棄內心中對邏輯的忠實信仰。但在許多欠缺足夠資料的情況下，要做出最高決策卻只能儘量運用直覺。圖1.2的方格分析，顯示出五種不同的策略擬訂做法。

第一種類型是「不做任何策略」（Cessation of Any Type of Strategy）。採用這種作風的組織機構，終將積弱不振；第二種類型是「以高度直覺爲基礎的策略」（High Intuition-based Strategy）。採取這種決策的結果常會使公司大起大落，通常是一些欠缺資訊的小型企業會採用這種決策方式；第三種類型是「以高度邏輯爲基礎的策略」（High Logic-based Strategy）。在這種情況下，組織機構極欠缺處理風險的能力，並且也經常會走入分析的死角；第四種類型是「妥協策略」（Compromise Strategy）。組織機構若遵照這種方式做出決策，則通常會錯過許多重大的投資機會。這種組織機構通常只能擁有些許的成長，並且一直維持中型規模及低風險性的營運方式；第五種類型是「高邏輯及高直覺策略」（High Logic and High Intuition Strategy）。依據這種決策方式，組織機構利用直覺來發掘出各種不同的計劃，並隨後使用邏輯來分析這些計劃以全盤了解計劃的機會及威脅。因而這種決策將會使組織機構享有高度成長。

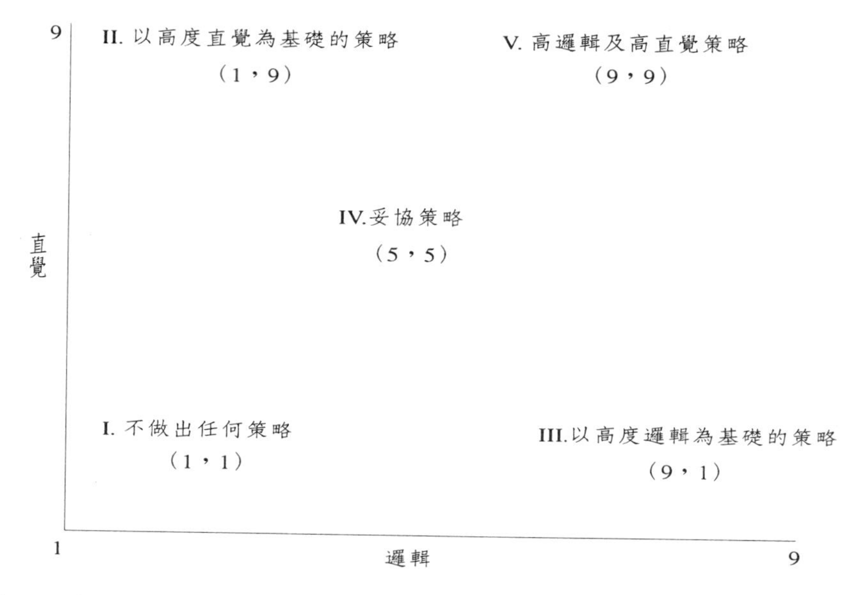

圖1.2 策略方格

一般性策略

波特（Porter, 1980）發表一篇知名的論文，其主要內容提到一家公司的獲利能力是取決於其處產業的特性，和公司在產業內的相對地位而定。波特使用自己的架構來分析產業結構，並爲企業提出了三種一般性策略（Generic strategies）：

1. 整體成本領袖
2. 差異化
3. 專精化

公司所遵循的任何其它策略，都可以歸類爲「連續譜中的某一點」。我們將在第九章中，會對這些策略進行更進一步的介紹。

策略性意圖（Strategic intent）

韓爾和帕拉哈德（Hamel and Prahalad, 1989）扭轉了許多近代學者專家的看法。他們認爲一家公司策略實際的功能，並不在於找出本身的資源和市場機會配合之處，而是設定使公司「展延」到超越許多經理人的想像目標。最明顯的例證就是豐田汽車 vs.通用汽車，CNN vs. CBS，英國航空vs. Pan Am，以及Sony vs. RCA。在上述的例子中，強大的企圖心和決斷力，都是這些公司成功故事中最重要的因素。

當然，有企圖心的策略性意圖背後必須要有積極的管理實務做爲後盾，這些管理實務包括持續的將組織機構的焦點放在勝利的本質上；灌輸目標的價值觀來激勵所有成員；讓個人及團隊有表現的空間；當環境狀況改變時，運用新的管理哲學來維持組織機構內部的熱情；持續的讓策略性意圖來引導組織的資源分配。

雖然策略性意圖對於目標十分明確，但是在運作的方法上仍可以有些彈性，並且預留進步的空間。要達成策略性意圖，在運作的方法上必須要有極佳的創造性，這常會使組織機構的資源和其企圖心無法配合。最高管理階層會因此而挑戰組織本身，利用有系統的建立新優勢的方法來彌平其中的差距。此一策略的本質在於當競爭對手還在模仿你今日的優勢時，你已經在創造自己明日的優勢了。

策略的型態（Strategic posture）

在處理瞬息萬變的市場環境時，公司一般會表現出三種基本的型態（Xavier 1992）：

1. 主動策略
2. 危機管理策略
3. 被動策略

主動策略（Proactive strategy）指預測與適應改變。危機管理（Crisis management strategy）就是當危機出現後，趕快找出解決之道。被動策略（Reactive strategy）就是人們只會抗拒任何變化，並在變化的過程中遭到淘汰。（以上三種策略，將在第二章有更詳盡的描述。）

合乎邏輯的漸進法

合乎邏輯的漸進法（Logical Incrementalism）基本上是指一次踩一步（one-step-at-a-time）的作法來擬訂策略。公司或許並沒有一個很明確的企業使命，如同我們先前在策略層級法所做過的討論。或許組織機構對所謂的成長及目標有某些看法，但卻不知道要採取何種步驟才能達成這些目標。因此事業體只好參照自己過去的經驗，以決定該採行何種行動和該迴避何種危險。在特定的時間點上，研究過自身過去的經驗後，公司將能夠決定下一步該採行的合理做法。如此一來所有採行的決策，都會延續組織過去的決策風格。除此之外，新策略的選擇會視公司現有的優勢、劣勢、和資源而定，因此這種公司將不會去思考超出自己現有能力範圍的策略。這可能是現今公司最常採用的做法。

許多公司事實上並沒有策略性意圖或願景（vision）。它們絕大部份都始於小型企業，等賺到足夠的利潤和保留盈餘時，才會開始尋找下一步成長的機會。專注於向後整合或向前整合，大多會是追尋成長的下一步合理步驟。當然，進入相關產業也同樣是合理的步驟。舉例來說，行銷Kiwi牌鞋油的TTK集團就從未想過要進入男仕髮油市場，直到它和英國的濱江集團（Beecham）聯盟在印度市場上行銷Brylcreem品牌爲止。現在TTK集團下一個合理的步驟，就是併購男仕髮油領域的相關公司來補齊自己的產品線，以眞正提供顧客從頭到腳的產品。

主動策略與創造性策略

主動策略指隨著預期的改變而改變，然而創造性的做法則是對於變化加以「加工」以配合公司本身。第一種做法就像是一個人穿上毛衣禦寒，而第二種做法就有點類似使用暖氣來使室內溫暖。創造性策略（Creative strategies）志在打破外在的限制和籓籬，以創造出合乎公司要求的環境。

創造性策略基本上也和合乎邏輯漸進法大不相同，後者立基於邏輯推演、根植於過去、並受限於公司的能力現況。創造性策略相對的卻能夠超越障礙，開發出多重選擇，創造全然不同的新產品並開發全新的市場。

我們常引用二個鞋子推銷員的故事來說明這二種策略的差別。有二個鞋子業務員一起拜訪某些未開發國家以探測市場潛力。當時第一個業務員失望的回國告訴公司：「那些未開發國家的市場一點潛力也沒有，因爲那裡根本沒有人穿鞋子。」，而第二個業務員回國後卻興奮的告訴公司：「因爲那裡還沒有人穿鞋子，那些國家的市場實在潛力無窮！」

史提芬．賈伯（Steve Job）的個人電腦及莫提哈（Akio Morita）的隨身聽，就是創造性策略下的產物。但對上述二樣產品做一些小小的創新，例如改變一點產品的外型或顏色，就是合乎邏輯漸進法奉行者常做的事了。

隨機做法

隨機做法（Random walk）就是在沒有太多的分析或評估之下，隨機採取某些步驟方向，即公司會隨機捉住剛好看到的機會。求生存是惟一驅使它們的動力，它們採取許多隨機步驟，並希望總有一天會有某個步驟能夠成功。

策略即革新

根據韓爾（1996）所述，策略擬訂的過程通常傾向於利用簡單法則或捷徑法則（heuristics）。其做法是從現在往前推算，而非從未來反推回來，其中隱含的假設是未來應該會或多或少就像現況，即使證據顯示的結果剛好相反。組織的金字塔就是一種經驗金字塔。但是這種經驗，惟有在未來的狀況相同於過去的狀況下才有價值。在產業界中，業界的生態變動的如此快速，依賴過去的經驗不但可能難以反映實況，甚至會置企業於險地。

基本上存在著三種型態的公司：

1. 規則創造者－會創造出產業的市場領導者，例如IBM及Sony。
2. 規則跟隨者－臣服於市場領袖的公司，像是富士公司及松下電器。
3. 革命者－顛覆產業秩序的公司，例如IKEA及美體小鋪（Body Shop）。

規則破壞者或革命者致力於重新定義產業，挑戰過去以創造未來。美體小鋪的創辦人羅地克（Anita Roddick）就曾經說道：「我會觀察化妝品產業的前進方向，隨後則走和它們相反的方向」。

革命者同樣也會存在於每個公司內部。他們通常都處在組織中較低的階層，而非高階管理階層。公司內的中階主管經常會刻意掩蓋他們的意見，不讓高階主管察覺他們的存在。事實上，要挑戰由既得利益階級及權力混合而成的力量非常困難。而無法傾聽到這些革新者的聲音的公司領導者，通常也早已喪失自信，無力塑造組織機構的前景。這些領導者可能早已經忘掉，從甘地到曼德拉，從美國愛國者到波蘭的造船工人，這些促成革命的人都不屬於上層階級。

爲了促進創新性策略的產生，資深經理人必須讓有想像力的員工來輔佐有經驗的層級組織。藉著這樣的過程，革新將能凝聚足夠的能量和動力，一舉推翻陳腐及過時的產業慣例或規範，並發展出截然不同的新策略。

從各種做法中我們可以看出單一最佳的做法並不存在，尤其在情勢會不時改變的狀況下。這就是爲什麼策略管理的領域會如此令人著迷，因爲它使得創造力、創新、及直覺有無盡的發展空間。在介紹過事業策略的概念後，我們將開始來探討行銷學。

行銷的概念

簡單來說，行銷就是指公司應該了解人們的需要和需求，並想辦法加以滿足。一個人不需要成爲行銷專家，才能了解這種簡單卻有力的概念。舉例來說，當小販在路上沿街叫賣蔬菜時，假如你問那個小販如何決定他推車上要賣哪些蔬菜，他一定可以清楚明白的告訴你，因爲哪幾家人會買他的青菜，而他們偏好買哪幾種青菜。小販甚至還可能會告訴你在哪一天，他哪些客戶會買哪幾種青菜，因爲他實在太了解老主顧的飲食習慣了。

柯特勒（Kotler, 1986）曾經利用很多有趣的方式來解釋行銷的概念：

- 「發現需求，並滿足他們。」
- 「儘量製造你能賣得出去的產品，而非儘量賣出你能製造的產品。」
- 「我們必須停止行銷可以製造出來的產品，而開始學習製造可以行銷出去的產品。」
- 「愛你的客户，而非愛你的產品」

基本上來說，行銷的概念根源於顧客的需要及需求，並整合所有的力量來滿足顧客。這樣一來，組織機構也能因此而達成它自身的目標。

行銷學的概念表達著公司須承諾遵循這個歷久彌新的原則，也就是經濟理論中的顧客至上主義。要製造何種產品的決定權，既不是在公司，也不是在一國政府，而是在顧客手上。公司必須製造消費者需要的產品，並且在致力於最大化消費者的福利的同時，也能賺取自己的利潤。

凱利國際禮車公司所遵守的「良好企業的10項法則」（Customer Service with a Smile/Snarl, Manager's Toolbox,《World Executives' Digest》, June 1988, pp.10-12）切實的表達出不論置身於何種行業，顧客的重要性都是不容置疑。在Box1.1中列出了這10條法則。這些法則中，有幾條的產生要歸功於印度國父甘地。根據這些法則，我們可以了解行銷的目的在於創造並留住消費者。

BOX 1.1 良好企業的10項法則

1. 無論在任何行業中，消費者都是最重要的人。
2. 消費者並不依賴我們；但是我們依賴消費者。

3. 消費者並不是製造我們工作麻煩的人，而是我們工作的目的。
4. 消費者找我們是給我們面子，可不是我們服務他是給他面子。
5. 消費者是我們企業的一部份，並不是沒有關係的外人。
6. 消費者不只是冰涼的統計數據，他們是有血有肉、能感覺、有情緒的人。
7. 消費者不是你該去跟他爭辨、或對他耍小聰明的人。
8. 消費者是告訴我們他的需求的人，而滿足他的需求就是我們的工作。
9. 消費者是我們應該盡我們所能、彬彬有禮、全神貫注去對待的人。
10. 消費者是我們這個行業，也是任何行業的衣食父母。

然而，因爲這些法則是很容易在每間公司的牆上發現的標語，所以要眞正實行反而很困難。舉例來說，在印度國營的紡織品合作社的接待中心裡，每個人可能都有過相同的遭遇。當顧客去探訪這些零售點時，銷售展示小姐通常都聚集在商店的角落中聊天。任何進入這些商店的顧客，看起來都像是來阻礙她們「主要工作」（聊天）的人，而她們的工作就是盡量想辦法快點趕走這些顧客。假如有顧客想要參考型錄上展示的商品，或有人想要看不同顏色、或不同尺寸的展示商品，她們一定會立刻回答「沒貨了」。相信你在銀行、郵局、或其它的政府單位，也經常受到這種待遇。

但是一個好的生意人永遠不會忘記自己的本份，像是下列的絮語一樣：

一個人要能使用他的能力和建設性的想像力，來嘗試他可以使用一塊錢做出多少事，而非光會抱怨錢太少他做不出什麼事，這樣才是會成功的人。

哈利．福特

當我在1926年剛進尼曼－馬寇斯（Neiman-Marcus）工作不久後，我父親第一次對我提到的經營哲學就是：「除非顧客認為買得好，要不然尼曼－馬寇斯永遠不會賣得好。

史坦利．馬寇斯

在Box1.2中描述一個日本糕餅業者的故事，這是Matsushita引述來表達他對顧客服務的體認。

BOX 1.2　一個日本糕餅業者的故事

當日本仍然處在當年貧窮的日子裡時，某天下午，一個乞丐走進一家遠近馳名的大糕餅店去買一個麻糬。雖然店裡的學徒很震驚，居然有這麼低格調的顧客走進他們這麼高格調的商店，不過他還是包了一個麻糬給他。但是當他正要將這包麻糬交給那個乞丐時，店主人走過來，並且吩咐說：「等一下，讓我來送他。」在說話中，店主人將這包麻糬交給了他們的乞丐顧客，而當乞丐付了錢後，店主人很有禮貌的鞠躬並大聲說：「非常感謝您的惠顧」。當這個乞丐顧客走了之後，學徒就很好奇的問店主人：「爲什麼老闆您要親自送那個乞丐呢？你以前從來沒有這樣對任何客户過啊？」。這時老闆就回答：「我們應該要十分感激今天這樣的一個顧客來光顧，所以我想表達我的謝意。我們當然要珍惜我們平常的顧客，但是今天的情況特別。」「今天的情況到底有什麼特別啊？」：學徒問道。店主人回答：「我們所有的顧客幾乎都是有錢人，對他們來說，光顧我們的糕餅店只是很普通的一件事。但是今天這個人這麼想吃我們做的麻糬，他甚至願意花盡所有的家當來買這個麻糬。我知道這對他一定很重要，所以我決定一定要親自服務他，這就是做生意的精髓。」

這其實只是一個平凡，但卻非常動人的故事。這個故事讓我們了解，所有的顧客都應當受到同等的尊重，而一個顧客的價值，永遠不是僅僅建立在他的地位、或他所購買的數量上。

STP模型

STP模型在行銷學中，獨領風騷超過50年。這個學說由柯特勒（1990）、韋伯斯特（Webster, 1984）以及其它學者持續的改良修正，才形成當前的模型。此模型的含意在於每個人都有不同的需求，行銷人絕對無法滿足所有人的需求。雖然如此，我們卻可以找出有同質性需求及偏好的顧客群。完成這個步驟之後，行銷人必須選出公司能夠獲利的區隔（目標）。公司隨後可以用合理的價格，提供這個消費族群所需要的產品，讓顧客能用最方便的方法買到產品，以及促銷或廣告這個產品。產品、價格、配銷、和促銷（4P）是可以掌控的行銷組合變數，行銷人可以操縱這些變數來達到想要的結果。下列的範例可以做爲說明。

一個正在尋找生意機會的印度企業家，被介紹給一個新加坡的工業家，這個工業家成功的經營一家銷售止痛藥膏、藥劑、噴霧劑等產品的公司。新加坡工業家願意提供任何他在新加坡銷售的產品之專業技術（know-how），或以合理的費用，由新加坡廠商自己的R&D部門幫助這個印度企業家開發他指定的其它產品。這麼一來，這個印度企業家面臨二種不同的抉擇。

1. 在印度設立一家工廠，使用外國公司提供的專業技術，來製造和行銷在新加坡熱賣的產品組合。
2. 研究印度止痛藥劑市場，找出印度市場的潛在需求，並要求這個新加坡廠商研發能符合這些特定需求的產品。

第一種選擇最常被公司採用，因爲符合最單純、最簡單的邏輯想法，即好的產品什麼地方都能賣。不管如何，印度對於設立一家新公司的概念，不外乎繞著幾個問題打轉，即如何拿到許可執照、以及如何和一個好的外國廠商結盟來得到技術——從來不會想到關於特定市場需求的問題。印度企業家通常都一廂情願的認爲，一旦生產線開始運轉，產品開始在市場上推出，任何需要這種產品的人都應該會去購買。以這個案例來說，任何人只要一有病痛，並且尋找治療藥品，都應該會去購買這些止痛藥膏、藥劑、或噴霧劑。這就是一種典型的散彈槍做法，你對任何方位開槍，並希望總有些子彈能打中目標。

第二種選擇就比較不廣爲人知。這個策略主要是繞著二個問題打轉：（i）這個印度企業家究竟想要將他的產品賣給誰？（ii）這個印度企業家究竟想要賣什麼？這二個問題的解答，通常就能提供必須、而且足夠的資訊來決定產品的設計、產品的價格、銷售的通路、以及該使用的廣告訊息及媒體。

第一個問題表面上很單純。產品理所當然的不可能賣給所有人，或每個受疼痛之苦的人。疼痛的產生可能來自背痛、全身酸痛、頭痛、或其它各種疼痛。除此之外，受疼痛之苦的人有窮人也有富人、有知識份子也有不識字的人、有男有女、有印度南部人也有印度北部人等各不相同。南部人習慣使用止痛藥膏，當傷口有炎熱的感覺時，他們才覺得疼痛稍減；然而北部人卻習慣使用止痛藥劑來使傷口有清涼感，並舒解疼痛。所以這就是為什麼安魯將牌（Amrutanjan）止痛膏在南部比較流行，而易兒得牌（Iodex）止痛劑則在北部熱賣的原因。如此一來，為了要找出止痛劑銷售的顧客群，企業家必須要進行市場研究以得到以下的資訊：

- 疼痛的種類和其發病率。
- 疼痛的發病率和人口統計變數之間的關聯性，例如年齡、教育程度、職業、所得、性別等等。
- 人們對現在的止痛方法，以及各種止痛方法的滿意度。
- 找出在商品上有開發價值的潛在需求。

我們先假設市場研究的結果顯示，正受背痛之苦的中產階級職業婦女人口，並沒有適合在辦公室中使用的產品來滿足她們的需求。市場上的止痛膏及止痛噴霧使用後都會一團糟，所以也不好在公共場所中使用。因此這個企業家就找到了一個尚未被滿足的潛在需求，進而根據此項需求來開發新產品。

現在，我們可以移到第二個問題－這個企業家究竟想要賣什麼？答案可不只是止痛的化學藥膏喔！與其專注於宣傳產品的功能，還不如關心如何讓產品的使用者在使用產品後，感覺能得到更高的效用。這種情形就像賣美白乳液的公司一樣，產品的行銷人企圖賣的是一個希望，讓產品的使用者認為真的可以靠著這種乳液變白。接下來，產品行銷人甚至還可以進行下一個行銷手法，宣稱產品使用者只要皮膚一變白，就會因此變得更迷人，或因為使用這種特殊的乳液，使用者就能得到任何她愛慕的男仕的青睞。這種做法當然也可以應用在止痛產品上，廠商可以營造出特定的感覺，像是「功效良好」、「快速見效」、或「方便您在辦公室中使用」等等。或許傳達這個產品「方便您在辦公室中使用」的訊息比較合適，因為這個產品原本就設計在辦公室中使用。

當找到上述二個問題的答案之後，這個企業家就可以輕易的進行下一個步驟——決定要設計何種產品。開發止痛藥膏來針對背痛，可能會讓使用者覺得很不方便（不好塗抹，弄髒衣服等），因此廠商可以將產品設計成噴霧的型式。再者，因為這個產品主要的銷售對象是職業婦女，所以產品的大小最好能方便裝入手提袋。除此之外，因為此項產品是要讓使用者在辦公室中使用，所以產品在使用時最好設計成不會產生任何氣味，或甚至要帶點令人覺得舒服的香味。理想上來說，這個產品最好在使用時不會有油膩感，不帶顏色，這樣使用後才不會弄髒衣服。

因為產品的主力顧客群是中產階級的職業婦女，所以售價也不能訂得太高。它或許可以比一般的止痛藥膏訂價高一點點。除此之外，這個產品也不太適合透過傳統的經銷通路銷售，如藥房或雜貨店等等。如果此產品能在目標消費群每天都會光顧，去購買一些像是口香糖、零食等生活必需品的小型商店內鋪貨，而這種小型商店又位於臨近辦公室的購物商場內，那就再理想不過了。而產品的廣告可以描繪出下述的場景：在辦公室內坐著一排打字小姐，所有的人都埋首於打字的工作中。這時，突然有一個秘書從總經理辦公室走出來，並且叫到：「李小姐，請過來一下，總經理希望見妳」。而當李小姐站起來時，卻不小心扭到。這時坐在她身旁的同事就馬上打開她的皮包，拿出止痛噴霧並說道：「嘿！放輕鬆，只要噴一點我這個神奇的××牌止痛噴霧，馬上就沒問題了。」，然後把止痛噴霧拿給李小姐。在一陣嘶嘶聲中，李小姐噴了一點噴霧，然後腳步輕盈的走進總經理的辦公室中。

釐清以上所有的問題後，現在我們的印度企業家可以高興的飛去新加坡，探索開發各種規格的新產品之可能性，當然也要衡量產品的行銷價格囉。

行銷學的新典範

整體來說，服務業的蓬勃發展，以及隨之而來的服務業行銷之研究報告的增加，這些變化已經開始挑戰傳統的4P理論。在傳統上，4P理論一直被詮釋成解決所有行銷問題的萬靈丹。除此之外，針對企業對企業（B2B）行銷環境而開發的新做法，像是網路流程等，也開始出現在研究消費者產品的行銷學文獻上。科技的進展也讓行銷人感到困惑，他們質疑是否能將服務業行銷的關係模型和企業對企業行銷的網路模型加以修正，進而應用在消費者產品的行銷上。

早期的行銷典範主要是強調該如何銷售，偶爾或許會談到如何滿足消費者，但其目的也不過是為了極大化每筆交易的銷售額。而新的典範則強調產生互動的價值，而銷售視為這種關係的開始。互動價值的產生，代表買方和賣方能以彼此互惠的方式互動。因而，目的是在消費者整個的生命周期（life-cycle）中極大化此種互動價值。

早期的典範是要滿足某個區隔之消費者的需求，而新的典範則是視每個顧客都是獨立的個體。嬌生公司會寄送廣告單和試用品給未來的母親，這種做法會一直持續到消費者成年以後。而科技的進步也使得公司能夠直接服務個別顧客的需求。或許在不久的將來，消費者想要購買香皂時，他可以直接將手放進一個膚質檢測儀器中，而儀器就會自動列出一堆適合他膚質的香皂品牌清單了。

消費者忠誠度的重要性，在聯邦快遞的員工訓練課程中表露無疑。例如當一個小客戶每個禮拜貢獻一美元的交易額，一年就會帶來五十美元，而十年就會帶給公司五百美元的業績。假如這個客戶得到滿意的服務，她可能會另外帶來十個客戶。所以當一個交易一美金的顧客走進他們的辦公室時，聯邦快遞的行銷人員已經被訓練成能看出有五千塊美金印在他的額頭上。

表1.1摘要了行銷學領域所發生的一些主要變化。

在討論過事業部策略和行銷學的概念之後，我們現在要探討這二者之間的關係，也就是策略性行銷。

事業部策略與行銷策略

策略性行銷無法獨立於公司策略和行銷管理之外。公司策略是告訴公司大致上應該往哪個方向追尋商業機會，而行銷策略則指出在選擇的領域上，有效競爭的方式和做法。更進一步說明，行銷策略引導行銷管理功能來決定行銷組合及每天行銷營運的管理。圖1.3描繪出公司策略、策略性行銷、和行銷管理之間的關係。

表1.1　行銷取向的典範轉移

舊的做法	新的做法
獨立的買賣方關係	相互依賴的買賣方關係
零星的展望	整體的展望
交易導向的關係	互惠的關係
最大化每筆交易的價值	經營消費者終身的價值
交易上的談判	聚焦於價值的產生而彼此尊重
提供區隔市場制式化的產品	為個體量身訂作產品
優先的考量是要讓賣方感到方便舒適	優先的考量是要極大化購買者對購買及使用的愉悅感
獨白（透過大眾傳播工具溝通）	對話（和顧客面對面互動）
行銷活動由行銷部門進行	行銷活動由組織中所有人一起參與進行

像惠浦路集團（Wipro）般的大公司，經營業務橫跨許多不同的領域，並對不同的區隔市場銷售產品。所有這些產品歸類為四種策略性範疇中，分別為（i）資訊科技，（ii）消費者保健及照明，（iii）基礎建設及科技，以及（iv）衛生保健系統。除了印表機、儲存媒體及耗材外，惠浦路集團還有數種IT產品，像是Wipro Acer產品、Java、網路管理、Adobe產品、Novell產品、和Netscape產品。而惠浦路公司的消費性產品也包括自然配方的香皂、衛浴用品、及嬰兒保健用品系列。基礎建設及科技方面的產品組合包含設備租賃、基礎建設整合、財務資訊服務、以及電子支付系統。惠浦路甚至還以定期存款的方式提供儲蓄工具。而在醫療保健的領域上，惠浦路－奇異醫療系統公司在X光系統市場上，以其完整的產品線維持領先的地位。它也銷售RT 3200及LOGIQ Alpha 100超音波掃瞄器。在醫療、診斷、及生化分析市場上，惠浦路生化公司（Wipro Biomed）行銷並支援廣泛領域的設

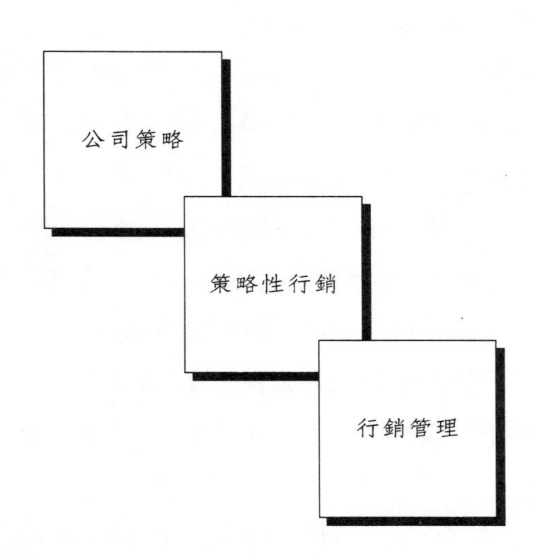

圖1.3　策略性關聯

備及消費品。

所以惠浦路集團的公司策略，將會著墨於整個集團較爲廣泛的策略議題，並檢視橫跨這四個主要產品種類的資源分配方式。其策略性行銷將探討每個產品種類的策略擬訂。而其行銷管理則將檢視每個產品種類中，管理個別產品的營運方針。

在進行下一個策略性行銷的重要主題之前，我們應該先了解策略性行銷及行銷管理的差別。

策略性行銷及行銷管理

如同我們之前所述，策略性行銷一般牽涉到產品市場決策和競爭策略，而行銷管理則是牽涉到每天關於行銷組合運作的例行公事。因此行銷管理考量的是短期（short-term）的時間架構，而策略性行銷的決策則是一種長期（long-term）的運作。

行銷管理視環境變數爲固定，而策略性行銷則使用動態的方式檢視環境，以尋找新的機會和威脅。如果以攝影做爲比喻，行銷管理就像每年對環境拍張快照，並根據這個單一時間點來進行規劃。而策略性行銷就像是透過攝影機，持續的對環境進行動態掃瞄。

策略性行銷的決策過程大部份是由下而上，並有許多個體共同參與。行銷管理則是由上而下，由資深經理人將既定的計劃交由下層的經理人執行控制。策略性行銷允許直接面對消費者的員工有較大的參與空間。策略性行銷絕非只是做出策略文件：策略應該隨著時間而演進。

採用策略性行銷的公司大多較爲主動，而採用傳統行銷管理做法的公司本質上就是被動的。就像其它香煙公司還只是香煙公司時，

ITC就能夠清楚得看清時勢，知道香煙市場的沒落將會是必然的趨勢，所以ITC成功的多角化經營旅館業、貿易業，並跨足健康烹飪用品市場。但是這個情況的確有點矛盾，一家公司一方面銷售有害健康的香煙，另一方面卻又透過它的「Sundrop」油產品，成功的成爲消費者所認可的健康產品供應商。

策略性行銷規劃者需要高度的創造力和原創性。這些創造性的做法和行銷管理所採用的漸進法截然不同，後者是根植於過去，受限於公司的能力現況，並立基於邏輯推演。創造性策略卻相對的能夠超越障礙，開發出多種替代性的選擇，創造全然不同的新產品並開發全新的市場。

表1.2簡單比較了策略性行銷和行銷管理之間的差異。

接下來，我們再來探討策略性行銷及策略的形成。

策略性行銷

雖然有一個學派的想法認爲策略形成過程爲直覺及經驗導向，然而分析及結構性思考在策略形成過程中也佔有很重要的地位。策略性行銷提供形成有效策略的架構及技術。

典型的分析包含四種實體，分別是環境、消費者、競爭、以及公司。除此之外，亦會進行市場及行銷組合分析。規劃者會連續的監控上述實體，並據此塑造出策略。拜德（Amar Bhide, 1994）就曾經說過，傳統的規劃根本不合時宜，因爲「終於完整地研究一個機會之後，機會早已經逝去了」。所以採用策略性行銷的公司，必須要很機警的避開自己不擅長的領域，並且捉住透過連續監控系統所找出的新機會。舉例來說，聯邦快遞公司就在1978年將業務的重心，由原本的

表1.2 策略性行銷與行銷管理

項目	策略行銷	行銷管理
時間架構	長期	短期（一般是一年）
範圍	產品市場決策及競爭性策略	行銷組合決策
決策過程	由下而上	由上而下
環境掃瞄	連續性的動態追蹤	每隔固定的一段時間拍快照
計畫的本質	不斷的演進以適應新發展	在規劃期間內固定
策略的型態	主動	被動
策略取向	創造性及原創性	邏輯漸進法

高度競爭、邊際利潤低的文件運送業務，轉向物流與及時存貨服務。時至今日，物流已經成爲快遞服務公司重要的收入來源。

環境分析

現今環境的情勢，已經使得傳統規劃活動變得不合時宜。甚至企劃書上的墨水還沒乾，遊戲規則就已經改變，像是責任的改變、新的競爭、消費者偏好的改變、匯率的波動、新科技等等。

若未能妥善的了解並監控環境的力量，可能會使企業體每年損失不貲。因此，環境分析已經變成一項重要的工作，即使有許多種力量並無法以合理的成本進行預測。環境分析始於找出潛在的因素，並據此演化出一套這些因素組合的研究，這些因素的綜合會形成對公司的發展造成重大影響的場景（scenario）。除此之外，一組專家將會鑑定每種力量的本質、方向、改變的速度、以及其強度。接下來就是研究這些變數之間的交互作用，並預測它們會造成的衝擊、時程、和可能出現的後果。這些研究是用來建立及執控公司的策略性回應。

若議題可能會對組織機構造成重大的影響，甚至可能造成立即性的衝擊，則公司或許可以成立一個任務小組來處理這項議題。舉例來說，當一個新取得政權的州政府要在州內訂立禁酒條款，那麼對於主要收入來源來自這個州的酒類公司來說，這就會變成一個重要的議題。

面對雖然遙遠，但可能會有重要影響的議題，公司應該要派一些專家來觀察後續的發展。這種型態的議題可能是新科技的大量流入，那麼未來就可能導致公司遭受市場淘汰。表1.3列出了策略議題管理的概念。

先確定議題的優先順序，如表1.3所示，並建立一個公司將要在此競爭的未來場景，這將能幫助公司保持主動。建立未來性場景的背後含意是，不但要幫助公司適應變化，更要讓公司分析出塑造未來所需要的能力。第一個狀況是由公司適應環境，而後者則是公司改應環境以配合自身的需求。雖然環境的變化是如此快速，而經理人也常覺得自己只能在環境的洪流中勉強倖存，但還是有一種不同的經理人會靠著大幅的改變規則，釋放新的力量來創造未來。

建立場景並不只是規劃部門中某些分析師的責任。根據韓爾和帕拉哈德（1994）所述，公司的CEO必須花時間和他的資深經理人一起坐下來討論，對未來建立共同的看法，而非只依賴個人的觀點。共同

表1.3　策略議題管理

議題的急迫性	單一議題的衝擊	
	低	高
即時	芒刺議題－立即行動	危機議題－建立議題專案
遙遠（未來）	次要議題－當發生時再行動	弱點議題－嚴密監控

的看法必須要能幫助公司找出要在未來競爭所應具備的核心能耐、新產品的結盟等等。

當然公司也可能錯誤的解讀未來，並因此陷入困境。讓我們回到1964年，當時的通信巨人AT&T推出世界第一台「圖像電話」(picture-phone)，而許多新聞媒體也大肆吹捧報導，並預測這種現代影像電話（videophone）的前身必將改變人們的工作、生活方式、甚至整個社會。AT&T在這個計劃上砸下數以百萬美金計的經費。它並預測在1985年後，公司將會成為這塊有50億美金市場的霸主。但是預言成空。相反的，AT&T解體了！

當然也發生過相反的情況。當全錄公司（Xerox）剛發明影印機時，專家們對這個產品的潛力進行評估，並告訴全錄公司這種機器每年在全世界的銷售量應該不會超過1000台。還好全錄公司完全不管專家的說詞。上述二個例子摘錄自史可納爾（Steven Schnaars, 1989）所著的《Megamistakes》。

在第三章的環境分析（environmental analysis）中，我們將會使用更詳盡的架構來分析環境的力量和各種策略以因應瞬息萬變的環境。

市場分析

公司一般每三、四年會進行一次市場分析，並將分析結果和前期的研究相比較，以了解市場上發生的結構變化，並接著規劃自己往後三、四年的策略。出現的結果可能會是新配銷通路的興起、目標市場的縮小、消費者偏好的改變等等。公司通常也會利用市場分析來尋找新的產品機會，發展出一套新的產品策略，並找出一個市場區隔和產品的定位。有效的市場分析始於對一般市場特性的了解，像是市場規模、型態、公司之產品和服務的顧客和潛在顧客何在、購買力、需求、和偏好等等。隨後我們會再對市場區隔、市場結構變化、產業結構等項目進行較精確的分析。

概略的辨認產業中的科技趨勢和成本動力，也是市場分析活動的一部份。一份市場分析能幫助公司有效的規劃其策略。在第四章，我們將會介紹更詳盡的市場分析架構。在行銷研究方面，第三章將會提供一些市場分析必備的工具和技術。

消費者分析

傳統的行銷是尋找有相同偏好、位於特定的地域、且可以透過一般媒體來接觸的消費者區隔。但是這種方式和基本的行銷原則卻有所衝突，即行銷應該是要找出並滿足消費者需求。傳統的做法過於行銷人本位，而非市場本位。分析是爲了要符合行銷人的需求和方便，使他們可以選擇一塊能夠輕易運作的市場區隔。

在關係行銷領域中，格隆路斯（Gronroos, 1994）所著的一篇發人深省的文章中提到：「……在行銷部門內的行銷專家群，可能會與消費者疏離。對這些行銷專家們來說，消費者不過是一些數據，他們建議的作法都建立在行銷研究報告的表面資訊和市場佔有率的統計數據。他們（行銷人）在工作時，甚至不會對一個眞正的消費者產生絲毫的興趣。」

消費者分析眞正的意義，並不是爲了要發掘消費者的弱點或慾望，更不是爲了要靠著一些耍小聰明的行銷手法來剝削他們。現代的觀點是消費者和行銷人應該一起坐下討論，找出他們之間可以彼此互惠的方法。換句話說，做法已經從過去的「告訴我們你想要的顏色」，變成今日的「讓我們一起來討論，顏色是否會或如何會影響你更高的目標」。

對個別消費者進行更有深度及更密切的研究非常重要。理想上來說，行銷人必須要花一些時間和消費者相處，以切實的了解他們的需求。假設一家跨國公司想要在印度市場上推出洗碗機產品，這家公司可以派它的女性主管，花數個月的時間和抽樣的印度家庭一起生活，以觀察這些家庭的烹飪及飲食習慣。若印度家庭做菜多用油炸，那對於任何洗碗機製造商來說，清洗這種燒焦的油炸鍋會是個極大的挑戰。這家跨國企業必須設計出一種會泡比較久並多洗幾次的洗碗機，來處理這種飲食習慣下的鍋子碗盤。在第五章將會更詳盡的探討消費者分析。

競爭者分析

根據經濟學原理，市場首先是獨佔狀態，接著變成寡佔，而最終會走向完全競爭。在經濟學理論中，照理說應該已經很詳盡的指出公司在不同市場狀況下的行爲，但在現實生活中，也發生過許多背離這些基本規則的案例。

產業經濟學家將產業體系分爲專業化產業（Specialized business）、大宗產業（Volumn business）、零碎產業（Fragmented business）和僵局產業（Stalemated business）。這個歸類方法利用二項因素爲分類基礎，分別是在特定的產業中，競爭優勢的潛在規模和達到競爭優勢可採行的做法之多寡。一個產業若其競爭優勢的潛在規模很大，且成就競爭優勢的方法很多，則稱爲專業化產業。表1.4列出分類細節。

大部份的消費產品被歸屬爲專業化產業。在這種產業體系中，整個市場被少數幾個大型參與者佔領。値得注意的是，利基參與者也夾

表1.4　根據競爭環境來歸類產業

達成競爭優勢之方法的數量	競爭優勢的潛在規模	產業分類
很多	大	專業化產業
很少	大	大宗產業
很多	小	零碎產業
很少	小	僵局產業

雜在大型參與者當中。領導者佔有約八成的市場佔有率，而其餘市場則由利基小廠瓜分。

像是基礎化學產品（例如苛性鈉）和產業的原料等大宗消費產品，都落入大宗產業的歸類中。在這種產業體系下，廠商的市場佔有率愈高，所得到的利潤也愈高。因此規模就是最大的競爭優勢，因為對所有競爭者來說，成本是最重要的因素。

像是針織品產業一樣的產業，就存在著許多小型參與者，其中最大參與者的市場佔有率也低於百分之十，則這種產業就歸屬零碎產業。在這種產業中，規模並不保證任何較佳的優勢。公司當然也可以嘗試創新性的做法，來進行整合。

行銷學的文獻上，充斥著很多分析成熟市場之市場結構的理論。這些理論的共識都是，大多數的市場最終會演變成一個市場領導者，幾個市場挑戰者，幾個市場跟隨者和許多利基小廠的狀況。舉例來說，在牙膏市場上，高露潔是領導者，Promise和Close-Up是挑戰者，Cibaca和Forehans為跟隨者，而Vicco、Neem等品牌則是利基參與者。

布羅（Buzzell, 1981）歸納了不同研究對於成熟期的市場結構之假說。第一個假說由美國麻州劍橋區的策略規劃協會（Strategic Planning Institute）提出，就是眾所皆知的PIMS（市場策略對利潤的衝擊）研究。這個研究是建立在對幾個產業的實地觀察資料上。第二個研究則是柯特勒（Philip Kotler）所提出的假說，第三個則是由遠近馳名的波士頓顧問團（BCG）所提出的成果。這些研究對於成熟產業的市場結構之假說節錄於表1.5。

波特（1980）提出了一套五力模型來分析產業內的競爭。這五力包括：（1）目前競爭者間的競爭程度，（2）潛在新進者的威脅，（3）替代品的威脅，（4）供應商的議價能力，和（5）買方的議價能力。

競爭者之間的多樣化、產業成長緩慢，高固定投資成本、低度可分辨產品差異化、和高市場退出障礙，都會壓縮產業的獲利性並增加競爭者之間的競爭程度。

在一個產業中，新進者代表對現存廠商的一種威脅。此項威脅可經由產業的進入障礙，和現存廠商可能採行的報復行為而加以舒緩。進入障礙的造成主要有六種來源：規模經濟、產品差異化、最低資本要求、買方的轉換成本、配銷通路的掌控、以及絕對成本優勢。

供應商對產業獲利性所造成的衝擊，決定於它們對產業參與者議價能力的高低。下列情況會造成供應商有強大的議價能力：(i)供應商團體比買方團體（零售商）還團結，(ii)供應商團體提供給買方團體的產品並無替代品，(iii)買方團體不是供應商團體主要的顧客，

表1.5　成熟產業的市場結構－市場佔有率（%）

	PIMS	柯特勒	BCG
市場領導者	32.7	40	50
市場挑戰者	18.8	30	25
市場跟隨者	11.6	20	15
市場利基者	6.9	10	10

(iv)供應商團體提供的產品，是買方團體所提供產品中的一項重要原料，(v)供應商團體的產品具有差異性，以致於買方團體無法讓供應商團體之間彼此競爭，及(vi)供應商團體可以整合成買方團體。

買方的影響力大小端視幾項因素而定，像是：(i)買方的數目，及產業中買方購買的數量，(ii)產業提供給買方的產品之差異性，(iii)買方的潛在獲利能力，(iv)買方向後整合進入賣方產業的威脅，(v)產業的產品對買方的重要性，和(vi)買方對最終消費者的影響力。

製造替代產品的產業可能會妨礙某個產業的利潤。替代產品會壓縮該產業利潤是因為替代產品：(i)相似於該產業所提供的產品，(ii)提供給他們的買方更有利的價格，及(iii)提供給它們的製造商更高的邊際利潤。

傳統的行銷學理論以產品的生命週期來探討產業的競爭。當一種新產品進入市場時，是以獨佔的情況開始。當產品走入成長期時，許多競爭者也開始想分一杯羹。當產業成熟時，競爭開始白熱化並出現許多低估有率的利基廠商。當產品步入衰退期時，競爭壓力獲得舒緩，因為許多公司開始從市場撤離。

利用某些標準，我們可以將產業內的公司區分為各種策略性族群(Strategic Groups)。舉例來說，在肥料產業中使用天然氣的工廠和使用石油腦的工廠，就形成二個不同的族群。在牙膏市場上，那些製造化學合成牙膏的廠商，和製造藥用／草本牙膏的廠商就形成相異的族群。歸類方式可以基於一個或數個因素，像是產品差異化、垂直整合的程度、領導者／跟隨者分類、投資、工廠規模、和地理範圍。我們可以利用多種因素來進行歸類。二向度分析圖也經常用來辨別策略性族群。不同的族群會有不同程度的競爭壓力和獲利能力。

價值鏈則是另一個由波特（1985）發揚光大的工具，它可以用來進行競爭者分析。一個價值鏈就是一組由一家公司所表現出來的相互關聯活動，用以創造、支援和遞送其產品，如**圖1.4**所示。這個概念告訴我們一家公司的活動可以區分爲二個主要類別，其中之一由五種主要活動組成，而另一個則包含四種支援性活動。只要公司所創造出來的價值，大於上述活動的成本時，公司就能夠獲利。

主要活動包含對內物流、生產作業、對外物流、行銷及銷售、以及服務。這些活動都表現在產品的實體創造、通路和行銷、及售後服務上。而支援性活動包含基礎設施、人力資源技術的供給、科技發展、和協助主要活動能順利進行的其它形式的投入。

價值鏈提供了評量公司競爭優勢的基準。公司對市場的選擇、其獨特的能耐、以及其資源配置的方式，都會造成競爭優勢。在每個市場上，公司會選擇在自己有機會的領域上和其它公司競爭。在產品所提供的價值，和產品運送至消費者手上的相對成本方面，公司會和其

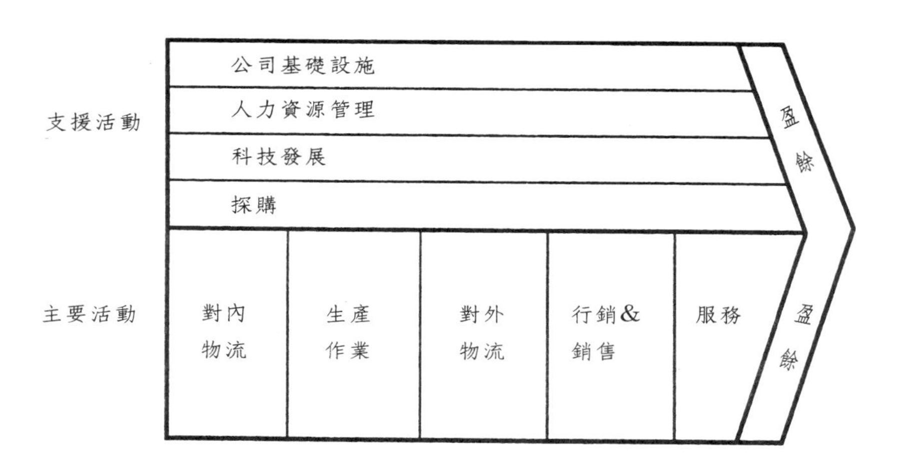

圖1.4　一般性的價值鏈

對手競爭。競爭分析將在第六章會有更詳細的說明。

公司分析

對環境、競爭、及消費者的分析，可以提供公司關於市場上存在之機會的資訊。然而公司是否準備齊全能開發市場，可又是另外一回事。這代表公司有必要自我分析。若要進行公司分析，則先要分析下列幾種因素。

核心能耐（core competency）包括過去引導企業體的獨特能力、整體技術和知識，若正確的結合核心能耐，將能支持企業體未來的成長。對管理階層來說，要表達公司的核心能耐是什麼並非易事，雖然他們和組織內的許多員工每天都和這些知識為伍。根據韓爾和帕拉哈德（1990）所述，一家公司的核心能耐經常是科技和「軟硬」技術的混合。核心能耐必須具備三種條件：(i)提供進入許多市場的通道，(ii)在最終產品中提供給消費者重要的貢獻，和(iii)對競爭者來說很難模仿。

Sony的迷你化技術和本田汽車的引擎製造技術，是核心能耐的典型範例，它們也利用核心能耐來得到有效的競爭優勢。本田汽車的引擎製造技術成功的應用在許多市場中，像是二輪車、四輪車、發電機、裝於船尾的馬達、農藥噴灑機、及除草機。這些產品都運用了本田的核心產品－馬達。

在探討策略的文獻中，除了核心能耐之外，核心能力（core capability）（Stalk et al. 1992）和關鍵資源（Collis 1991）也是經常被提及的重點。

核心能耐是關於生產和作業，核心能力則可能存在於價值鏈的任一部份。在製造上的能力可以是有效率的大量製造、生產流程持續改進的能力、製造的彈性和速度等等。行銷和銷售能力包含品牌管理、回應市場趨勢、銷售執行的有效性、配銷通路的效率和速度、以及顧客服務的品質和有效性。核心能力可以存在於一般管理領域、MIS、產品設計和研發。

核心能耐和核心能力通常都是藉由關鍵資源而形成。這些資源可以是有形或無形。有形資源就像是工廠規模、通路設備和人員教育。品牌名稱、商譽和有默契的整體技能則是典型的無形資源。有默契的整體技能代表組織中普及的知識，並要符合下述標準：（i）它無法解譯或寫下，（ii）爲組織成員所知道或了解，（iii）隨時間而增長，及（iv）它是整體溶入組織中，並非僅由一、二個人所持有。依照這些條件看來，核心能力比較像是一種無形資源。

核心能耐是組織的肌肉，使組織能夠完成每天大部份的工作。但每個馬拉松選手都知道，只靠肌肉要贏得勝利是不可能。相同的，公司也須要一些其他東西來達成目標，那就是策略性意圖（strategic intent）。

當然，有抱負的策略性意圖應該要有積極的管理程序以爲後盾，這包括將組織的焦點聚在勝利的本質上；藉著溝通目標的價值觀來激勵人們；讓個人及團隊有表現的空間；當環境改變時，運用新的管理哲學來維持熱忱；及持續的使用策略性意圖，來引導資源的分配。第七章對企業分析將有更詳盡的探討。

行銷組合分析

相較於純科學，對行銷學的研究就顯得複雜多了，因爲行銷學的變數和力量並沒有嚴謹的定義。行銷部門的經理人必須去處理許多他難以控制的力量。他必須了解消費者、競爭者、以及外在環境。不像是生產部門的經理人只須在圍牆內受保護的環境中運作，行銷部門的經理人必須和市場搏鬥。

行銷人員正能掌控的只有四種變數：產品、價格、配銷（通路）、以及促銷。這些變數的組合，就是所謂的行銷組合（marketing mix），也是行銷學上的4P。因此，行銷組合就是綜合可控制的行銷變數，使公司用以在目標市場上追求設定的銷售水準。

比較自己和對手的行銷組合內容，將有助於公司了解它和競爭對手之間，相對的優勢和劣勢。這些結果隨後可以用來擬訂策略。我們將在第八章更進一步的探討行銷組合分析。

策略的擬訂

策略的擬訂始於對二種策略構面分析，分別為環境和組織機構。環境分析用來找出機會、威脅、和趨勢，而組織機構分析則找出組織的優勢及劣勢。分析競爭者和顧客之後，公司將能找出它可以開發的市場利基。

奧門（Ohmae, 1982）使用策略性3C（customers、company、competitors）模型來描繪策略的概念。基本上，公司和競爭者都會向消費者提供價值，而消費者將會偏好能提供他們更高價值的企業。競爭者之間差異化的因素，就是他們所提供的價值之每單位成本。我們將會在第九章詳細介紹策略的擬訂。

本章摘要

本章涵蓋了以下幾個主題：

- 策略的概念和演進。
- 公司策略、策略性行銷、及行銷管理之間的關聯性。
- 行銷學的概念、STP模型、及現今行銷學的發展。
- 策略性行銷和行銷管理之間的差異。
- 策略性行銷（包含環境分析、市場市析、消費者分析、競爭者分析、行銷組合分析、公司分析、及策略的擬訂）。

本章討論到的一些主要概念爲策略議題管理、關係行銷、波特的五力模型、價値鏈分析、核心能耐、策略性意圖、以及一般性策略。

第二章

檢視環境以建構場景

日新月異的科技發展究竟對產品的行銷影響有多深遠呢？且讓我們來探討一個防蚊劑產品在印度行銷的案例吧！早期的防蚊劑都是乳液狀，因此我們都得在裸露的肌膚抹上這種防蚊劑來防止蚊蟲叮咬。緊接著蚊香進入市場，在薰走蚊子的同時，也將乳液狀的防蚊劑逐出了市場。隨後引進的電蚊香使得消費者再也不必忍受蚊香薰人的濃煙。在這同時，液狀的防蚊劑也被引進市場。而現在，我們終於不必再忍受使用電蚊香所造成化學反應的副作用，轉而使用以超音波來驅逐蚊子的新產品。然而這種使用超音波的新防蚊劑同時可能也會影響人腦。

另一個案例來自化妝品市場。在印度有許多保養臉部的乳液，包括一些防止老化（ayurvedic）的產品。然而先進國家的化妝品產業，卻優先將產品開發重點放在遮瑕乳液的研發上，將這種乳液抹在臉上的同時，會造成皺紋隱形的視覺效果。即使一個90歲的老嫗，也會因爲使用這種產品而看起來更年輕。一家日本的化妝品公司已經研發出這種乳液，不過卻仍帶有一些副作用：從一些角度來看臉孔，會因視覺效果而覺得臉較方或較長。

我們可以從上述二個案例中清楚發現，科技的進步會快速的將新產品導入各種市場中，並使先前的產品因過時而遭到淘汰。

另一個重要的問題是，消費者是否會隨著時間而改變呢？

在二十年前，假若任何人嘗試告訴他們的母親或祖母，總有一天醃漬品可以從商店中買到，這可能會讓她們覺得不可思議。時至今日，人們從市場上買這些醃漬品回家可說是愈來愈普遍。

過去傳統的大家族體制逐漸崩解，代之興起的是夫妻皆工作，並只生養一、二個小孩的小家庭。夫妻在家的時間也逐漸變少。因而在印度，速食產品以及省時省力的廚房電器也愈來愈受歡迎。現代印度家庭的廚房簡直就像一個小型的化學實驗室，廚房中盡是壓力鍋、攪拌器、研磨器、瓦斯台、以及許多現代的小家電。這些產品進入廚房也不過是這二十年間的事。

此外，政府的政策是否會影響公司的表現？這個議題帶來了第三個環境因素。印度政府率先採行的自由化政策，對原先悠遊於保護主義市場中的企業造成了重大的打擊。自由化貿易政策開啓了市場原先防堵跨國企業進入的水門，這些企業終於挾帶著更高超的技術、以及品質更好的產品攻入印度市場。然而值得注意的是，位於各種產業的許多印度公司－如紡織業、皮革業、自動化機具業、穀物業、園藝業、以及電腦軟體產業—也亟力想打入國際市場。此外，關稅、消費稅、及各種其它稅率的改變也造成一些產品或公司的興起或殞落。

影響行銷環境的幾項重要因素

上面所述的案例顯示，今日經營環境的特質就是瞬息萬變、消費者行爲根本上的改變、白熱化的國內及國際競爭、加速的科技突破、經濟環境的不確定、以及市場持續的改變。

達爾文（Darwin）的適者生存理論，同樣也能應用於組織身上。爲了生存，各種形式的組織，不管是企業體、政府、宗教團體、或公益組織都必須學會適應環境的變動，或須擁有改變環境來適應自己的能力。環境改變帶來的挑戰是如何管理風險與不確定性。風險與不確定性可能帶來失敗，也可能導致成功。

長期的行銷決策，是緊繫於對行銷環境的了解。雖然暫時的忽視總體環境因素，直到危機眞正發生時才去正視，是非常誘人的處理方式，因爲每日的問題會消耗經理人的精神，很可能無暇顧及更宏觀的環境分析。但該清算的日子總有一天還是會來到。有效能的經理人必須正視預測未來的價值，而不是留待一旦改變已造成才思考解決之道。這項重要的能力決定了一家企業能否成爲佼佼者，或僅止於庸庸碌碌。羅傑司（Rodgers, 1986）對於改變下了一重要的註腳：「當你的公司敏感且警覺時，改變將是你最好的盟友，它的觸角遍及各處，爲你帶來了周遭的各種訊息。當然，若你直到改變到來時才驀然驚覺，那改變就是你最可畏的敵人了。你必須去控制改變，否則就是改變來控制你。」

行銷人最重要的職責之一，就是要持續的監控搜尋市場以找出新的機會。無論景氣好或不好，行銷環境總能持續地產生一些新的契機。行銷人必須站在第一線來觀察環境的變化，並且要依賴行銷的情報和研究系統來持續追蹤變動。

憑藉著事先設計的警告系統，行銷人將能及時地改變行銷策略以呼應環境中新的挑戰和契機。

行銷環境可定義爲具有如下數種特性：（1）外部的，（2）無法掌控，（3）可能會對公司造成影響，（4）易改變，以及（5）會限制行銷運作。

因而，每家公司的行銷環境都不同。舉例來說，一家按鍵式電話製造商所需考量的潛在環境因素，可能就和一家撥盤式電話製造商全然不同。**圖2.1**提供圍繞大多數組織之外在環境的示意圖。

消費者處於任何商業活動的核心部位。他們會受到企業及其競爭者之行銷活動的影響。而企業及其競爭者卻會受到國內環境發展的影響，而國內環境則會受到全球環境改變的影響。

總體而言，印度經歷了數種可察覺到的變動，並因而對其產業和貿易造成可觀的影響。這些變動可以概略地歸於下列各類中：

1. 區域性貿易組織的興起
2. 科技進步
3. 從社會主義／共產主義轉向自由市場經濟
4. 市場全球化

此外，下列幾項主要的國內環境變動因素也會影響行銷人：

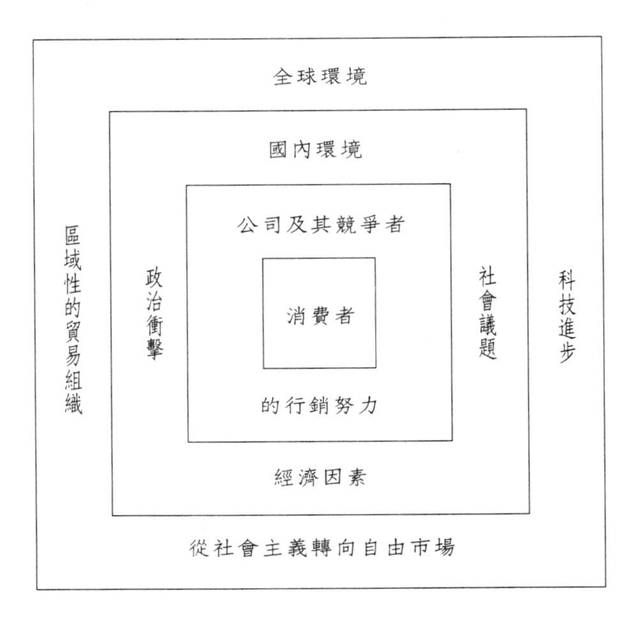

圖2.1　影響行銷環境的主要因素

1. 政治／政府因素的衝擊
2. 社會議題
3. 經濟因素
4. 自然力量

全球環境

區域性貿易組織

國家之間透過各種聯盟的方式來應付日益增長的貿易，也爲彼此帶來更大的優勢，這種趨勢愈來愈明顯。許多國家也逐漸放棄他們固有的自給自足觀念或單純的雙邊貿易協定，轉而加入由許多國家共同組成的貿易集團。最有名的幾個集團包含了歐洲共同體（European Community, 1992）、東南亞國協（ASEAN）、北美自由貿易聯盟（NAFTA）。歐洲、日本、以及美國這三強領導著今日的全球經濟。然而全球大部份的國家或多或少還是會參與某種型態的貿易組織，如表2.1所示（節錄自Papadopoulos, 1992）。

在發展自己的行銷策略之前，行銷人應該要了解這些集團的相關知識。他們必須熟悉在這些貿易集團內的稅制、政治及法律系統，以及關於廣告、產品標準、以及配銷通路的相關規定。廠商要進入歐洲共同體市場之前，必須先有ISO9000的認證，就是一個最知名的例子。環保及智慧財產權法同樣也是必須關注的議題。

表2.1　主要貿易集團和聯盟

組織名稱	參與國數	人口（百萬）
北美自由貿易聯盟（NAFTA）	3	384
拉丁美洲整合聯盟（LAIA）	11	343
歐洲共同體（EC）	12	322
東南亞國協（ASEAN）	6	288
西非國家經濟共同體（ECOWAS）	16	173
阿拉伯共同市場（ACM）	5	78
中非關稅暨經濟同盟（UDEAC）	10	50
中美洲共同市場（CACM）	5	24
加勒比海共同市場（CARICOM）	13	5

科技進步

科技進步改變了過去商業活動進行的方式。最重要的科技進展就是電子學的突破，這造就了各種商業活動的電腦化革命。無論在鐵路訂票系統、銀行業、各種調度、存貨、薪資發放、會計、以及生產方面，電腦化都大幅簡化了商業活動的步驟。

另一個受人矚目的進步就是資料庫的興起。我們在許多領域應用資料庫，包含了產品市場、進出口業務、企業、藝術、科學、以及醫藥界。只要按一個鍵，我們就可以得到各式各樣的資訊。電腦的應用使研究及檢視的工作更加迅速便捷（見BOX 2.1）。

BOX 2.1　電腦化的資料庫

大英圖書館上個禮拜正式啓用Medline系統。這是一個以美國國家醫藥圖書館藏書（從1966起）爲基礎而建立的資料庫，以可讀式光碟（CD-ROM）的方式儲存，並且是生化醫療文獻的主要資訊來源。

Medline幾乎涵蓋了生化醫療界的每個研究方向；其主題包括微生物學、營養學、環境衛生、藥理學、以及健康保養實務指南。資料庫完整的歸類從超過3600種期刊搜羅而來的文章。使用者惟一必須做的事，就只是鍵入他有興趣的主題名稱。只要標題牽涉到搜尋主題的所有刊物都能找出來。作者姓名、出版年份、以及其它相關細節都有完整的資料。使用者也可以輕易的列印出文章的摘要。

來源：Miscellany, Deccan Herald, Monday, 5 October 1992, p. 3.

消費者可以坐在一部電腦終端機前，設計自己個人化的汽車或電冰箱，產品會被製造出來並能在同一天寄達家門，這些都要歸功於彈性的自動化作業。讓我們再來參考日本國際腳踏車工業公司（National Bicycle Industrial Company）的案例。業務人員傳眞給公司一系列客戶所要求的產品規格，舉凡型號、顏色、配備、以及個人化要求。接著公司開始使用電腦來處理這些規格，並印出訂製的藍圖，依據這張藍圖，客戶的腳踏車將由各種一般或訂作的零件組裝而成。各種零件總共可以使用一千一百多萬種組合方式，來組裝出一部腳踏車。機器人將會接手大部份的焊接及上色等工作，而熟手工人會完成組裝的工作，包括將客戶的名字鐫刻在腳踏車的骨架上。不到一天的時間，這部量身訂作的腳踏車就製造完成、裝箱、並可以隨時遞送交貨。

線上服務或在家網路購物已經在先進國家風行一段時間。甚至寬頻網路也被應用於在家購物的系統上。企業現在更努力的使用虛擬實境來發展遠端購物的技術。這種技術使用電腦產生的3D影像及許多其它設備，讓使用者產生似乎眞的在商店逛街的幻覺。

產業界也正測試使用觸控式螢幕面板，以使消費者能在線上即時提供其訂做產品的詳細規格，並可以訂購目前沒有存貨的產品。能協助零售商交叉銷售或拍賣商品的隨時更新智慧型標籤，也正進入市場。

下列的案例顯示出以販賣服務爲主的企業如何藉著資訊科技（IT）之利，革新它們的服務流程，以和消費者維持個人化的互動關係。假如你在世界各地的麗茲卡爾登（Ritz-Carlton）飯店登記住房，不只是門房小弟會招呼你，你還會因爲接受到這麼多令人驚喜貼心的服務而大爲吃驚。這家飯店不會問你的公司名稱，你的家裡地址，或是你要不要一間禁煙房間，或甚至是你需不需要使用抗過敏枕頭。這些資訊在你前一次下榻麗茲卡爾登飯店時，就已經被紀錄歸檔了。

更令人愉快的是，當你打電話到櫃台預約明早morning wake-up call的服務時，櫃台人員會親切的叫著你的名字招呼你，甚至還會問你需不需要像之前一樣幫你叫客房服務送早餐。當你第二天起床時，你最喜歡的報紙—華爾街郵報—已經送到你的房間外。你的確可能會察覺這些飯店員工好像都能預知你想要的服務，並親切的回應你的需求，讓你有一種滿足感。雖然飯店每日來來去去的客人這麼多，但你仍能得到個人化的服務。這時你難免會想：「既然這麼好，我以後又何必去住別家飯店呢？」

麗茲卡爾登飯店致力於提供每個旅客眞正想要的服務。它採用一種有計劃的策略，結合強調消費者個別需求的管理系統，包含資訊科技、彈性的流程設計、充份獲得授權的飯店員工、以及藉著長期的觀察，來持續發掘客戶的需求。事實上，麗茲卡爾登飯店的員工謹愼的在紙上記下他們每個客人獨特的興趣、偏好、及討厭的事物。這些資訊接著被輸入全球分店連線的「顧客歷史資料庫」，以備這些顧客下次再來訪時使用。

通訊及資訊科技的進步，縮短了以往商業活動所需的時間和距離。如今企業都致力於利用全球衛星連線，來傳遞各部門間的資訊。感謝衛星通訊，一家像美國運通公司擁有最多信用卡發卡量的企業，也能宣稱它們可以在8小時內，服務全球任一地域的消費者。

光纖科技、影像電話、以及視訊會議設備的改良，使得企業主管不再需要做空中飛人。分處於全球各地的消費者和供應商，已經能在任何時間順利地進行交易。

超傳導、生化科技、以及陶瓷材料的研發，使我們生活品質得到長足的提升。電子學的進步已經使市場上人人平等。現在即使一個普通人也能藉著一些輕巧的產品，輕易地享受舒適及奢侈的生活，如麥可尼奧和弗瑞泊（McNeill and Freiberger, 1993）所提到的境界：「……像是全自動洗衣機、微波爐、照相機、摩托車、汽車等。只要把一堆衣服丟進隨便一台洗衣機內，按開始鍵，接著洗衣機就會開始運轉，並自動選擇最適合的洗衣循環。將辣椒、馬鈴薯、或鱸魚放入隨便一台微波爐中，再按一個按鍵，微波爐就會自動調整正確的烹調時間和適當的溫度。」

在日本也有所謂的「智慧型廁所」，這種廁所配備會噴出溫水的自動沖洗馬桶，以及會送出溫風以烘乾廁所及除臭的電器用品。戴維斯和大衛（Davis and Davidson, 1991）提到，新型的廁所強調醫學功能，它可以分析你的尿液及測量你的體溫、體重、血壓、以及心跳。

從上面所述的例子，我們發現消費者現在正面臨如何在一系列愈來愈新、以及日益複雜的產品中進行抉擇，而且他們也會抱怨不貼心的產品服務及產品的高淘汰率。不過是在10年前，擁有一台黑白電視機就是身份與尊榮的象徵，時至今日，彩色電視機已成爲家庭的必需品。在我們老祖母的那一代，煮飯是一件單純的工作。然而現代的廚房充斥著一堆繁複的電器用品，像是瓦斯爐、壓力鍋、電動攪拌器、電動研磨機、微波爐、以及濾水器。你能想像有一天若是政府禁止販售這些產品，家庭主婦該如何是好？

隨著科技進步，消費者、競爭、及市場也會隨之改變。科技總是會直接影響企業，透過行銷管理會採用新的方法、工具、及技術，以及企業的行銷決策會受到重大的影響，包括新產品的推出、不同的訂價策略、配銷、及促銷方式等領域。看看在寶拉（Pola）集團的例子中，電腦的迷你化如何有效的幫助化妝品的銷售（請參考Box 2.2）。

Box 2.2 用於挨家挨戶銷售的電腦

身爲日本化妝品的領導製造商，寶拉集團研發出一套「彩妝分析精靈」，這是一台會幫你分析彩妝的掌上型電腦，在1987年二月正式在市場上販售。這台新研發出來的掌上型電腦，是設計來讓全日本130,000名寶拉集團的外勤女銷售員使用，她們可以將這台輕巧的電腦放入手提袋中。這台電腦使用Q&A的方式來精準的分析客户的肌膚類型及狀況，隨後並建議她們適合的彩妝方式。

來源：流行產業的高科技應用，《Financial Express》，邦加洛爾，22 July 1987，p. 9。

由一些新的發展趨勢看來，印度其實也沒有落後太多。下述旁氏公司（Pond's）的新做法就是一個絕佳的範例（One-to-one Beauty, Brand Equity, The Economic Times, 24-30 June 1998, p.8.）。旁氏公司採

用旁氏機構名下的一種互動式彩妝顧問服務，消費者可以透過互動式觸控資訊站，或是電話服務得到彩妝的建議資訊。同樣的，旁氏的消費者也能夠透過24小時開放的網站（www.pondsinstitute-india.com）得到相同的顧問服務。根據旁氏公司的一個發言人所述，旁氏公司致力於採用創新的科技做爲行銷溝通的工具，並由此直接接觸最終的零售顧客。在各種肌膚保養的範圍內，這家公司對消費者做到提供產品、資訊、引導、及建議的功能。

接下來讓我們來研究一些案例，探討科技應用對行銷組合決策的影響。自動櫃員機（ATMs）的引進，理論上已經使銀行業能提供24小時的服務。而一些印度銀行，也已經在某些分行放置自動櫃員機。

因爲愛滋病（AIDS）的橫行，今日我們才會使用可拋棄式溫度計及可拋棄式針頭等產品。同樣地，因爲可拋棄式刮鬍刀在市場推出，今日的人們再也不會像從前一樣一支刮鬍刀使用一輩子。我們甚至可以在超市中買到可拋棄式照相機，以及可拋棄式打火機。

自動販賣機最近已經開始賣起牛奶來了。市場上也有利樂包（tetra-packs）包裝的牛奶，這種包裝使牛奶的保存期限延長。我們甚至可以利用蘇打機，在家自己做蘇打水或汽水。這種型態的科技進步，不但降低製造商的瓶裝及配銷成本，也讓消費者參與最終產品的製造過程，這種參與感或許能夠提高消費者的消費量。

主動出擊型的企業能夠預測科技的改變將如何影響其營運，並致力於成爲第一家提供給消費者新科技的供應商，以從進步中得到優勢並大獲其利。相對的，被動因應型企業，可能會發現新的高科技產品市場早就被其它反應快速的企業瓜分殆盡。錫罐頭的製造商也面臨相似的窘境。當公司還滿足於提供錫罐頭的同時，罐頭產業早就邁向塑膠罐頭或眞空包裝的生產，這樣的趨勢已經侵蝕原有的錫罐頭市場。面臨相同困境的，是原來以販賣留聲機品牌His Master’s Voice（HMV）

而知名的印度留聲機公司。當研發HMV的專家還沈醉在開發留聲機的同時，市場趨勢早已轉向開發收錄音機，而公司卻還逆勢抵抗這股洪流。如今市場的遊戲規已經截然不同，公司現在面臨的新挑戰是如何對抗低價的盜版錄音帶。

從共產主義轉向自由市場經濟

當蘇聯解體時，全世界的共產國家已明顯的逐漸放棄原本堅持的社會主義或馬克斯的理想主義，轉而投向自由市場經濟的懷抱，並鼓勵私人企業的設立。這股風潮造成的結果是公有部門民營化，大多數產業的限制鬆綁，以及較有競爭力政策的制定，以鼓勵經濟體系不同部門的創新和效率。這一切都催生了全球化市場。

過去沈醉在「自給自足」幻夢中的國家也逐漸認清現實，轉而投向市場導向經濟的懷抱。舊日排拒外資的心態已漸漸改變。各國間相繼提供各種租稅優惠或其它的投資誘因，只為了爭取跨國企業的青睞，進而在它們的國內投資。跨國企業不再面臨進出市場的障礙，國家也不再限定外資匯出金額的上限。利用外匯管制來限制跨國企業的做法也已不再。

在這一系列改變的戲碼中，國家不再能躲在雙邊貿易協定或政治結盟的保護傘下，以維持各自的出口收入。印度對蘇俄的出口關係為這齣戲碼提供了一個最貼切的例證。過去在盧比－盧布雙邊匯率保護下運作的企業，發現它們很難在自由匯率市場中和其它企業競爭。假若這些在過去保護主義下的企業想重新贏回蘇俄市場，它們必須具備全球競爭力。

在印度，公營機構是「白象」的代名詞－經營方式既缺乏效率且非利潤導向。另一方面，民營化則被描繪成所有社會亂象及缺乏效率的救星。事實上，民營化並非萬靈丹，因為民營化起初由政府部門所推動，但貪婪的貪污者早在每個部門中卡位。醫療、教育等基礎福利的價格受到不合理的任意哄抬。雖然如此，社會仍然從共產主義和社會主義慢慢轉向自由市場。

市場全球化

當政府不再過度干涉國內的產品、服務、勞力、資金、及資訊的流動後，愈來愈多企業就逐漸邁向全球化。當資源分配全球化及市場全球化之後，企業已經能找出自己和其它企業區隔的競爭優勢。例如世界上大多數賣到歐洲的鞋子都是美國廠牌，但事實上卻都是在台灣製造。百分之百通用汽車製造，打上「美國製」商標的美國車，事實上所有組裝零件的製造是散佈在全球各地。舉例來說，通用汽車的水箱蓋就是由印度撒特拉法單公司製造供應。

拜衛星電視及其它資訊系統所賜，我們每個人實際上都是全球公民。全世界已經融合為一個單一市場。假如有任何國家不自量力的想控制商品從一國到另一國的流動，那只會導致這些商品流入黑市。這種情況就像是許多手錶和其它電器用品在印度的走私猖獗。因而基本上來說，當一個國家鬆綁了許多的法律和規定，或許只不過因為這個國家無法再繼續控制市場的情況，因而只好開始減少管制。

企業界已經不能再期待政府的保護。不管它們喜不喜歡這種狀況，也只能努力於擴展自己的國際視野，例如在策略及營運規劃過程中，須開始考量全球競爭和全球資源分配。下列的評論摘自雷維特（Theodore Levitt 1993）探討全球化的論文，其文章中清楚的點出，在策略形成的過程中結合國際視野的必要性：「最新的商業現況是全球標準化消費品市場的興起，這股趨勢已經邁向前所未有的境界。企業朝向這個趨勢發展都能獲得龐大的經濟規模優勢，這使得企業無論在製造、行銷、及管理等層面都能獲益。藉著將這些優勢反映在全球價格的降低上，這些企業輕易的摧毀跟不上時代潮流，仍以舊方法營運的競爭者。」

國內環境

因爲國際環境的改變，印度終於也捲入改革的浪潮，這股浪潮不時的爲商業界及產業界帶來衝擊或驚喜。下面四點是行銷人所需考量的主要因素：

1. 政治議題
2. 社會議題
3. 經濟因素
4. 自然力量

政治議題

印度政府的目標在於：(i) 以合理的價格，公平的將民生必需品配銷給消費者；(ii) 在商業體系中維持健全的競爭狀態；以及 (iii) 預防欺詐不實的行銷手法。在印度，大多數的服務業及基礎產業都在公營機關的管轄範圍內。被認爲只帶給都市繁榮的民營企業，總是被誤解爲邪惡而需要加以管制。管制的存在理論上是爲了要從商業經營活動中，保障企業間的合理競爭、保障消費者、以及保障整個社會。因而我們必須要探討印度的一些重要法案，相關議題更詳盡的論述，請參考雷歐（Rao 1988）。

在印度，「產業發展與規定法案」（IDR）是印度政府產業政策的重要指標。從IDR法案衍生出各行各業的法規及規定，這些規定限制了產量、產品組合、商標命名、地點、科技、勞力密度、及機具種類等。自從1982年起這些規定大多逐步放鬆，國內及國際的競爭也有條件的准許。

印度「專利法案」的引進有二個目的：其一是要鼓勵一般的發明，再者是爲了要促進發明的商品化以嘉惠產業。

另一個重要的法案是「外匯管制法案」（FERA），這個法案嚴酷的對企業設限它們的產品組合，以及其行銷和其它資源的自由利用。因爲管制鬆綁，現在的情況也有所不同。

「商標法」的目的，在於保護商標所有人在消費者之間所建立起的商譽之商標財產權。在印度，仿冒他人商標是屬於一種刑事罪。

產品的包裝會受到「標準重量及度量法」，以及「商品包裝管制法」的管轄。標準重量及度量法案是第一個管制重量及度量公制、設定標準、對違反規定者制定處罰、以及執行方式的法案。商品包裝管制法則要求所有的消費品（最終販售給顧客的商品），必須在包裝上標示製造日期，或在某些情況下也要打上使用期限、扣除地方稅後的最高零售價、商品內容、以及製造商的名稱及住址。

印度的食品也受到一系列法案的規範：「蔬菜油脂產品規定」規範了油及脂肪種類，「防止食品添加物法案」、規範罐頭及瓶裝水果產品的「水果產品規定」，以及「藥品和化妝品法案」。

在紡織品方面也存在著不少的法案和標準，其中之一甚至規定了紡織廠必須印上紡織品成份。

在印度，大多數的產品都附徵各種營業稅、貨物輸入稅、消費稅、或入市販售稅等。繁多的稅捐使得商品銷售給消費者的價格，很難維持在零售價以內。而許多事實上為耐久消費財的商品，像是彩色電視機、冰箱等，卻被歸類為奢侈品並課徵重稅。因而這些產品的價格，也其它國家同種產品的價格高出許多。

除此之外，另一種影響訂價策略的管制方式就是價格管制。數年來在印度，這種情況在糖、紙、水泥、鋼鐵、肥料、及其它民生必需品上尤為明顯。訂價雙軌制是為了保護經濟上處於劣勢的人口。「民生必需品法案」、「獨佔及貿易方式限制法案」（MRTP）、以及它們相關的法條和程序，產生了許多限制和法規，並因而影響通路的行銷決策。

「獎金競爭法案」禁止在產品促銷過程中使用彩券或賭博方式。「藥物及特效藥法案」（The Drugs and Magic Remedies Act）限制某些疾病治療法的廣告，例如氣喘和性病，並禁止誇大不實的藥效宣傳。

1986年所通過的「消費者保護法案」，定義了和製造商之間及交易中的消費者權利。只要消費者能證明他和賣方或製造商之間的交易方式並不公平，便有權利要求更換完整的貨物、要求退款、或要求任何損害賠償。

印度政府在很多方面做了重要及影響深遠的改變，像是產業政策、金融及財政政策、外匯及貿易政策，同時也廢除許多不必要的管制並開放經濟，因此印度的產業正面臨一段重大的改變及調整的時期。這是第一次產業開始意識到全球化的機會，並開始計劃改進品質和出口。在此同時，許多倚賴保護主義而繁榮的企業也逐漸面臨全球化競爭的威脅，但它們卻無能力去處理新經濟體系下的消費者需求。

過去習慣於躲在產業特許權、政府決定的生產量、價格控制、限制性獨佔法律、以及賣方市場的保護傘下的印度企業家，逐漸覺得難以適應大幅度的特許管制解除、主要部門的價格控制解除、開放原先禁止私人部門涉足的領域、以及歡迎外資投入的競爭環境。原先只因爲得到特許權，就多角化經營不相關領域的企業，正慢慢面臨來自各分支機構的問題。未達規模經濟的企業，相較於操控全球化規模的企業，則明顯處於劣勢。

爲求在嚴酷的國際競爭環境下生存，許多印度公司正尋求和外商結盟，以提升它們自身的技術層次。這些公司隨後將化身爲許多合資企業，並同樣在其它國家行銷印度的產品。例如嗒嗒茶公司（Tata Tea）就和泰德利（Tetleys）公司結盟，並在全世界行銷它的茶類產品。

在許多方面，產業和政府是互相緊密結合的，這種狀況事實上不太可能改變。究其原因，這種情形大多歸因於掌大權的管制單位，及反對大企業因而支持立法來限制它們的群衆心理作遂。在這種狀況下，每個公司都應該要有自身的倫理規範，並追求較寬廣的社會目標，以及注意不要違反相關的法令規章。除此之外，企業同時也需要預測政府部門的變動、風向、及其政策，才能避免出其不意的打擊。

社會議題

社會環境幾乎能夠影響社會上每件事物的運作，並會決定其優先順序及改變的方向。會影響行銷人的主要變動包括：（1）變動的人口特性（人口統計學及社會經濟狀態方面）；（2）變動的消費者價值觀及生活方式；及（3）社會議題，像是消費者保護主義。許多企業投入可觀的研究資金來了解這些變動，是以它們才能夠預測每項變動將對它們的行銷營運產生何種衝擊。

變動的人口特性

變動的人口特性，像是所得、教育及年齡層、地理分佈、和人口成長率都會影響產品和勞務的需求。以數字來表示的話，印度是所有非共產國家中最大的市場，也是世界第二大的市場，而最大的則是中國。表2.2是依據論文《亞洲勘察—10億的消費者》（Global, December 1993）中的數據，所製成的一份印度和中國的比較表。

有趣的是，印度的中產階級正以極快的速率增加。估計現今印度約有2億至2.5億人落在這個階層中。表2.3是以所得分類落在這個階層的家庭數目之估計值，資料來源是一份NCAER研究報告（Rao 1994）。

變動的消費者價值觀和生活方式

新一代的年輕人在價值觀和生活方式方面，相較於上一代有很大的改變。上一代的人生長在一個擁有較低可支配所得的匱乏經濟體系中。他們相信人生必須先經歷辛苦工作的時期後，才能慢慢享受到成果。他們因而對於花費自己的血汗錢，抱持著非常謹慎的態度。他們認為購買的東西要能物超所值。自我放縱被視為一種莫大的罪惡，而以貸款來生活簡直就是一種恥辱。

然而，印度新一代年輕人的生長背景，是處於一個家庭所得增加、較為進步的經濟體系。隨著年輕人的購買力上升以及消費品和勞務市場變大，過去的局勢漸漸改變。這一代的年輕人較注重身份地

表2.2　印度和中國的比較

1991年人口（百萬）	866.5	1149.5
1990年每人國民生產毛額（美金）	275	370
1990年出生者之預期壽命	58	69
1989年五歲以下兒童死亡率（每千人）	145	43
1990年成人識字率（百分比）	48	73

表2.3　以所得分類，落在中產階級的家庭估計值（1980-90）

所得類別	家庭數目		
	市區	郊區	印度境內
低所得（每年12500盧比以下）	14,895	68,914	83,809
中低所得（12501-25000盧比）	13940	24,445	38,385
中所得（25001-40000盧比）	7,175	7,232	14,407
中高所得（40000-56000盧比）	1,191	3,782	2,591
高所得（56000盧比以上）	1,505	552	2,057
總計	40,106	10,2334	14,2440

位，並且希望能盡情的享受生命。消費行爲不再是只爲了獲得產品，更代表了一種自我表達及地位的象徵。社會慢慢的從節儉走向貸款消費。因而印度的金融機構和製造商也開始引進許多分期付款的專案，愈來愈多的消費者也樂於接受貸款消費的觀念。

隨著電視機的引進，變革主要發生在印度的郊區。郊區居民已經開始趕上市區人口的生活水準。像是牙膏、爽身粉等產品，已經大舉進入郊區市場，而市場仍有處女地未曾開發。而人民也已經從過去宿命論的生活態度，轉而投向物質主義的懷抱。

雖然報紙的頭條新聞仍在報導新娘燒傷的事件，一場無聲的革命正悄悄的進行，尤其是發生在都市的中產階級家庭中。過去以父權爲主的家庭和社會結構逐漸改變，代之而起的是婦女的角色愈來愈重要，而她們也漸漸要求男女平等。對於中產階級的婦女來說，出去工作以維持家庭的生活水準，已經變成一種必然的趨勢。

社會議題

社會議題通常都是一些關於產品品質及安全性、產品工業的壽命、浪費或不實的包裝方式、產品差異性及產品保證等議題。產品的促銷方式受到質疑，通常都有很多原因：有爭議性的銷售技巧、不實廣告、廣告費用、直接對弱勢族群行銷（例如兒童或低教育程度消費者）、或使用廣告手法來造成不實的產品差異假象。通路決策造成的社會爭議，主要都是發生在服務水準的層面上，尤其是平價商店更在經濟上處於弱勢。訂價策略歷年來產生的法律問題，主要都聚集在囤貨居奇以及不公平的價格歧視策略等議題上。另一項常見的爭議就是行銷研究的方式，在歐美國家通常容易牽涉到侵犯隱私權的問題。

印度的消費者保護運動之影響力，並非強到足以挑戰一些巨型企業。但若經過新聞媒體或消費者保護運動渲染過的社會議題，通常能夠對政府施加壓力，最後並迫使政府制定保障消費者的法律。在這種過程中，社會環境最終也會決定行銷在社會上扮演的角色。

一些特殊議題所造成的社會影響力通常都不容忽視。消費者爭議的產生，一般都是因爲消費者對市場的認知和他們的期望之間有極大的差距。1986年制定的消費者保護法案（COPRA）一定程度的喚醒了消費者對自身權利的認知。下列的案例探討人們如何開始從消費者法庭中得利。居住在古加拉洲中卡各爾區的馬德班女士就曾上消費者法庭，控訴人壽保險公司（LIC）未曾支付她雙重保障保險契約的全額保險金，在她的丈夫死後，她是此一保單的受益人。她的丈夫死於被狗咬傷。LIC的辯護內容說到，根據它們的保單條款，傷者必須在意外發生後60天內死亡，才能符合雙重保障保險契約的規定。在這件案例中，馬德班女士的丈夫在第62天死亡，因而並不符合受益條件。

然而法庭判決LIC必須全額支付雙重保險金，因爲這件案子中當事人顯然爲善意，並且法庭對LIC這種不體諒客戶的態度也表達其不滿。LIC隨即重新更改其保險條約，並將死亡理賠時點調整到120天內。

整體歸納後，我們可以發現社會環境是由人民的特質、他們的文化和價值觀、以及他們特定的觀點所構成。改變所造成的優先順序和方向源自於社會環境，並因而對敏銳的行銷人帶來潛在的機會或威脅。

經濟環境

經濟環境伴隨的所有不確定性，會悄悄滲透經營環境。不管對行銷部門或其它部門的高級經理人來說，總體經濟狀況都是他們感興趣的議題，例如通貨膨脹、基本原料供給、經濟成長率、利率、貨幣供給量、國際收支、或盧比匯率的變動。上述總體經濟議題都會對企業造成一些影響，因爲企業是產業的一部份，而產業又是整體經濟體系的一部份。表2.4提供印度主要總體經濟指標的數據。

印度政府在90年代所領導的經濟改革，造成通貨膨脹大幅降低、出口大幅增加、國際收支較平衡、以及外匯存底大量增加。然而整體經濟成長率仍維持在低點，而預算赤字也比預期高。往後的年度預期經濟應該能更快速的成長。

許多已開發國家會利用一些經濟計量模型來預測經濟變動。這些預測數據將被應用在不同產業的需求預測模型中，而從中得到的數字再被用以預測企業的需求。要在印度得到精準可信的數據並不容易。

表2.4　印度主要總體經濟指標的數據

	1989-90	1990-91	1991-92	1992-93	1993-94
國民生產毛額成長率（以1980-81為基年）	5.6	5.2	1.2	4.0	5.0
通貨膨脹（年底）	9.1	12.1	13.6	7.0	5.6
貨幣供給成長率（%，每年）	19.4	15.1	18.5	15.0	12.0
中央政府財政赤字（占GDP的比率）	7.9	8.4	6.0	5.6	4.7
進口（十億美元）	21.3	24.1	19.4	21.7	24.5
出口（十億美元）	16.6	18.1	17.9	18.4	21.4
帳面赤字（占GDP的比率）	2.5	2.6	1.3	2.2	1.8
以年初為基準衡量的外匯存底（十億美元）	3.7	3.4	2.2	5.6	6.4

自然力量

通常汽水類飲料在夏天時銷售量會大增，而茶或咖啡的銷售旺季則是在冬天。在雨季天氣轉涼的比率大增，治療感冒的藥就容易大賣。一般來說，會影響行銷決策的自然因素包括自然資源、氣候、地理障礙或地勢。石油存量耗竭的威脅迫使許多國家一方面進行石油配額，另一方面則鼓勵能源節省型的車輛。某些國家也要求產品打上能源環保標籤。

洪水、暴風、地震、或火山爆發是自然界對人類提出警告的方式。即使在印度，人們也已經發展出一套預警系統，例如預測某氣團會經過某工業區等。

環境學家開始積極的督促政府立法保護自然環境。在人們談論著生態體系失衡、臭氧層破洞、及一些環境問題的同時，對大自然的關懷已經成爲一種公共議題。因此人們開始正視工業污染的嚴重性，而企業也必須主動做一些污染防治的措施。

在動盪的環境中經營

典範的改變及其影響

現今的環境正處在一個不連續的變化中。科學和科技的新發展使得過去被奉爲圭臬的許多理論變得陳腐過時。過去數個世紀以來被認爲不可改變的眞理，在這短短數十年間卻面臨了多次的挑戰。這些變革來得如此快速，因而根據齊（Chee, 1994）的看法，這世界上已經不存在眞正能準確運作的模型了。

科學史學家庫恩（Kuhn, 1970）的觀察結果指出，無論何時只要一個新的分析架構改變人們對於某個系統之運作方式的了解時，典範的本質就會因而改變。典範（paradigm）是一組信條，用來設定疆界以期能專注於問題的解決。今日庫恩典範變動假說的影響力，已經不僅侷限在純科學界。現代的商業領袖們定期的自我突破以締造新的典範，避免遭到淘汰。典範改變已被視爲創新或通往成功的關鍵。

個人和組織應該要了解並採用新的典範。然而要擺脫行之已久的信仰系統並不容易，許多人也因此陷入衝突中。巴納和帕斯蒙（Burner and Postman, 1949）的心理學實驗中探討許多這種現象。研究人員要求受試者在短暫時間的展示中，要辨認一組撲克牌。大部份的牌都很正常，但是有些牌則故意做得有點問題，例如一張紅色的黑桃六和一張黑色的紅心四。每次進行的實驗包括在一系列逐漸增加展示頻率中，對一個受試者展示一張牌。在每次展示後就問受試者看到什麼。

雖然一般的牌都能正確無誤的辨認出來，但是受試者也同樣毫不遲疑的將有問題的牌辨認成一般的牌。舉例來說，黑色的紅心四就被看成正常的紅心四或黑桃四。受試者毫無疑問的以過去的經驗，立刻將牌歸入它知道的種類中。然而當展示頻率增加時，受試者也愈來愈困惑，直到最後大部份受試者突然開始正確的辨認出有問題的牌。然而也有少數的受試者從來沒有發現牌有問題。

我們得到的教訓是，適應典範變化並不容易，因為這需要人們改變對世界既有的認知和信仰。但一個值得注意的重點是，改變的發生經常十分突然。實驗證明，個人可能會察覺新的典範，或維持原有的認知；可是並沒有界於中間的地帶。因此，察覺典範變化的能力因人而異。

思想屬於老派的人要適應新典範非常困難。然而從舊典範中保留某些概念，再採用一部份新典範的做法並非一定不恰當。讓我們假設利用舊典範的行銷研究、廣告和銷售推廣，是為了要替新典範鋪路。有些人則爭論，完全捨棄傳統的STP模型就像是將嬰兒連同洗澡水一起潑掉。在些人則仍舊想要在新典範中，保留過去區隔化或市場定位的某些理論。無論如何，行銷人必須時時注意，不要讓舊觀念蒙蔽了自己的視野。

因應改變的策略

在印度古文學位居重要地位的帕求寓言（Panchatantra）中，有許多以動物為主角的寓言。其中一個是關於三隻魚的故事，正好能和今日印度瞬息萬變的環境互相對照。故事中三隻魚各採用不同的作法來因應外在環境的威脅（見Box 2.3），對今日的企業或個人思考如何因應瞬息萬變的環境時，也許能提供一些啓示。

Box 2.3　三隻魚的故事

在某個池塘裡住了A, B, C三條魚。A魚總喜歡事先做好計劃，而C魚臨場反應極佳。B魚則很被動，出問題時經常驚慌失措。某一天，A魚無意中聽到有一些漁夫要在隔天撒下一面大網。A魚馬上告訴其它二條魚這件事，然而另外二條魚卻不重視魚A的話。所以A魚就自己拼命游，從一條小通道逃到附近的湖中。

隔天，漁夫果然依照原計劃來池塘中撒網。他們先捉到C魚和其它的一些魚。C魚假裝已經死掉，所以漁夫們就先把它丟到岸邊再去捉其它的魚。C魚馬上跳入湖中溜走。第二次B魚也被捉到，它在網內驚慌失措的亂跳。其中有個魚夫就把它捉起來，按在地板宰殺。

這個故事點出了三種策略可以因應可能的外在環境變動（Xavier 1992）：

1. 主動策略（A魚）
2. 危機處理策略（B魚）
3. 被動策略（C魚）

企業一般都會落在這三種作法中。舉例來說，許多印度的公司對自由化的風潮抱持著懷疑的態度，並且像C魚一樣採取一種「看情況再說」的做法。許多國營企業也像C魚一樣，透過示威遊行或罷工抗議來抗拒民營化。只有眞正具有敏銳經營理長才的企業家，才會默默做出完整的規劃，來利用自由化風潮所帶來的機會。

企業或銀行界對於Y2K問題的解決方式，就是主動策略的一個明顯範例。除非它們設法解決Y2K的問題，否則可能會在新世紀來臨時，無法正常處理信用狀（L/C）業務和進出口表單。

雖然有一些公司也是反應緩慢，但它們像B魚一樣擅長於危機處理。値得注意的是，即使像印度槓桿公司（Hindustan Lever）這樣有規模的消費產品企業，似乎也落在第二類。讓我們來研究它們的處境：（1）Nirma猛攻低價洗潔劑市場，及（2）在高價洗潔劑市場，最近面對寶鹼公司（P&G）Ariel洗衣粉的無情攻勢。印度槓桿公司有一段時間一直認爲它們的洗衣粉Surf經濟實惠，直到它們不得不開發新的Wheel品牌來有效對抗Nirma爲止。從另一個角度來看，假如印度槓桿公司能夠在寶鹼公司推出Ariel之前，就推出比Surf品牌高級的洗衣粉，那麼公司也許就可以有效防衛住高價市場。印度槓桿公司現在正使用Surf Ultra來對抗Ariel的攻勢。

高露潔棕欖公司花了一些時間才回應閉鎖公司（Close-Up）所做的突襲，直到最近它才推出一款膠狀的牙膏。許多類似的公司總喜歡等到趨勢明朗後才來回應。但是這種做法的危險之處在於，此時再來反應經常會來不及。

任何公司最差的選擇就是像B魚一樣被動。當喬那達（Janata）政府公佈外匯管制法案時，許多跨國公司稀釋它們的股權以變成印度公司。但是IBM和可口可樂決定撤離印度市場，這就是典型的被動策略。過一段時間後，這二家才又重回印度市場。假如它們之前能留在印度市場的話，它們現在可能已經建立良好的顧客群了。

對公司來說，最理想的狀況是能夠透視未來並主動規劃。能夠做到如此，公司或個人就能夠變成趨勢創造者。即使做不到這種地步，在危機降臨時公司至少要能夠應變。抗拒變化的被動公司在市場上絕對沒有容身之處，因爲當整個世界都在前進時，它們會被遠遠的拋在後頭。下列的引述適當的表達出這一點：

有人讓事情發生；
有人觀看事情發生；而
剩下的人則搞不清楚發生了什麼。

環境分析

無法了解並監控環境的力量會使企業付出極大的代價。因此分析環境是基本工作，即使許多外在的力量事實上無法以合理的花費進行預測。環境分析始於釐清潛在的經濟、科技、社會、政府、或自然的力量。這通常會使分析演變成這些因素的各種綜合研究，而這些研究結合起來則會形成公司考量優先順序的規劃場景。不管是分析變動的科技對消費者的生活方式、價值觀和信仰的影響；社會價值觀對政府、科技成長、和經濟趨勢；或經濟變動對科技發展和消費者偏好的影響，若無法控制各因素間的交互作用，就會增加環境的不確定性和分析的複雜程度。

此時我們可以來預估印度家庭電腦市場的潛力。若要開發家庭電腦市場，首先總體環境必須先發生幾種變動。第一是必須要研發更多教育和娛樂軟體。要達到這個要求，首先人民需要更高的教育程度，以及社會願意接受電腦爲一種生活方式。這種改變在印度某部份人口中已經逐漸發生。第二是家庭所得提高（經濟因素），部份原因可能來自家庭主婦進入勞動市場（社會改變），而所得提高有可能造就家庭電腦市場的興起。因此，若要做出更好的行銷規劃，首先就要詳盡的了解總體環境的變動，以及它們對於要研究的標的產品造成的影響。

我們之前曾經討論過，一家公司若是第一次以系統化的方式進行環境方析，則公司必須得花費很多時間來釐清對行銷功能有影響的相關環境變數，並收集關於這些變數的資訊。通常各種相關領域的專家會收集100種變數的資訊。（Box 2.4提供部份的環境變數。）這些專家或許來自於公司內部、教育機構、或顧問公司。專家會在分析中確定每種力量或變數的本質、方向、變化率和強度。接著再研究不同變數間的交互作用，並預測它們可能造成的影響、時程和後果。這些結果都會用來發展和執行公司的策略性回應。

Box 2.4　環境變數的部份清單

經濟變數	社會變數
國內：	人口
國民生產毛額／國民所得	出生率
通貨膨脹	市區／郊區人口
利率	年齡分佈
消費者物價指數	犯罪率
所得分配	職業婦女
失業率	價值觀
儲蓄率	生活形態
國際：	消費者保護主義

匯率

債券市場

策略議題管理

在千百種會影響組織的議題中，我們如何找出優先順序以做出組織的策略性回應呢？若要有效的分類環境議題，我們必須注意三個重要的層面：（1）立即性、（2）衝擊、（3）組織的準備程度。在這三種考量下，表2.5歸納了一個分類議題和策略性回應的架構（Xavier 1995a）。

舉例來說，假如政府決定要調降一種產品的關稅，而此一產品在國內也有生產，則結果是進口品可能會變得比印度公司製造的產品更便宜。這就變成一個急迫的議題，也不能留待公司的年度計劃時再予以回應。假如公司對這個可能發生的事件早有準備，則這個議題可稱為「危機議題」。公司必須要執行其行動計劃，來抵銷這個議題造成的威脅。然而假使公司還未做好準備，則這個議題變成了「無防衛議題」。在這種情況下，最好進行一個議題專案來找出適當的應變方式。

另一種情況可能是，一家公司知道有一個跨國企業可能會在二、三年內進入印度市場。雖然這是一個重要的議題，不過公司可以監控這個議題的發展，收集資料以更加了解這家跨國企業，尤其是關於它的技術、成本結構等等。隨後在定期的年度計劃活動時再提出觀察結果。假使公司準備要面對這項議題，則它就變成一個「新興議題」。假使公司並沒有準備面對它時，它就變成一個「脆弱議題」。

公司可能面臨另外一種狀況，知道下個禮拜會有一個全印度性的

表2.5　環境議題和策略性回應的分類

	組織的準備			
	議題可能造成的衝擊			
	低		高	
	環境因素的時程		環境因素的時程	
	遙遠	立即	遙遠	立即
低	非議題—現在無需行動	芒刺議題—滅火。花一點時間去解決問題	脆弱議題—監控觀察事情的發展。在年度計劃中提出這個議題	無防衛議題—進行議題專案來找出應變方式
高	瑣碎議題—現在無需行動	次要議題—授權相關人員採取行動	新興議題——監控，觀察事情發展。在年度計劃中提出這個議題	危機議題—建立行動小組來執行行動計劃

反對黨示威。在配銷部門的人可能會被要求提前搬運物料，以避免發生存貨告罄的狀況。假使事情能很容易的被組織內的人員處理掉，則這個議題就叫做「次要議題」。假使公司並沒有做好準備，結果就是高階管理人員要花費很多時間在這上面，這種議題稱爲「芒刺議題」（pin-prick issue）。

議題若是時間上還很遙遠且對組織的影響可能不大的話，就稱爲非議題。可能演變成嚴重的議題，才會列入考量，要不然會在大略的檢視過後就剔除。直到此時才能確定它們是「瑣碎議題」或「非議題」。

本章摘要

行銷環境可以定義爲外在、無法控制、詭譎多變、以及會限制行銷運作的任何事物。一個行銷環境的整合模型如本章所述包括國內及全球環境。我們同時也仔細探討過主要的全球環境力量，像是貿易集團的形成、科技進步、從共產主義轉向自由市場經濟、和市場的國際化。本章也同樣談到國內環境力量，它們在本質上是政治、經濟、社會和自然的力量。更值得注意的是，我們要從國內觀點和全球觀點來看待科技改變。我們建議採取主動的做法來預測和適應變動的環境。同時我們也探討環境分析的做法，以找出會影響一家公司的議題。最後討論策略議題管理，這能協助行銷人排出議題的優先順序，並規劃適當的應變策略。

第三章

市場研究和消費者基礎

消費者保護主義在印度自由化運動後期的蓬勃發展，賦予了研究人員一個全新的角色。在替客戶設計行銷策略方面，他們扮演著愈來愈重要的角色。基本上，研究是爲了要降低風險。當市場上充斥著以鉅額廣告爲後盾的品牌時，這種市場不只隱含著高風險，更代表失敗的成本極高。企業界爲求生存，直覺的提升了他們對行銷研究（Marketing Research; MR）的重視，以協助決策的制定。

在一個競爭的環境下，消費者擁有許多選擇的機會，對行銷人而言，了解消費者的需求並據此決定產品的定位，是不可或缺的步驟。不久之前，若新產品只做一點促銷活動（且未進行做市場研究），還是擁有適度的成功機會。但好景不常。隨著市場上的選擇愈來愈多樣化，消費者也變得愈來愈難伺候。在這種情況下，製造商就必須設計符合這種買方市場需求的產品，否則就只好等死。所以今日的行銷研究與其說是一種奢侈品，不如說早已經是一種必需品了。

行銷研究的應用

行銷研究對找出下列問題的答案來說非常重要，諸如：（i）爲何一項產品在市場上不能打動人心？（ii）公司有哪些重新定位

（repositioning）的選擇？（iii）一項新產品潛在的需求是什麼？（iv）在市場上，一種新產品可以得到多少市場佔有率？（v）某一特定品牌的消費者滿意度如何？（vi）產品應該索價多少？（vii）廣告活動會有什麼效果？（viii）消費者在人口統計上和心理分佈上的特性爲何？（ix）消費者的購買和使用模式是什麼？

預測（forecasting）是行銷研究最主要的應用之一。就一家公司而言，銷售預測是事業規劃的起始點。惟有經由如此，公司才能規劃它的生產，並考慮成品的存貨。生產的規劃接著決定了原料採購計劃，進而啓動整個流程。因此，銷售預測是整個事業規劃活動的起始點。

當企業決定進入一個新的領域時，它會希望先預測其長期的需求，再和國內既有的生產產能相比較，以評估需求缺口。需求缺口決定了一家公司是否要進入一個新領域的基礎。

一項新產品的推出會分階段進行。倘若一家公司必須在全國推出其產品，它一開始會先進行「行銷測試」，並根據結果來評估這項產品可能會得到多少市場佔有率。若測試的結果樂觀，公司會在將產品推廣到全國之前，先在選定的區域內推廣產品並修正它的需求預測。

企業也會預測既有產品線的需求，以研究商業循環和產品的生命週期。這也可以使它們決定是否該廉價銷售存貨，或逐步撤出市場。企業同樣也需要得到大約五至十年合理精準的需求預測值，才能決定是否要進行併購（M&A）行動。

我們認爲需求預測會對下列活動有所幫助：（i）研究市場機會，（ii）規劃行銷主力，和（iii）控制行銷績效。我們可以進行產業層次和公司層次的需求預測。在一家公司內，預測的規模可以是區域性或國境內。若依時間架構來看，預測可分爲短期、中期、及長期。本章附錄一，詳細探討了一些不同的需求預測技術。

行銷研究也能有效地發掘失敗的原因。舉例來說，在1996年穆德拉傳播學會（Mudra Institute of Communication）就進行了一項研究，以發掘爲何液體肥皀市場的成長幅度低於預期，雖然幾家大廠像是印度槓桿公司、瑞可寇曼公司、和雷克梅公司，都照往常一樣的時程行銷新的沐浴乳（Liril and Lun）、洗手乳（Lifebuoy and Dettol）、和洗面乳。透過對目標族群中的60位女性消費者，包括經常使用者、過去使用者和非使用者所做的調查，而蒐集了一些研究結果。請參考Box3.1所列的重點研究結果。

Box 3.1　拒絕使用液體香皀的理由

- 若沒有足夠的理由使她們改變原有的習慣，消費者並不太熱衷於改成使用液體肥皀。
- 或許她們的經濟能力許可，但消費者是否願意付較高的價錢來購買肥皀這種大宗商品，大多取決於她們對花費的敏感度。
- 她樂於嚐新。她對現在使用廠牌的忠誠度低，而她的小孩也要能影響她的購買決策。
- 消費者眞正想要從液體肥皀的使用中得到的是肌膚保養功效。再者是細緻和清新，最後才是清潔效果。

來源：《The Economic Times》, 15 May 1996.

這個研究同樣也提供行銷人一些提高銷售的秘訣：

- 改善包裝以控制每次肥皂的用量，即每一次擠壓出來的液態肥皂量。

- 使用小包裝來誘導消費者進行試驗性購買。
- 替洗面乳設計經濟包或軟管式包裝。
- 利用贈品像是海綿等來促銷沐浴乳。
- 提高液體肥皂的使用次數
- 強調這些產品在出外旅遊時的便利性－這就是相對於固體肥皂而言，許多消費者認為使用液體肥皂的最大好處。

如今對行銷人而言，消費者偏好和消費者滿意度是一個非常重要的領域。換句話說，這是市場研究的應用方面，一個非常重要的領域。某些印度的服務業，像是旅館、航空公司、銀行業和快遞業，一直都採用顧客滿意度（customer satisfaction measurement; CSM）爲指標，近年來製藥廠、鋼鐵廠、甚至是主要的紡織廠也開始使用CSM。

在所有的紡織公司當中，莫瑞耳加紡織廠（Morarjee Goculdas Spinning）和衛芬紡織廠（皮那莫集團旗下的公司之一）持續和它們的顧客保持連繫以定期追蹤顧客的需求，再隨之改良公司的系統。不久之前公司們開始覺悟，即使它們成衣產品的品質仍舊優良，進口商卻不滿意這些公司。於是公司決定使用系統化的方式四處調查，並追蹤問題何在。研究結果發現，有二件事必須優先改善。其一是關於技術的領域，另一個則關於公司提供的服務。就後者而言，交貨遞送的時間太長，這個缺點隨後獲得改善。除此之外，公司也安裝一套新的線上系統，透過這套系統，公司可以快速的回應顧客，並提供顧客其訂單目前處理進度的資訊。在做了這些改進之後，公司終於得到較高的顧客滿意度。現在公司擁有一套即時系統，隨時隨地追蹤顧客滿意的程度。

身爲國內大型的研究研究機構之一，印度市場研究所（IMRB）在1993年12月導入一項新的系統－顧客滿意管理和衡量系統

（CSMM）。這套系統和美國CSM-Worldwide有技術上的連繫，而且也完全應用在顧客滿意度的研究上。此外，行銷研究分析集團（MARG）同樣也建立它們自營的專業部門。

行銷的每個領域幾乎都可供研究。值得一提的是，企業界已經逐漸開始使用研究來協助策略性決策的擬訂。舉例來說，企業每三至四年會進行一次市場定義研究，以了解市場所產生的結構性變化。行銷人亦經常使用研究來找出未被滿足的需求，或發現新的市場區隔。

印度的行銷研究

第一家行銷研究機構－營運研究調查集團（ORG），是由撒拉巴韓（Vikram Sarabhai）在1960年所成立。他成立ORG來進行零售商稽核調查，並評估消費者的變動。隨後在1971年印度湯普森協會（Hindustan Thompson Associates）也成立了一家專責研究機構－印度市場研究所（IMRB），這個機構爲印度引進了許多可以應用在消費品身上的其它研究方法。此單位所擅長的領域在於實驗小組研究。今日，許多行銷研究機構如雨後春筍般的成立：MARG、MODE（Taylor Nelson Sofres MODE）、追蹤者研究機構（Pathfinders）、和行銷研究暨建議服務公司（MRAS）。這些機構對印度的行銷學領域貢獻良多。

1964年成立了全國性的零售商店實驗小組；全國讀者調查報告則分別在1970、1978和1983-84年釋出。數年前，一份最能反應市場的讀者調查報告面世，而決策者的資訊來源調查報告也剛出爐。現在也可以得到新聞界的廣告稽核報告。醫師間的處方箋稽核現在也正流行。特定的產品種類也都成立了消費者分析實驗小組。最近，幾個研究機構也得到了電視節目觀衆評估報告（Srivastava 1988）。

除了這些大型的調查研究機構，幾家公司也設立了內部的研究機構（Kumar, 1985）。印度槓桿公司的市場研究部門被稱爲本土研究部（Domestic Research Bureau; DRB）。這個部門雇用了超過50個全職的研究人員和田野研究人員，其部門主管直接向董事會負責。DRB整年工作不斷，主導超過1000場訪談。印度槓桿公司自從1982年就建立了自己所屬的家計單位研究實驗小組，這個實驗小組提供公司家計單位對自己公司品牌和競爭者品牌購買狀況的資訊。另一個非常注重研究的跨國企業則是寶鹼公司，它也雇用了自己的田野研究人員來收集資料。

在印度，研究工作的一個重要問題就是次級資料的缺乏。因爲印度是一個各地風土民情都不同的大國，能提供印度人民和市場之資訊的指南非常少。除此之外，資料大都是過時的，聯合機構的研究報告準確度亦不足。在有些情況下，貿易聯盟的數據也不能信賴。即使如此，現今的研究方法日漸精密且具深度，這至少是值得高興的趨勢。

印度行銷研究的新趨勢

在印度，市場研究（MR）產業已經從過去的資料蒐集，逐漸演變成今日的資料捕捉。透過科技的運用就能達到這個目的，又可以減少記憶出錯的問題，並也降低資料蒐集錯誤的機率。舉例來說，人次觀測器（peoplemeter）可以讓電視觀衆登入和電視聯結的電腦。這使得觀測器能夠記錄觀衆實際收看的節目。這種方式勝過了過去逐日記錄的做法。若採用後者的做法，觀衆必須逐日記錄，並要對他所觀看過的節目做出評等。這二種做法在估計電視收視率（TRP）時，得到的結果差異極大。因爲若是採用日誌的方式，熱門的節目像是

Chitrahar、Mahabharat和The World This Week的收視率經常被高估，非熱門的節目則容易被低估，原因是許多觀眾提供錯誤的資訊。舉例來說，一個觀眾可能希望自己被認為是會收看The World This Week節目的人，因此會定時記錄自己的收看日誌，雖然他事實上有好幾次並沒有收看。

新科技同樣的也在訪談和資料分析上助益良多。因為可以大量節省文具耗材的使用，電腦輔助的個人訪談技術（CAPI）遂隨之興起。這種方法跟一般的個人訪談比較，擁有幾項優勢。使用這種方式，訪談工作可以利用筆記型電腦來進行。產品和廣告都掃瞄到電腦內，因此研究者並不需要帶著這些資料。在電腦螢幕上，受訪者可以看到這些廣告，並詢問他們之前是否曾經看過這個廣告，以及他們對這個廣告的認知為何。因此，這個方式摒棄了過去問卷調查的做法。理解分析系統（PAS）被用來分析廣告造成的效果。其做法是先在人們面前播放廣告，並要求觀看者透過聯結電腦的鍵盤或操蹤桿來回應。每一分每一秒都在電腦上即時捕捉資料。PAS的軟體和硬體都由安軟公司（Amsoft）這家位於Delhi的公司所研發。

印度的研究機構也透過相互結盟來得到專業技術和服務。英國的泰勒尼爾森公司（Taylor Nelson AGB）和MARG就曾針對過去的人次觀測器達成了一筆交易。邦加洛爾的行銷和商業協會（MBA）也已經和英國的產品研究公司（Produce Studies）結盟，以進行諸如肥料和殺蟲劑等農業用品的專業研究。行銷商業協會也擁有謹慎選擇模型（Discreet Choice Model），以協助預測各種「若是…則…」（what if）的情景。它的傳播模型（Diffusion Model）用來預測產品或服務在市場上將如何滿足每年的需求。

位於海德拉般的MBL-RCG，以其隨機反應監控系統（Stochastic Reaction Moniter）來研究客戶及其對手公司的行銷策略，以建議客戶改進其行銷投入來增加銷售。MBL-RCG更計劃推出能在電腦上模擬超級市場的視訊購物（Visionary Shopper）。

另一個能協助公司進行新品牌市場定位的新研究模型，就是國際研究機構（RI）的定位者（Locator）軟體。而昆騰電腦（Quantum）的Heleyen模型則研究社會行爲和其中的品牌區隔。而MARG的Semiotic Solutions則分析符號系統和包裝。（來源：《Business World》- 25-26，February 1995）

現在就讓我們來探討應用在行銷研究上的一些術語。

名詞定義

美國行銷協會定義行銷研究爲「有系統的蒐集、紀錄、和分析有關商品和服務行銷問題的資料」。這是一個寬廣的定義，事實上指行銷研究包含市場區隔、產品設計、通路關係、業務代表和廣告的有效性、定價方案等研究。因此行銷研究不能被稱爲市場研究，就是因爲市場研究一詞，表達的只是關於市場本身的狹窄層面。行銷研究的主要目的在於提供資訊，以期能有效找出機會或問題，進而協助經理人做出最佳的決策。

所謂的「行銷資訊系統」就是統合一組要素，以滿足行銷管理階層的資訊需求。這些要素包括了人、機器、報告和程序。行銷研究是行銷資訊系統重要的組成分子之一。使用資訊系統的目的在於，當研究外來事件的資件時，能以適當、適時、及簡便使用的方式提供每個經理人所有必要的資訊。

進行「調查」（survey）指檢視資訊或蒐集到的資料。行銷研究和調查並不全然相同，因爲調查可能只是行銷研究的一部份。

「問卷調查」（questionnaire）是一種收集和紀錄資料的工具。問卷調查可以是調查的一部份。

「樣本」（sample）指一些個體的集合，在資料蒐集過程中，這些個體被選出來代表較大範圍的母體。因爲不可能收集到所有消費者的資料，所以任何研究都使用樣本。

「資料」（data）指人們所接觸的原始刺激物（可以被看、被聽、及被感覺的事物）。

「資訊」（information）有指定意義的資料。

「情報」（intelligence）是軍事術語，隱喻台面下所收集的資訊。

「實驗小組」（panel）由目標消費者的樣本所組成，針對相同的樣本可以重覆進行訪談。實驗小組的成員能持續提供資訊和回饋。

「零售據點稽查」（retail audits）指由商店構成的實驗小組，實驗小組會提供產品銷售的資訊。

「消費者稽查」（consumer audits）指會保存購買紀錄的消費者實驗小組。訪問者會定期拜訪實驗小組成員。

研究過程的五個步驟

典型的研究過程會牽涉到下列五個步驟：

1. 問題的擬訂
2. 研究設計
3. 資料彙集方式的選擇
4. 樣本設計和資料彙集
5. 資料分析和結果彙報

問題的擬訂

古諺有云：「能明確地定義問題，就等於問題解決了一半。」在行銷研究領域中更是如此，因爲只有在明確地定義問題，並精確地表達研究目標等前提下，才能設計出正確的研究程序。換言之，企業若要進行研究，則事先要清楚地定義決策問題，以及將要進行研究的問題。試舉一例說明之，若一項新產品的銷售額低於目標值，則行銷經理面臨的決策問題是，決定如何處理這差距。是否應該更改目標值？是否太過樂觀？是否應該撤回這項產品？是否應該改變行銷組合中的某項要素，例如廣告？

假設經理懷疑問題出在新產品的廣告方案沒有收到預期的效果，則這樣的懷疑可衍生爲研究問題之定義的準則，而此一準則可以用來衡量潛在顧客的產品認知。

顧客不太可能會提供研究人員定義完整的問題。研究人員必須透過和客戶之間的討論，才能找出問題的根源。他們也必須去衡量一般性情勢，並診斷行銷的問題。做完這些步驟後，他們必須更進一步的過濾問題，以簡化與清楚的表達行銷研究問題。問題的定義過程如圖3.1所述。

因爲在每個時點都有許多需要研究的問題，企業因而在進行研究工作之前，必須先自我審視下列幾個問題：

- 哪些是重要的問題？
- 是否我們剛找出來的問題，在研究過程中應該排在第一順位呢？
- 這個問題事實上是否切合公司的目標呢？
- 研究設計是否適切地包含所有重要的因素？

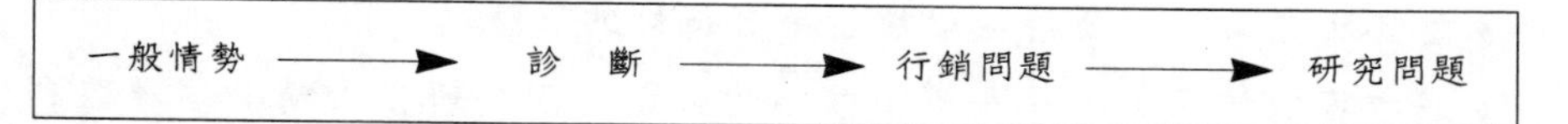

圖3.1　定義問題的過程

- 研究結論有效度嗎？公司能承受研究結束前的等待時間嗎？
- 這個研究計劃是否經濟實惠呢？從成本效益方面來看，是否划算？
- 以成本效益為衡量標準的話，和其它同樣需要進行行銷研究的問題相比，所提議的研究計劃之重要性為何？
- 研究工作應由何人來進行；是行銷研究部門呢？或該委託外面的研究機構？

在成功地找出需要研究的問題之後，公司必須決定究竟應該有效利用內部既有的人員，或委託外面的研究機構來進行研究。利用研究機構會有一些優點和缺點。其優點如下：

- 其成本可能會低於雇用額外員工的人事費用加上支付內部計劃的其它費用。
- 研究機構可提供公司內部無法提供的專業技術。
- 公司有較佳的彈性來選擇最合適的機構，以解決某種類型的問題。
- 外面的研究機構較客觀公正，通常不會受公司內部氣候的影響。
- 委託的企業能夠匿名。

缺點則如下所列：

- 研究機構可能並不完全熟悉該公司或該產業的目標和問題所在。
- 仍有研究工作進行不當或時程掌控不佳的風險，尤其若是公司第一次和研究機構合作。

- 會有研究結果或公司活動被競爭者得知的風險。
- 成本可能較高，尤其是規模較小的計劃，因為研究機構必須賺取利潤以供應不景氣時期與雜支開銷。

下列幾項因素可以幫助我們選擇一家合適的外部研究機構：

- 執行該項計劃人員的能力。
- 所需要的和能提供的專業化程度。
- 技術能力。
- 對行銷管理的定位。
- 職員的教育程度。
- 主要人員的人格特質。
- 各種支援的提供（田野研究、資料處理、分析）。
- 職業道德。
- 創造力。
- 溝通能力。
- 時程掌控的能力。
- 地點（應該要貼近消費者以利溝通）。
- 商譽
- 計劃的費用

一般來說，公司會將研究計劃摘要寄給三至四家研究機構，並要求它們提報研究活動的企劃書。一份研究計劃摘要必須包含下列幾個層面：

- 決策問題的一般背景。
- 管理問題的陳述。
- 研究問題的陳述。

- 研究目的和所需要的特定資訊。
- 所能提供之計劃預算（選擇性的）。
- 希望的時間表。

研究機構所提交的研究企劃書應該要包含如下幾個層面：

- 企劃書應該定義問題或機會。詳細說明問題究竟僅止於在某一層面影響公司，或會全面影響公司？陳述問題主要的成因有哪些？
- 陳述研究目標。告知管理階層，他們應期待從研究工作中得到什麼？
- 陳述欲進行的各種活動。
- 陳述公司所須資訊以及將採用的蒐集方式（回顧研究文獻、訪談、問卷調查、實驗等等）。
- 提供自己過去處理相似問題的經驗和成果資訊。提供工作描述，以及將負責掌控此計劃的主要人員的姓名和一頁左右的履歷表。
- 試算此計劃的預算。提供客户它們的錢花在哪裡的資訊，例如花在薪資、設備和補給、差旅、雜項支出和非直接費用。
- 列出各項活動，估計完成每個活動所需的時間，並加總得到完成整個計劃所需的所有時間。

在詳細評估過各機構的企劃書之後，可以選出一家合適的研究機構。但爲了要得到更妥善的結果，公司仍必須注意下列幾個要點：

- 公司應該要在該開始時就參與研究過程。
- 公司應該檢視研究機構蒐集和篩選資料的過程。
- 公司應該要參與製表和資料分析的細節。
- 公司應該要求研究機構對於研究結果和涵義提出看法。

研究設計

研究設計指陳述爲求得研究結構或解決問題所需資訊而使用的方法和程序。研究設計分爲探測性、描述性或解釋性三種。

探測性研究

因爲探測性的研究設計用來辨認出問題，因此這種方式具有極大的彈性，且不會先對問題性質預設明確的立場。此一方式先直覺的找出各種相關的議題，像是商業環境等等，接著通常會伴隨著一個予以確認的研究。探測性研究會遵循的步驟如下：（i）找尋次級資訊來源，及（ii）和通曉相關議題資訊的人員面談。舉例來說，若是一項產品在市場上推展不順，則可以選擇一些消費者進行訪談以找出一些性質相同的原因。若樣本規模較小，則這些原因會再求證於較大的樣本規模，並使用調查導向的研究。這稱爲質研究（qualitative research）。

描述性研究

描述性研究會敘述市場特性，並以調查方式爲基礎。這種方式牽涉到對下列問題的回答：「情況像是什麼？」大部份的研究都採用這種方法設計。採用這種方式是爲了要找出消費者的人口統計和心理特質、消費者對市場上不同品牌的態度、市場佔有率和公司的競爭優勢等。描述性研究同時也具有確認性研究的特質，用以證明或推翻研究在探測階段時所做的某些假設。

零售據點稽查、讀者調查和消費者實驗小組座談尤其都使用描述性研究方法。

零售據點稽查　零售據點稽查是目前所知最古老的研究方式之一。若要找出需要改進的配銷環節或不利趨勢，依賴工廠外的銷售結果報表，不但時效會落後且正確性亦不足，這樣的自覺產生了這種研究方式。此一方法需要實際走到最前線，並直接觀察消費者究竟在零售據點購買什麼。

從全體（雜貨店或藥局）選出具代表性的一組商店或零售據點來進行零售據點稽查。這個實驗小組層次分明，能代表不同的營業額和各個種類的組織。稽查活動會常態進行，通常是二個月一次。在每次的稽查活動中，一位調查人員會計算陳列在架上和放在商店內列入稽查項目之物品的存貨，以及自前次稽查後所有新列入貨單的商品。隨後依照一個簡單的公式，計算介於二次稽查間架上商品的變動值。

第一次稽查的存貨＋自第一次稽查後的商品貨單（例如收據）
－第二次稽查的存貨

使用從樣本零售據點中選定產品的銷售變動數字，可以推斷出在不同地區、省份、和整個國內銷售的估計值。這種估計每二個禮拜進行一次，用以評估品牌佔有率和數量趨勢，並能衡量出包裝大小的品牌趨勢。此種估計值也可以採城鎮爲單位。零售據點稽查同時也可以看出每次所使用的消費者／交易促銷計劃之效果。

建立一個零售稽查實驗小組和設備以處理資料，對市場研究機構而言代表著高成本。因此每次這種活動必須多方發表（例如賣給許多客戶）。只要建立了稽查實驗小組，蒐集許多產品資料的工作就變得容易多了。在印度，ORG進行肥皀、洗衣粉、藥用商品等的零售稽查。大約45家製藥廠和50家消費產品公司訂閱ORG發行的各種稽查資料。

在已開發國家，商店使用光學掃瞄器來製做帳單。這些掃瞄器可以改裝成將特定產品種類所有購買記錄記在磁帶上。每天晚上可以更換並分析磁帶以記錄存貨的變動。其它的實驗也同樣可以進行，像是每天改變產品的價格、貨架空間、包裝等等，並觀察銷售增減的狀況。

消費者實驗小組　　假設研究人員因爲一家公司在一段時間內採用某種傳播程序，而對測量消費者的購買行爲及其態度的變化感興趣，他將必須重覆的進行面談。而篩選一個消費者座談實驗小組將會使工作變得更容易。當然，挫折在於重覆性面談會產生某些傳統調查不會有的奇特問題。舉例來說，受訪者在事先就已經知道問題，因爲問題重覆被詢問，因而會喪失自發性，且受訪者會提供預先想好的答案以期獲得研究者的注目。受訪者也會更了解研究的目的，並因而在回應上造成偏差。

消費者實驗小組可能會交由研究機構，成爲持續性包含許多產品的研究服務或針對特定的計劃。有些場合可以使用實驗小組研究的方式來運作，像是消費者稽查、計算媒體觀衆、和新產品的推出。

1. *消費者稽查*：實驗小組成員保留購買紀錄，而訪問者定期的拜訪並檢查存貨（一種叫做「垃圾桶檢查」，提供成員特別的容器，使他們把要列入計算且使用過的罐子和包裝物放入那些容器中。）

2. *計算媒體觀衆*：廣告主所要求的電視觀衆收視率數字，是透過蒐集一個家庭實驗小組的資料而得。在電視的開關打開並選擇頻道時，則連接到電視的測量器就會運作。另一種方法是成員將類似的資訊記錄在日記上，計算收音機聽衆收聽率就採用這種方式。

3. *產品推出*：有許多成熟的技術可用來求得一個新品牌推出之蜜月期的實驗小組購買記錄，並據此預測市場滲透率和重覆性購買的發展程度。

IMRB維持著一個家計單位實驗小組，監控四個大都會孟貝、達爾韓、卡卡它、和青納中一萬個家庭的購買狀況。在研究階段中，家庭主婦會保持一份購買日記。IMRB同樣也爲ITC維護一個抽煙者實驗小組。

讀者調查　全國讀者調查（NRS）報導下列在15歲（含）以上的青少年間，各種刊物、看電影、聽廣播、和看電視的各種顧客群的資訊：

1. 根據年齡和家庭收入而分的讀者群。
2. 根據教育和社會階層而分的讀者群。
3. 根據閱讀頻率而分的讀者群。
4. 根據和其它大眾媒體接觸而分的讀者群。
5. 根據年齡和家庭收入而分的接觸大眾媒體者。
6. 根據教育和社會階層而分的接觸大眾媒體者。
7. 刊物間重覆的讀者群。

全印度廣播的聽衆研究實驗小組（ARC）提供每個電台不同時段的聽衆資料。ARC、Doordarshan提供每個電視頻道和不同節目之觀衆的資料。研究機構對特定族群所做的聯合研究，引起許多公司的興趣。因爲人口衆多且語言多樣化，在印度進行讀者調查是艱鉅的任務。

獨立的雜誌會進行讀者調查以探討其讀者的特性，並發掘他們對於耐久消費財、非耐久消費財和辦公設備的購買潛力，這些資料隨後並用來招徠廣告商。公司同樣也會進行調查來發掘其消費者的資訊來源，以發展公司自己的廣告策略。

在所有這些調查中，如何定義讀者群是非常重要的。根據NRS的定義，讀者就是在進行訪問前，界於出版物不同期別之出版區間內，宣稱有閱讀或瀏覽任何報紙或雜誌的受訪者。舉例來說，就是讀者必須在訪問日前已經看過一份日報，或在訪問日前的七天內，看過一份週刊。

解釋性或因果研究

解釋性或因果研究是為了確認關際並回答一些問題，諸如：「可能發生什麼事？」「為什麼？」「事情如何彼此關聯？」這種研究設計會利用對照組來進行實驗。假設一家公司想要為它的產品找出價格需求關係，則公司可能會進行一項實驗，逐漸的改變價格，觀察需求，並保持其它因素不變，像是廣告、產品品質和通路。

實驗設計　產品測試、探討性行銷、廣告評估、銷售訓練評估和價格測試，可以利用正確的實驗設計方法來有效達成。研究者有許多實驗設計方法可供選擇。我們來探討其中二種方法並佐以實例說明。

事前—事後無對照組設計（Before-After without Control Group Design）　公司選擇一個實驗城市來研究。計算價格提高前的銷售值（O_1）。然後提高價格（X）並再一次計算銷售值（O_2）。銷售值的增加或減少就是價格提高的效果。

$O_1 \quad X \quad O_2$

X的效果$=O_2-O_1$

事前—事後有對照組設計（Before-After with Control Group Design）公司選擇二個市場特性具比較效果的實驗城市。在其中一個城市提高價格，而另一個城市維持原價。計算出來的效果如下所示：

實驗城市　$O_1 \quad X \quad O_2$

對照城市　O_3　　O_4

X的效果＝（$O_2 - O_1$）－（$O_4 - O_3$）

其中（$O_4 - O_3$）為產品逐漸成熟的效果

要注意的一點是，除了價格改變之外，在試驗期間中市場可能會發生其它的變化，這也會造成需求改變。這個效果可藉由成立一個對照組來加以改善。下列銷售訓練的例子可以更貼切的證明。假設你訓練你一半的銷售人員，但不訓練另外一半（這一半成為對照組）。你知道訓練前這組的銷售數字。自然而然的，訓練後預期銷售會增加。然而，假使因為新競爭者的加入導致市場條件變得不利，銷售將會下滑。這對實驗組和對照組的表現都有負面效果，假使負面效果能夠加以計算並和表現水準分離，那我們就能夠觀察訓練的效果。

實驗設計的問題在於，如何發掘具有市場代表性的城市，以及如何控制外部因素。當競爭對手知道你在進行實驗的同時，它將會盡其所能的破壞實驗狀況，用低價傾銷它的產品，提供經銷商和消費者許多購買其產品的誘因。為了解決這種問題，實驗可以在實驗室中以模擬現實情況的方式進行。表3.1列舉了會影響選擇實驗或實驗室實驗的一些因素。

選擇一項設計

選擇一份研究設計必須切合問題所在。其選擇端視決策者所須的資訊。探測性的設計在於定義現象，描述性設計則用於找出它的範圍，至於因果性設計則為了確定參數間的關聯程度。然而，一項研究並不需要同時依循這三種設計。

表3.1　影響實驗設計的因素

因素	實體	實驗室
效度		
外部	高	低
內部	低	高
成本	高	較低
時間	高	較低

資料蒐集方法

我們可以透過原始研究或二手研究來蒐集資訊。二手研究佔優勢的是研究工作早已由別人完成，原始研究則需要收集新的資料。研究者有許多資料蒐集方法可供選擇。最常被利用的資料蒐集方式，就是透過問卷調查和訪談。下列是一些資料蒐集方法的示範做法。

1.結構性的直接訪談　這是進行消費者調查時的一般訪談方式，使用正式的問卷以得到描述性的資訊。問卷由不拐彎抹角的問題所組成以求得事實。收集得來的資訊包括消費者對產品的態度，和人口統計資料例如年齡、教育程度、所得。

2.非結構性的直接訪談　在這種方式中，訪談者只得到所須資訊類型的概略性指示。他受到授權自由去詢問要得到這些資訊所須之必須或直接的問題。他可以使用自己的詮釋方式，並根據每次訪問的內容來決定問題的順序。非結構性的直接訪談經常被用在探測性研究上。許多在最後訪談中使用一份正式問卷的研究計劃會經歷一個探測性的階段，在這階段中會接觸受訪者並進行非結構性的訪談。

3.焦點團體座談　焦點團體座談則是一組人一起參與一個非結構性的訪談。這個團體一般由8至10個人組成，包含和研究問題相關、有相同背景或有相似的購買行爲或使用習慣的人。訪問者或主席嚐試以輕鬆、非直接的氣氛使討論焦點集中在有問題的領域。目標是要鼓勵成員間的參與和互動以造成自發性的討論，並揭露現在或預期之購買和使用行爲的心態、選擇和資訊。整個過程將錄影留存，並由研究經理人用來擬訂更進一步的研究假說。

4.關聯詞測試　在這種測試中會提供受訪者一系列的「刺激詞」，他們必須快速回答心中第一個想到的詞。這個測試最適合用來選擇品牌名稱。

5.文句完成測試　對受訪者唸出一句話的開頭，並要求受訪快速的使用腦中的第一印象來完成這個句子。這個測試最適合用來評估消費者對某特定產品的態度。舉例來說，有些受訪者會被要求完成的句子有：

（1）那個使用口紅的女人是……。

（2）大學女生使用口紅是用來……。

（3）那個昂貴的口紅是……。

（4）理想的口紅應該是……。

6.主題領悟測試　處理這種測試會使用一個或多個圖片或卡通，來描繪與研究的產品或主題相關的狀況。在圖片中，有一個人或幾個人處於模糊的狀況，接著受訪者被要求形容或確定這些人當中之一的角色。這個測試一般用來研究品牌和人格間的關聯。

7.深度訪談　這是行銷研究上一種非結構性、非正式的訪談，以探討消費者對特定產品或服務的基本傾向、需求、慾望和感覺。一般由合格的心理學家來進行這些訪談。我們會在消費者分析的章節中進一步介紹深度訪談的某些研究結果。

8.直接觀察　　直接觀察人們及他們面臨狀況時的表現，是蒐集資訊經常使用的方法。這種方法最適合用於研究購買行爲。

有許多工具可以用來蒐集資料。先前討論過的各種訪問方式可以經由面對面、電話或郵件來進行。電話訪問在印度仍不普及。然而透過郵件訪問的方式則方興未艾，尤其是雜誌會來使用郵件來進行讀者調查。我們同樣也可以透過錄音裝置來得到資料。瞳孔攝影機記錄了瞳孔的放大和收縮，這和一些視覺刺激像是廣告等所造成的興趣程度有關聯。心理記錄儀（psychogalvanometer）也可以進行同樣的任務。印度的行銷研究公司也很時興運用消費者和商店的實驗小組。

評估量表法（Scaling Methods）

行銷研究人員大量使用調查方法。但若要利用調查方式來得到有用的資料，研究人員必須釐清你要測量什麼和如何測量。假若某項調查必須測量消費者對品牌X的偏好，則受訪者應該被問到：

你多喜歡品牌X？

回答可能是「我非常喜歡它」，「我並不偏好這個品牌」、「我還算喜歡它」等等。但這樣的回答很不容易分析。因而我們可以將問題修正爲：

你多喜歡品牌X？請圈選下列句子之一來表達您的意見：

我非常喜歡品牌X
我還算喜歡品牌X

我不喜歡也不討厭品牌X

我有點討厭品牌X

我非常討厭品牌X

現在，這個問題的回答就比較有結構。你也同樣可以將不同程度的偏好編成數值，換句話來說，建立一個量表來測量偏好。

回答種類	數值
我非常喜歡品牌X	5
我還算喜歡品牌X	4
我不喜歡也不討厭品牌X	3
我有點討厭品牌X	2
我非常討厭品牌X	1

假設訪談1000個消費者。每個消費者的回答是從1至5的數值，如此一來我們就能找出這1000個數值的平均數。假設平均數是4.5，則可以代表大部份的人是喜歡品牌X。換句話說，若我們得到的平均數是1.5，則可以歸納出大部份的消費者並不喜歡品牌X。

若沒有將回答種類結構化並定義成數值，則根本不可能從數千個受訪者的回答中做出推論。

尺度化就是利用數值來代表人、物體、事件或狀態的屬性。這些數值彼此息息相關。就像我們以尺度來測量溫度、長度、寬度和高度、重量和體積，我們也可以建立尺度來測量消費者的偏好、態度和感覺。

尺度化主要可以使用下列四種方式：(i) 名目（nominal）、(ii) 序數、(iii) 區間、和 (iv) 比例。

名目尺度是限制最少的尺度化。在這種方式下，數字僅止於代表分辨物體、屬性或事件的題號或標籤。舉例來說，一個受訪者的職業可以用下列方式以名目尺度來代表：

你的職業是什麼？請在正確的選項上打勾。

1. 自由業／專業人士
2. 工業家／企業家
3. 交易員／佣金經紀人
4. 經理人／公務員
5. 內勤人員／業務員
6. 學生
7. 家庭主婦
8. 其它（請說明）

這個例子是從一本雜誌的讀者調查中選出。在這種情況下，計算其簡單的平均值毫無用處。只有列出不同選項的比率才有利用價值，例如「四成八的雜誌讀者是經理人／公務員」。

用來測量對品牌X偏好的問題，可以改用另一種問法來得到名目尺度的回答。

你喜歡品牌X嗎？

是（1）

否（2）

這裡的選擇是二分法，不存在界於二者間的選項。相同的，性別則是另一個名目尺度資料的例子。

序數尺度如其名稱所示，爲各個數排序。這個尺度需要具備能根據一個單一特性或方向，來區分各個元素的能力。讓我們來思考下列的問題。

你得到了三個品牌的洗衣精A、B和C。在只考慮洗潔能力的前提下，你會將何者排為第一、第二和第三？請在下列選項勾出適合的等級。

品牌	等級		
A	1	2	3
B	1	2	3
C	1	2	3

這個問題的答案可能會造成一種順序，像B比A和C都好，且A比C好。則B被排為第一，A是第二而C為第三。但是我們無法知道B比A或C好到什麼程度。這種尺度也同樣無法使用算術平均數。

區間尺度最常用在測量偏好、態度等研究上。我們在前述的例子中，使用五種回答來測量對品牌X的偏好，就是一個區間尺度的範例。區間尺度使我們能對二個物體之間的差異，做出有意義的陳述。假設我們想用區間尺度來測量三種不同洗潔劑品牌A、B和C的洗潔能力。若使用序數尺度，我們將得到下列的結果。

請使用勾選適合的陳述的方式，來排列三種不同品牌洗潔劑A、B、C的洗潔能力。

洗潔能力	A	B	C
非常好	5	5	5
很好	4	4	4
不好不壞	3	3	3
很壞	2	2	2
非常壞	1	1	1

假設B得到等級5，A得到3而C得到等級2；我們則可以說B和A間的差異大於A和C間的差異、然而我們不能推論出品牌B比品牌C是2.5

倍的洗淨能力（5除以2），品牌A的洗淨能力是品牌C的1.5倍（3除以2）。這是因爲各個尺度的數值受到任意地固定。

區間尺度並不存在獨一無二的零點。爲了要使用區間尺度，我們現在假設再使用同樣的類別，但是數值改用2代替5、1代替4、0代替3、－1代替2、－2代替1；因此比例就變得不一樣了。區間尺度最有名的例子就是測量溫度所使用的攝氏溫度和華氏溫度。我們再一次假設在一個山上觀測站的平均溫度是15℃，而在小鎮平原上是30℃，但是我們不能說小鎮比山上觀測站熱二倍。原因是相同的溫度若以華氏表示則其比率並不同（86/59=1.46）。算術平均數、標準差、相關係數等都可以在使用區間尺度的資料。然而一些統計學上的計算像是幾何平均數，就不能使用區間尺度的資料。

比例尺度存在獨一無二的零點，且經常應用在物理學上（例如使用來測量長度和重量）。假設一個女孩重70公斤，且一個男孩重35公斤，則女孩是男孩的二倍重。同樣的，假如我們將重量單位改成英磅，則其比率仍舊未變。這是比例尺度的獨特屬性。一些因素像是年齡和所得，也同樣可以使用比例尺度來衡量。除此之外，所有的統計學運算都可以在比例尺度上使用。

問卷設計

問卷的設計和架構不像是一門科學，反而像是一門藝術。還未有一套公式能自動製造出一份良好的問卷。基本上，一份問卷必須提供二種功能：（i）它必須將研究目標轉化成受訪者能夠回答的特定問題，（ii）它必須驅使受訪者在調查中合作，並給予正確的資訊。是故在產生一份問卷前，必須先針對所須的資訊做出明確的陳述，也必須先預測完整的分析。在設計問卷時，要注意受訪者也會感到倦怠。問卷設計好了之後，一定要先測試。

在製作一份問卷時，研究人員必須做的決策列舉在表3.2中。

表3.2　問卷決策

1. 起步
（a）資訊：　所須的資訊是什麼？
（b）受訪者：　哪些是受訪者／樣本的結構
（c）溝通方式：　使用結構性且直接或非直接的溝通方式？
2. 內容
（a）需求：要獲得必要的資訊，需要哪些問題？
（b）適當性：問題的數量是否適當？
（c）受訪者的能力：是否受訪者不知情、健忘、或拙於表達？
（d）受訪者的意願：受訪者是否準備好要回答私密性或尷尬的問題？
（e）外部事件：是否有任何外部的因素，像是地點等，可能會影響回答？
3. 表達
（a）單一含意：陳述句可以有不同的解讀？
（b）暗示性選擇：問題是否暗示著某個選擇答案？
（c）另有用意：問題是否另有用意，以影響回答朝向某個特定方向？
（d）未聲明的假設：問題是否架構在某些不尋常或未聲明的假設上？
（e）參考架構：問題的設計是否和受訪者有一致參考架構？
4. 格式
（a）開放式答覆：當需要一個自由發揮的答案時，問題是否採開放式答覆？
（b）封閉式答覆：是否回答侷限為二分法或複選題，以求得較結構性的答案？
（c）尺度：是否使用的尺度和所須的答覆一致？
5. 順序
（a）問題的安排是否符合邏輯呢？
（b）是否只有在篩選的用途時，大綱性問題才會被放在問卷的開頭？
（c）是否由一個一般性的問題來揭開主題，然而再列出特定的問題？
6. 排版
（a）問卷的排版是否易於閱讀及回答？
7. 測試
（a）問卷的測試能夠篩除不想要的問題或加入較有用的問題？

資料來源：Modified from Tull and Hawkins, 《Marketing Research》, Prentice-Hall Inc., Englewood Cliffs, 1992.

抽樣和資料收集

抽樣理所當然也是市場研究的一部份；在品質管理方面這是一個不陌生的概念。若要測量一個非常大母體的成員，這也是惟一實際可行的方法，因為要測量全部人口不但不可能，也非常昂貴。假若遵循正確的方式來選擇樣本，那麼母體中每一個成員被挑選出來的機率應該相同。

但是假設你想要從青納挑選500位成人為樣本。若是你去埃諾爾區的一些大型工廠挑選這500個成人，那麼他們可能都會是男性。假設你去某個女子大學去找500個成人為樣本，那麼樣本可能都會是女性。在我們探討理論上如何決定樣本規模為500人之前，我們必須先討論該如何挑選500位成人成員。

首先你必須要為樣本定義其單位。在這個案例中，單位是一個成人，不管男性或女性，年齡要在21歲以上（包含21歲）（假如我們以選舉投票權的年齡為基準，則是18歲以上）。另一個任務就是要決定樣本的架構，這代表要從母體中得到成員的名單。這可以是選舉人的名單。青納市的選舉人名單可以分為600個選區。從這些選區清單中，你必須隨機挑選50個選區（500/10，我們稍後會解釋為什麼10是「萬能數字」（magic number））。隨機挑選就代表你將選區號碼全部寫在紙上，放到一個箱裡，然後抽出其中的50個號碼。

現在讓我們來考量所挑選的50個選區之選舉人名單。每一份名單內有許多地址，2000個以上。你必須從這50個選區中隨機各挑選一個地址。因此你就已經有50個地址。視每個地址為一出發點，你必須要面談地址所在區域內的10個家庭。其中一個做法是你可以面談第一條巷子的其中一家，然後跳過第二條巷子去訪問第三條巷子，並這樣繼續下去。你必須知道每個家庭中有幾個成人，並各給他們一個編號。接著你隨機挑選一個編號，再看選擇到的成人是男性或女性。藉著這個方法，你可以在青納市內選出500個成人，並同時知道他們是男性或女性。然後你可以算出全部樣本成員內男性所佔的比例，這樣你就會得到青納市內成人男性比例的估計值。

現在我們再來探討如何設定樣本規模。500人的樣本規模是筆者隨便取的數字。但是樣本規模的大小會根據二個因素：（i）考量母體的變異性，和（ii）所需結果的正確性。假使變異性較高，則所須的樣本規模也要比較大。舉例來說，村莊裡的人想法觀點會比較統一，而相較之下，市區的人對議題的觀點就比較分歧。因此市區的樣本就要比較大。從另一方面來說，雖然樣本村莊或許很多，但平均每個村莊都採取小樣本規模或許會比較適當。

假使我們需要較高的正確性，那就需要較大的樣本。有一些統計方法可以用來決定樣本規模。行銷研究人員經常使用配額（quota）抽樣法，他們使用這種方法來指定不同等級的城鎮、不同所得族群等等的配額。同時專案成本也隨樣本規模而定。所以他們有時候會固定總樣本規模，再將配額分配到不同的種類中。

我們有許多抽樣技術。舉例來說，單純隨機抽樣法就是你擁有整個母體的清單，然而再隨機挑選樣本的技術。分層隨機抽樣法（stratified random sampling）是一種程序，按照此一程序你將母體分割成具有不同變異性的不同層級，像是不同的所得族群等等，再使用單純隨機抽樣法來從每個層級中挑選樣本。若我們使用這個技術來估計青納市的性別比率的話，就叫做多階段抽樣法。而我們從每個挑選的地址中找出10個家庭來面談，則是叢集抽樣法（cluster sampling）。

資料分析和解讀

資料收集的工作一結束，就要開始編碼的工作。編碼（Coding）是指指派數值以爲回應。有些研究人員偏好先對每件事編碼，甚至在問卷調查還未完成前。然而，或許有些開放答案的問題可能需要編輯和編碼。開放問題就是受訪者可以自由寫下他的回覆，且並沒有結構性的種類需要遵循，就像爲什麼你不喜歡這個產品等問題，受訪者或許有些理由是問卷上沒有提供的，而這些回答可能就需要事後編碼（postcoding）。

在編碼工作完成後就開始進行資料輸入。過去人們使用打孔卡。現在資料輸入機器問世之後，人們可以將資料輸入到電腦磁片中。在資料輸入後，就會使用標準統計方法來做歸類（sorting）的工作，找出次數分佈、平均值、中位數等等。另一種選擇是我們可以自己寫專用的程式，來做所須的分析工作。在最後的報告中會將結果製表，並提供解讀和推論。

在決定使用特定的分析技術之前，我們也需要考慮幾個因素。可以利用表3.3來選擇適當的技術進行資料分析。

一些資料分析方法

交叉製表　　在行銷研究中，最常用來探討變數間關係的方法就是交叉製表，即將樣本分成數個次組合以研究變數間的相關性。雙向交叉製表可對相依性分析提供一些見解。適合用來檢定相關性假設的一個分析方法是卡方列聯。對於2×2的矩陣，可以用ρ統計量分解關係強度，對於較大的矩陣可以用Carmer's V，也可以用列聯係數來衡量。

表3.3 一些分析方法

分析方法	測量層級	變數個數	變數關係
1.單變數分析（差異分析）			
卡方	名目	1	-
Kolmogorov-Smirnov	序列	1	-
卡方列聯	名目	2	獨立
Mann-Whitney U test	序列	2	獨立
中位數檢定	序列	2	獨立
Kruskal-Wallis	序列	2	獨立
McNemar test	名目	2	相關
Cochran Q	名目	2	相關
Wilcoxon test	序列	2	相關
Friedman 2-way ANOVA	序列	2	相關
Z test	區間/比率	1	-
T test	區間/比率	1	-
Z test	區間/比率	2	獨立
T test	區間/比率	2	獨立
成對T檢定	區間/比率	2	相關
變異數分析（實驗分析）	區間/比率	2/以上	獨立

2.多變數分析

a.相依性方法

分析方法	標準的測量層級	預測的測量層級
相關程度		
列聯係數	名目	名目
排名相關性	序列	序列
預測		
有虛擬變數的迴歸分析	區間	名目
迴歸分析	區間	區間
差別分析	名目	區間

b.相關性方法		
分析方法	測量層級	在行銷上常見的用法
有虛擬變數的要素分析	名目	現象的描述/產品的設計
要素分析	區間	
集群分析	區間	區隔
相關分析	序列	產品的設計
多向尺度化	序列	定位
自我相關偵測	區間	區隔

變異數分析（ANOVA） 變異數分析法適用於有兩種以上的方式要比較時，這個方法是在對未控制的變數之影響作必要的調整後，檢定控制變數所造成的反應間差異之統計顯著性。它的用處是為重要的變數設計實驗。其基本想法是比較處置內的平方和與處置間的平方和以得出F比率。

要素分析（Factor Analysis） 要素分析是用來描述一物體或一現象，著重於可能被用來描述的所有變數之間的關係。它根據資料的本質為選出的變數發展出一個線性組合。被組合的變數實際上是一組最初用來收集資料的變數。因此要素分析從事兩件事：一是簡化資料，一是改善資料的解釋能力。第一個目的是用本質上相同的一組新的、較小的變數，自一組觀察變數中擷取重要的資訊。這有助於研究人員得到更好的結論。每個新得到的變數組合都根據有高要素相關性的變數來命名。但臨界水準則視研究人員的需求而定，因此是主觀的。以下描述一些與要素分析相關的重要名詞：

◆ 要素（Factor） 是原始變數的一個線性組合。

- 要素矩陣（Factor matrix）　顯示每個要素的要素相關性之矩陣。
- 要素相關性（Factor loading）　要素和變數間的相關性稱為要素相關性。
- 伊根值（Eigen value）　是一要素之要素相關性的平方和，此值所表達的是要素的重要性。
- Communality　此值所表示的是一變數的所有要素所表示的變異數比例。它是一變數的要素相關性的平方和。
- 主要組成分析（Principal component analysis）　是擷取變數的方法之一。在此方法中，線性組合的選擇方式是使代表原始變數之變異數比率的要素按遞減順序排列，並使前一個要素與後一個要素直交。
- 旋轉要素矩陣（Rotated factor matrix）　這是產生一些極高與極低的要素相關性以促進解釋之程序。所有方法被分成兩組：直交的和斜角的。在前者，要素為互相垂直且不相關。後者則無此要求。
- 要素比重（Factor score）　這是賦予每個要素的比重。

集群分析（Cluster Analysis）　集群分析的基本目的是形成其內相似，但其間不同的集群。這有助於研究人員用多變數資料找出自然形成的集群。在行銷研究中，集群分析最常見的用途是區隔，也有助於找出在消費者認知中類似的品牌。在集群分析中使用的三種方法是：單一、完整、和平均相關性。根據Euclidean距離或它們之間的相關性將客體分組群集。

差別分析（Discriminant Analysis）　差別分析是用來分析造成各組（如吸煙量大與吸煙量不大）間差異的變數。此一分析會找出標準及預測變數間、有助於以群組內變異數爲基礎區隔群組的線性相關性。它也能指出可解釋大部分變異數的變數。這個方法可以用來預測將受試者分配給哪一組。

一致性分析（Correspondence Analysis）　一致性分析是使用交叉表格的一種繪圖法，它使已經分派的相關性得分進行成對比較的變數間之相關性極大化。它由數值/類別資料所產生的相關圖形，有助於找出類別變數間的結構關係。一致性分析可以用於區隔、評估廣告效率、產品／服務設計和數種其他方面的行銷決策上。

相關分析（Conjoint Analysis）　相關分析適用於瞭解客戶如何在不同屬性內取捨的方法。進行相關分析的第一步是經由組合選定之屬性的不同層級以建立數個描述性的基本資料（即假設性的刺激）。然後讓受試者根據各人喜好爲這些刺激排序和評分。對假設性的產品概念所做的喜愛程度評分／排序即是相關分析的輸入資料。各屬性的最高與最低效用水準間的差異即爲該屬性的重要性。這個分析可以對個體和整體受試者進行。個人的效用可以用來作爲群體受試者的標準，以進行消費者區隔。還可以對所有受試者的效用進行模擬以評估新的產品概念。個人的效用有助於評估個人對新產品概念相較於他目前使用品牌的接受度。而個人資訊的整合可以用來評估新產品概念的成功機率。

本章摘要

電子資料處理領域的許多科技進展，使得有彈性地存取資料庫變得愈來愈容易。這爲經理人帶來了正面的變化，他們愈來愈熟悉制定決策所需的資料和數字的使用。因爲跨國公司營運全球，並能彙集許多研究資料以供公司利用，這樣的差異曾經是跨國企業和印度國內同業的分水嶺。時至今日，許多印度公司像是巴沙拉保健產品公司和安魯將公司也使用研究方法來得到所須的資訊，以制訂關於新產品和產品促銷等方面的決策。

行銷研究本身並不能代表成功。甚至執行過程完美的研究結果都可能受到錯誤的解讀或誤用。決策者本身嚴重的偏見可能會使他們忽視某些研究結果。除此之外，行銷研究的花費驚人，所以研究單位經常會面臨經濟壓力而不得不精簡或延後研究（在有時間考量下），因此就無法達成原先的行銷規劃。然而，行銷研究能夠幫助公司紮穩根基，並找出更好及最省成本的行銷方式。但若要達成這個目標，研究工作的設計和考量首先必須緊盯著行銷目標；第二，它的結果應該予以充分理解，並嚴肅以待。

許多公司雖然進行了研究，卻沒有利用研究的成果。沒有加以利用的研究，就像買了醫生開的藥方卻沒有服用一樣。有些經理人對利用研究結果之所以抱持著遲疑的態度，就是因爲他們缺乏解讀大量資料，並據以發展出有意義的決策之知識與能力。從另一方面來說，有些經理人並非利用研究來找出未來的方向，而是將研究用來支持既定的決策。這就像是一個醉漢並不是利用路燈來照亮回家的方向，而是拿來當做支撐之用。雖然第一個問題可以在執行時加以修正，第二個問題卻沒有補救之道。

本章深入淺出的使讀者熟悉資料蒐集的方法，以及市場分析、顧客分析和競爭者分析所須的研究方法。在附錄一所探討的預測技術，對市場分析來說尤其有利用價值。此外，若能善用次級資料來源，對於產業分析和競爭者分析也會很有幫助。

附錄一　預測技術

我們將探討下列幾種研究技術：

1. 專家看法
2. 達爾非法
3. 歷史成長率
4. 趨勢推測
5. 移動平均數
6. 時間序列分析
7. 指數平滑
8. 業務單位加權
9. 因果迴歸
10. 最終用途推測法
11. 購買意願調查
12. 模型化生命週期
13. 使用實驗小組數據來預測新產品

專家看法

當一項新產品進行需求預測時，若得不到似產品的過去資料以為參考，就會邀請相關領域的專家來提供他們各自對此產品市場需求的預測估計值。除此之外，即使是對已經有口碑的產品來說，若要估計其在特定地域的需求也可以使用這種方式。我們可以找尋對此地域熟悉的專家來估計需求。

達爾非法

達爾非（Delphi）法和專家看法很相似，但是前者是請一群專家來進行需求預測，他們不須齊聚一堂，而是各自提出其估計值，隨後則彙總專家們估計值的概要（大部份爲平均值），並分別發給他們，接著再進行第二次估計。這樣的過程會重覆的進行，直到他們的估計值收歛至一個較相近的數值爲止。

歷史成長

以總體觀點來看，每個產業都有各自的成長率。視產品種類而定，該成長率在三、四年內通常趨於穩定。我們可以利用這種趨勢來預測產業的需求。因此，藉著公司市場佔有率的假設，我們就可以預測出對公司產品的需求。

趨勢推測

趨勢推測可以使用繪圖法或統計方法來進行。繪圖法即在一張圖表上繪製歷史資料，以時間（年）和銷售值爲二軸的座標。讓我們來參考下表中一家公司的模擬銷售數據（表A1.1）。

歷史銷售資料則繪製於圖A1.1中。一旦將銷售資料繪於圖表上，推測工作就很容易進行。但是推測結果可以是A、B、C。在沒有其它方法爲基礎的情況下，繪圖法通常有很高的利用價值。它將過去的趨勢以易於明瞭的方法表現出來。畢竟透過圖表方式來表達，永遠比使用好幾頁的數據資料來得容易了解和閱讀。雖然這個方式很簡單，但也容易使分析師犯了主觀上的錯誤。

統計方法可以利用函數來模擬最接近過去銷售狀況的資料。假使過去的趨勢爲線性，則我們可以使用一般的二元一次方程式，即爲

表A1.1　模擬銷售數據

年度	銷售額
1991	130
1992	160
1993	150
1994	180
1995	190
1996	210
1997	200
1981	210

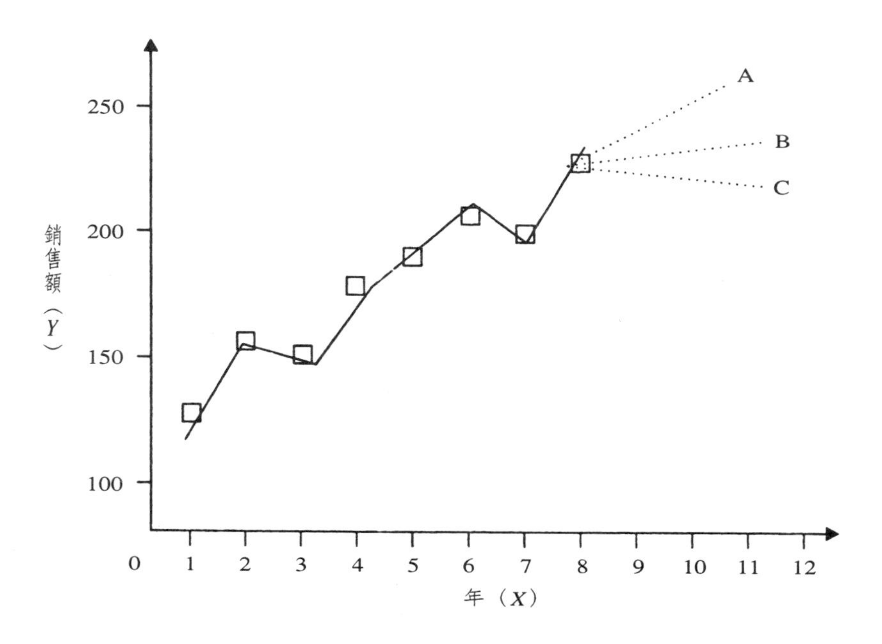

圖A1.1　使用繪圖法來推測趨勢

$$Y = a + bX \qquad (1)$$

其中

Y＝銷售值

X＝以年度表示之時間區間

過去八年的銷售數據示於圖A1.2中，其中由1991年銷售數據得到X＝1，而根據1998年銷售數據則得到 X＝8。

a＝當時間區間X＝0時，由方程式中推測出來代表需求Y值

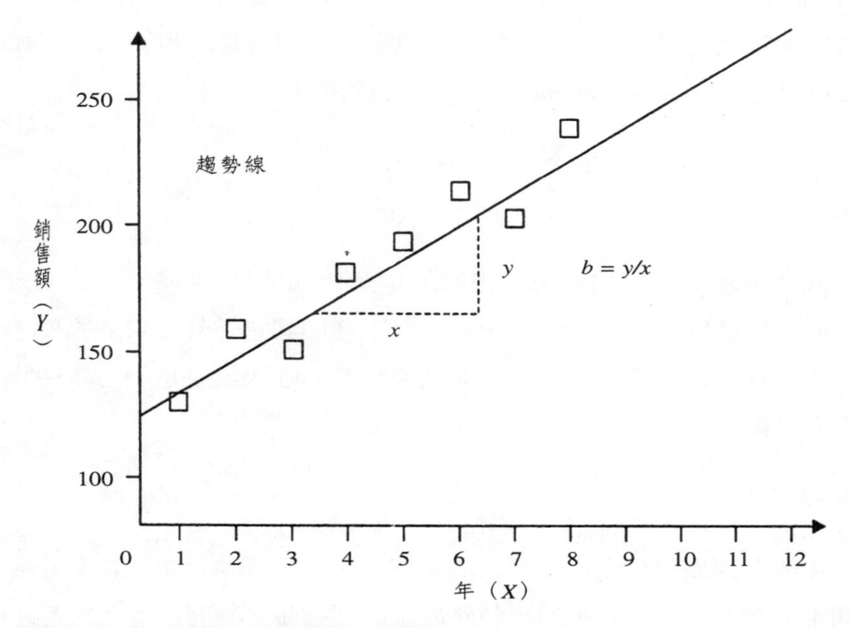

圖A1.2　使用統計方式來推測趨勢

的一個常數。

b＝趨勢線之斜率

假設線性方程式不足以代表，則我們或許得利用非線性方程式，即運用下列的二次方程式或對數方程式：

$$Y = a + b_1X + b_2X^2 \quad (2)$$

$$Y = a + b \log (X) \quad (3)$$

符合表A1.1之銷售資料的趨勢方程式爲：

$$Y = 122.86 + 12.98X \quad (4)$$

一旦趨勢方程式找出來之後，我們可以藉由在方程式中代入相對應的X值，來做出下個三至四年的預測值。假設我們想求出2002年的預測值；我們可以在第4式中代入X=12來得到相對應的預測值。這種方法可以應用在中期（medium-range）的預測上。

$$Y(2002) = 122.86 + 12.98(12)$$
$$= 27.62$$

因此由趨勢方程式中預測出2002年銷售額爲27.62單位。這種方法的前提假設爲需求是時間的函數，而不考慮其它外部因素的衝擊，像是經濟狀況和競爭。此外，景氣循環和季節性因素在這個方法中也不納入考量。

移動平均數

在找不到趨勢或週期性模式的情況下，利用簡單移動平均數也是一個不錯的選擇。因此，預測值是最後n次觀察的平均數：

$$F_t = 1/n \sum_{i=1}^{n} S_{t-i} \qquad (5)$$

其中

F_t＝對時間點 t 的預測值

S_t＝在時間點 t 的實際銷售值

n＝計算移動平均數經過的時間點數目

i＝計算所經過的時間點，從1至n

表A1.2爲一個簡單的範例，預測銷售數據之五個時期的移動平均數。

對時間點6的預測，可以藉由加總時期1至5的實際銷售數值，並除以5來得出。這個簡單的方式可以應用在短期的預測上，像是預測

表A1.2　移動平均數預測

時期t	實際銷售值S_t	預測值F_t	偏差值
1	105		
2	100		
3	105		
4	95		
5	100		
6	95	101	-6
7	105	99	+6
8	120	100	+20
9	115	103	+12
10	125	107	+18
11	120	112	+8
12	120	117	+3

每日銷售等。

時間序列分析

時間序列分析是一組技術，分析按時間順序排列的資料群組，以協助解釋長期趨勢的起伏狀況。資料可以是每週、每月、每季、或年度的銷售值。時間序列分析試著找出影響銷售的四組因素：長期（成長）趨勢、商業週期波動、季節變數、和剩餘（residual）的變動。

趨勢（T）　這是序列的長期變動，可歸因於一些因素像是人口成長等。

週期性（C）　這是銷售沿著趨勢線上上下下重覆性的波動，通常是指商業循環。循環的頻率並不固定，且不同的產業中也各有不同。有些可能歷時五年，有些則是八年。

季節性（S）　這是在年度內有一致模式的銷售變動。舉例來說，在濕季和冬季時感冒藥的需求就會較高。肥料則在春、秋季時比較暢銷。

餘數（R）　這是不可歸因於趨勢、循環、或季節性因素的任何銷售波動。換句話來說，這是銷售數據中無法解釋的成份。

圖A1.3繪出這四種因素以及實際銷售值。首先分別找出這四種因素，接著再綜合這四種因素以找出目前和未來的銷售水準。我們可以使用加總或相乘的方式來進行：

$$銷售值 = T + C + S + R \qquad (6)$$

$$銷售值 = T \times C \times S \times R \qquad (7)$$

時間序列分析須經過繁雜的計算程序，並且大部份都要使用到電腦。下列我們將舉一個簡單的例子（請參考表A1.3），只考慮趨勢和季節性因素，而忽略週期性因素。

在表A1.3中假若你觀察實際銷售數據（第三欄），你將會發現它們不斷的波動。這些波動源自於季節性因素，要去除季節性影響須使用移動平均數的方法。對應於1986年第三季的移動平均數為42.38（第六欄），1987年第一季則是47.25，以此類推。在這個範例中，我們採用四個季節的移動平均數。假如我們得到了每個月的資料，則我

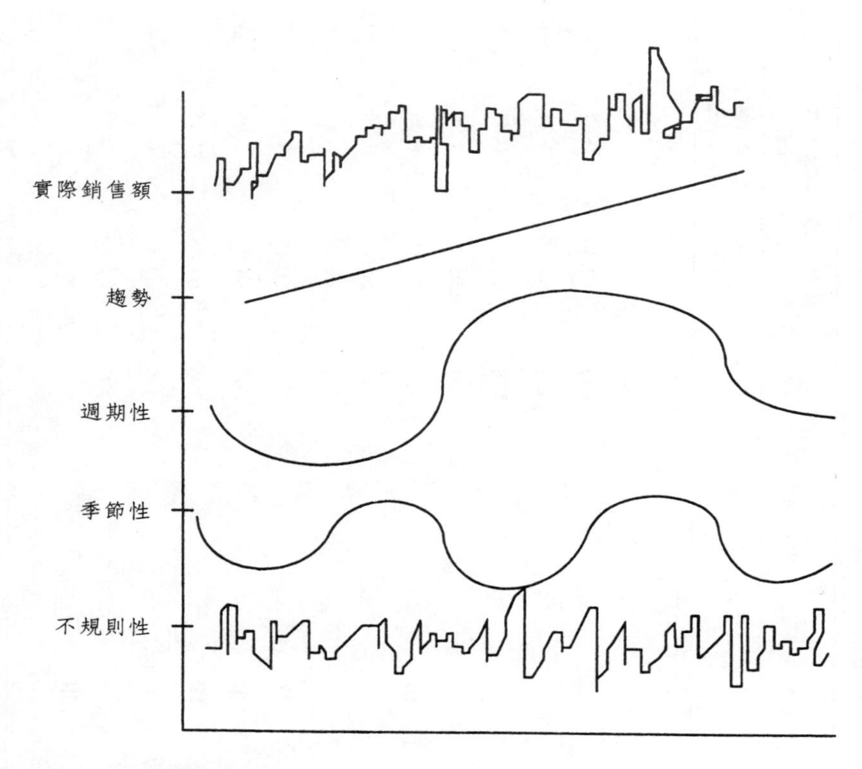

圖A1.3　銷售波動的類型

表A1.3 時間序列分析範例

年度	季		移動加總		移動平均數（Y）	季節性因素	X	趨勢預測	實際預測	餘數因素
1	2	3	4	5	6	7（第3欄除以第6欄）	8	9	10	11（第3欄減去第10欄）
1986	I	33					-7	40.18	34.39	-1.39
	II	38	166				-6	42.16	41.12	-3.20
	III	41	173	339	42.38	0.97	-5	44.15	42.17	-1.17
	IV	54	185	358	44.75	1.21	-4	46.14	56.02	-2.02
1987	I	40	193	378	47.25	0.85	-3	48.13	41.19	-1.19
	II	50	209	402	50.25	1.00	-2	50.12	48.88	1.12
	III	49	218	427	53.38	0.92	-1	52.10	49.76	-0.76
	IV	70	228	446	55.75	1.26	0	54.09	65.67	4.33
1988	I	49	239	467	58.38	0.84	1	56.08	48.00	1.00
	II	60	242	481	60.13	1.00	2	58.07	56.63	3.37
	III	60	248	490	61.25	0.98	3	60.06	57.36	2.64
	IV	73	247	495	61.88	1.18	4	62.04	75.32	-2.32
1989	I	55	252	499	62.38	0.88	5	64.03	54.80	0.20
	II	59	254	506	63.25	0.93	6	66.02	64.39	-5.39
	III	65					7	68.01	64.95	0.05
	IV	75					8	69.99	84.98	-9.98

們也許可以使用十二個月的移動平均數。移動平均數會淡化季節性的影響，最後我們可以得到去除季節性因素的銷售數據，如果你加以注意，則你會發現這個數據顯示了一個逐漸從42.38上升至63.25的趨勢。

你可以將實際銷售數據除以由移動平均數表示的去除季節性因素（deseasonalized）數據，來找出季節性因素的數值。在表A1.3中，我們使用平均值方式來找出對應於每季的季節性因素。

$$\text{第一季的季節性因素 I} = \frac{(0.85+0.84+0.88)}{3} = 0.86$$

$$\text{第二季的季節性因素 II} = \frac{(1.00+1.00+0.93)}{3} = 0.98$$

$$\text{第三季的季節性因素 III} = \frac{(0.97+0.92+0.98)}{3} = 0.96$$

$$\text{第四季的季節性因素 IV} = \frac{(1.21+1.26+1.18)}{3} = 1.22$$

不管由趨勢預測出什麼，都必須要再衡量季節性因素以得到對應的實際銷售預測值。第一季的實際預測值爲趨勢預測值的0.86倍，第二季的實際預測值則是趨勢預測值的0.98倍，第三季則爲0.96倍，而第四季則是1.22倍。

我們將去除季節性後的數據代入趨勢方程式中：

$$Y = 54.0 + 1.99X \quad (8)$$

其中

Y = 趨勢預測

X = 代表一年之中季節的指數。表A1.3的範例中，1986年第一季（第八欄）的值即爲－7。

現在我們可以開始進行銷售預測。假設我們想要預測1990年第一季的銷售值。首先我們必須要預測銷售趨勢，並分析數據中季節性因素所佔的比率。若想要找出銷售趨勢，我們必須要先將對應於1990年第一季之 X 值代入第八式中。因此當 $X = 9$時，

$$Y = 54 + 1.99(9) = 71.91$$

因此趨勢預測值爲71.91。但是若要求出實際預測值，則還要考慮趨勢預測中的季節性因素。

1990年第一季實際銷售預測值＝71.91×0.86 = 61.84

這個方法需要大量的可靠數據。理想上這些資料可以用來預測產業需求，而非公司需求，因爲公司需求可能會隨著競爭者的動靜而改變。此法同時可以應用於短期和中期的預測。

指數平滑（Exponential smoothing）

當預測的項目很多，而且需要涵蓋期間短則數星期，長則數月的重覆性預測時，平滑指數是一種很有用的技術。這基本上是一種加權平均的方法，在分析中近期觀察值的權數較重，但仍會將過去的觀察值納入分析。

一系列過去銷售資料的平滑指數值將使用下述公式求出：

$$\mathrm{F}(t) = \alpha \mathrm{S}_{t-1} + (1-\alpha)\mathrm{F}_{t-1} \qquad (9)$$

其中

F = 預測銷售值

S = 實際銷售值

t = 時間區間

α ＝權值，介於0與1之間。當 α 值愈高，近期觀察值所佔的權值就愈高。

α 值可以反覆試驗求出，以符合過去的資料。

業務單位加權

在業務單位加權法中，公司要求其業務代表提供他們在各自區域的銷售預估值。綜合從不同業務代表身上所得到的所有預估值，以獲得整個公司的銷售預測值。但是這種方法的缺點在於個人的誤差會影響到整個預估值。有些業務代表會高估，而有些人則會低估其銷售潛力，端視此人樂觀或悲觀而定。此一方法的優勢在於這種穩紮穩打型（grassroots）預測程序，提供了各種產品、地域、顧客和業務代表的預估值。除此之外，這種方式也讓員工更能夠參與公司的規劃。

因果迴歸法

在因果迴歸法中會列出各種影響需求的因素，並利用迴歸的統計過程來建立下列形式的公式：

$$Y = a + bX_1 + cX_2 + dX_3 + \ldots\ldots \qquad (10)$$

其中

Y = 銷售預測值

X_1, X_2, X_3 ...... = 影響需求的變數

a, b, c, d ...... =迴歸分析的常數

假若研究人員想要預測摩托車的需求，則他可能須考慮的變數包括城市人口、石油價格、每人所得等等。即使研究人員爲一個特定的產品找出會影響其需求的20種變數，但迴歸公式會自動篩選出三種最能解釋超過九成需求變動性的變數。這個方法並非僅止是將一連串的自變數，代入一個函數公式中。研究人員必須要非常熟悉統計學，才能選擇一個適當的模型並解讀其結果。倘若自變數彼此之間相互關連，則要成功地解釋結果並不容易。最後，研究人員必須能夠辨認出重要的變數，及對應於變數所造成的影響。

最終用途推測法

假設研究人員想要推測乾電池的需求。其中一個可以使用的預測方式就是推測最終用途（End-use）工具的使用人口，像是手電筒、電晶體收音機、玩具和計算機。接著我們可以找出用量，像是：一隻手電筒一年需要用12個乾電池，用這個數字再乘上推測手電筒使用人口，我們就能夠知道這項最終用途工具－手電筒－所造成的乾電池需求。同樣的我們也能預測各種最終用途工具。

在推測肥料需求方面，研究人員可以進行農民將耕種的穀物預測，接著再藉此往上推測出所需的肥料數量。這種方法尤其適合預測許多工業產品，因爲它們的需求是因爲對最終用途產品有需求，才產生的衍生需求。

購買意願調查

購買意願調查衡量顧客購買產品的動機。舉例來說，我們可以進行一個消費者在未來半年或一年內，對消費耐久財購買意願的調查。我們可以利用下列的量表：您在未來六個月之內，是否有意購買一台洗衣機？請在下列各選項中，選擇出一項最接近您的意願的選項來做爲回答。

1. 確定會購買
2. 幾乎確定會購買
3. 很可能購買
4. 可能購買
5. 我將購買的機率很高
6. 我將購買的機率有點高
7. 我將購買的機率普通
8. 我有一些機率會購買
9. 我只有一點機率會購買
10. 我將購買的機率非常小
11. 我不可能會購買

這些資訊若再結合其它關於消費者財務狀況的資訊，就可以用來預測未來六個月內可能產生的潛在需求。在工業產品方面，同樣的我們可以展示或陳列產品，並衡量顧客的購買意願。

然而這種方式仍舊存在著一些問題。人們通常不習慣直接對研究者說「不」。在一項調味料需求的調查中，像是丁香、小豆蔻等產品的需求就被高估了五至十倍；而像是克里香和甜椒等產品的需求卻被低估。因爲家庭主婦爲了她們的面子，會說她們使用較多較昂貴的調味料。

模型化生命週期

大多數的產品和服務會遵循著標準的生命週期階段，分別是導入期、成長期、成熟期和衰退期。假如行銷人能夠知道其產品正處於生命週期的哪一階段，他就可以單獨的以模型來模擬此一階段。舉例來說，成長期大部份都可以套二次方程式。但是當曲線逐漸接近成熟期時，二次方程式就會高估需求。

模型化整個生命週期是一項艱鉅的任務。應用於消費耐久財上，最有名與最好的模型是由巴斯（Bass, 1969）提出。我們現在就來探討巴斯模型的大要。其模型的主要行爲和數學假設如下：

1. 在標的期間內對產品有m次的首次購買，並且沒有重覆購買行為。
2. 假定創新和模仿行為的力量會在市場上運作，它們會對首次購買的比率造成不同的效果，參數p和q分別代表這些行為所產生的力量。模仿者的採用時間點會受到社會壓力的影響，因為若你沒有採用新的創新，就會讓人覺得你過時了。這種社會壓力表現在$Y(T)$變數上（過去採用者的數目）。然而創新者的購買時間點，將不受到過去採用者數目的影響。

巴斯模型爲一迴歸模型的形式：

$$S(T)=a+bY(T\text{-}1)+c[Y(T\text{-}1)]^2 \quad (11)$$

而

T=2, 3, 4,....

其中

$S(T)$ = 在T期的銷售值
$Y(T\text{-}1)$ = 到T-1期爲止的總銷售值
a, b, 和c = 迴歸參數

巴斯模型的參數（m, p, q, 如上述所定義）可以用迴歸係數表示如下：

$$\left.\begin{aligned} q &= -\text{mc} \\ p &= \frac{\text{a}}{\text{m}} \\ \text{m} &= \frac{-\text{b} - \sqrt{\text{b}^2 - 4\text{ac}}}{2c} \end{aligned}\right] \quad (12)$$

同時我們可以利用下列公式找出銷售極大值S（T^*），此極大值預期出現的時間T*：

$$\left.\begin{aligned} \text{S}(T^*) &= m\ (q+p)^2/4q \\ T^* &= \ln(q/p)/(p+q) \end{aligned}\right] \quad (13)$$

現在我們來參考一個假設範例，考慮下列消費耐久財－洗碗機－的銷售數據。

年度	銷售值
1995	64萬個
1996	123萬個
1997	228萬個
1998	391萬個

使用這些數據，我們可以求出模型的參數值：

$a = 0.51$　　$m = 2{,}433$萬

$b = 0.50$　　$p = 0.026$

$c = 0.01$　　$q = 0.983$

從這個結果我們馬上可以做出的推論爲，以目前的價格和以這四年的銷售值所導出的採用率來看，可能購買洗碗機的最大人數將爲

2,433萬。到1998年爲止，806萬人已經購買此項產品。其餘的1,627萬人將如模型預測的採用此項產品：

年度	銷售值
1999	450萬個
2000	520萬個
2001	320萬個
2002	170萬個
2003	100萬個
2004	10萬個

假如我們將過去的銷售額和預期銷售額繪製成圖，我們就能得到產品的生命週期。我們可以看出，銷售最高點的520萬個可能發生在西元2000年。除非出現技術突破使得產品過時，或政府以國內民衆無法負擔此奢侈品的名義禁止此項產品，否則這個範例將最能代表首次購買模式。但重覆性購買不在此一模型的討論範圍內。

巴斯模型過去對美國的彩色電視機市場，做了頗爲精準的預測，並且也提供許多消費耐久財頗爲精準的銷售預測。

使用實驗小組數據來預測新產品

許多模型的建立是用於新產品的需求預測。這些模型遵循一種基本的假設，即若要一項產品成功，則必須要有足夠的消費者嚐試性購買率，而嚐試性購買率應該要帶來足夠的重覆性購買率。因此在行銷試驗期間，研究人員要計算嚐試性購買率和重覆性購買率。利用在行銷試驗期間所收集的實驗小組數據的帕非柯林斯（Parfitt and Collins）模型，最適合執行此項任務。計算嚐試性購買率比較容易。假如實驗組中包含250個家庭，而其中150個在行銷試驗期間嚐試新品牌，則嚐試性購買率則爲六成（150/250）。**圖A1.4**顯示在測試市場的狀況下，典型的嚐試性購買率會遞增。

計算重覆性購買率比較複雜。重覆性購買率由觀察試用後的情形而得。假設要測試的產品是浴用香皂。研究人員將觀察產品推出首週的購買數目。接著之後的每週，他將找出試驗品牌的購買相對於香皂的總購買量之比率。不同族群的人將在第二週進行嚐試性購買。他們將會有不同的重覆性購買模式，即不同的試用族群會有不同的重覆性購買曲線。這些不同購買的平均數將會形成平均重覆性購買曲線，如圖A1.4所示。研究人員再以這些平均數爲基準，推論出最終重覆性購買比率。他也同樣可以推論出最終的試用率。接著我們就可以計算出如下的市場佔有率：

市場佔有率＝嚐試性購買率×重覆性購買率

假若嚐試性購買率爲八成，而重覆性購買率爲二成，則市場佔有率即爲16%。假如我們知道每個月每個家庭的平均購買數字，則就可

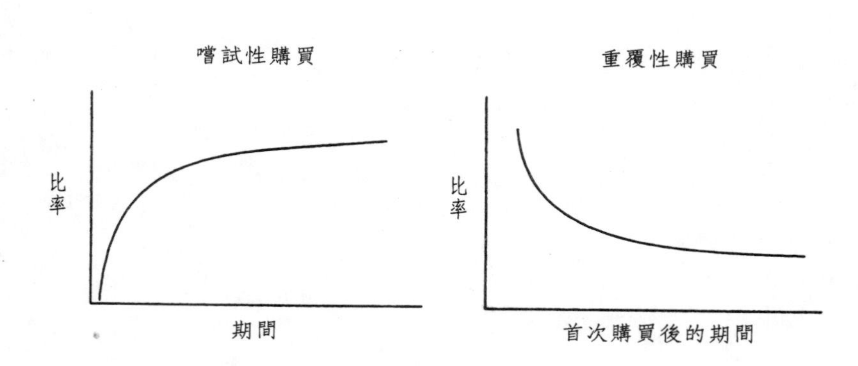

圖A1.4　嚐試性和重覆性購買

以找出每個月的需求量。這種方法尤其適合用於一些經常性購買的消費性非耐久財身上，像是香煙、香皀、和洗髮精等。

第四章

辨認市場結構和趨勢

市場分析是每家公司都必須持續進行的一種活動。有些公司每三、四年進行一次市場分析，並比對現在和過去的分析結果，以了解市場上的變化並規劃下個三至四年的策略。進行市場市析同時也為了發掘新的產品機會，並藉此發展出符合目標市場和新產品定位的一套新產品策略。某些公司偏好委由自己公司內部的專家來進行這項活動，但許多公司委託外面的調查機構以求得較客觀的市場資料。

有效的市場分析由了解市場一般特性開始，舉凡規模、型態、產品與勞務的買方和潛在消費者的數量和地點、以及他們的購買力、需求、和偏好。隨後則進行較深入的市場區隔、市場結構變化、產業變化等議題的分析。前者進行行銷環境分析，其結果再用以進行隨後較詳細的市場分析。表4.1包含了分析的主題及分析目的之清單。

市場的一般特性

有效的行銷規劃活動所須的市場一般特性包含市場規模和趨勢，這些都可以藉由人口統計資料、地理分佈和經濟指標來找出。下列是一些所需領域的資訊：

表4.1 市場分析的要素

主題	分析目的
市場的一般特性	藉由人口統計資料、地理分佈和經濟指標來衡量市場規模和趨勢
市場區隔	依不同的需求和偏好來區隔市場
市場結構變化	找出因為外在且無法控制的因素，造成公司所處的市場產生重大變化
產業結構	依照規模、特性和趨勢來衡量公司所處的產業
科技	評估所須的科技水準
產品生命週期	評估市場的成熟度
成本動力（Cost dynamics）	分析成本動力和經驗效果

1. 市場規模
   a. 定義市場
   b. 整個市場的規模
      - 以值區分
      - 以量區分
   c. 市場預測
      - 以值區分
      - 以量區分
   d. 替代產品的細節（若有的話）
   e. 不同配銷管道的市場數量和價值
2. 關於消費者的人口統計資料（規模和人口結構）
   a. 年齡和性別
   b. 職業
   c. 教育程度
   d. 接收資訊的來源
   e. 社會地位

3. 地理資料（消費者居住的地方）
   a. 城市／鄉鎮
   b. 地區／地域
   c. 區域的差別
4. 經濟數據（消費者的購買力）
   a. 人口平均所得
   b. 家計單位平均所得
   c. 個人所得
   d. 可支配所得

對於行銷人來說，這些無一不是基本因素。當然，仍有些公司不知道它們的消費者者是誰、消費者住在哪裡等資料。然而這種情況將會逐漸消失，因爲每個產業都逐漸面臨激烈的競爭，因而精細地調整行銷策略以符合市場需求成爲不可或缺的工作。行銷人惟有充分了解市場才能做到這一點。

市場區隔

下列的目標顧客就是行銷人對某些產品所定義的潛在消費者：

- Chancellor Harvard香煙—經常外出、重視形象、年輕的印度男性
- 蒙特卡羅運動衫—15-25歲，住在都會區、家庭每月收入超過5000盧比
- 阿拉馬斯克男士香皂—享受富裕、舒適的旅遊、外表光鮮的男性和追求成為這種類型男性的人
- 哈彼克廁所清潔劑—年齡層在22－45歲的家庭主婦、住人口超過十

萬人的市鎮、她們時髦、「以家為榮」並注重家事的枝微末節

- Charms香煙—年齡界於21－35歲的男性大學畢業生、住在第一級的城市、重視自我成長、能自由表達自己的觀點、生活方式隨興並重視自我獨立

行銷人依據消費者的需求、公司的競爭優勢、及其品牌予人的印象來決定他們各種產品的目標消費者。讓我們來看看旁氏（Pond's）香皀的案例吧！當印度旁氏公司決定要進入浴室用香皀市場時，它謹愼的選擇中級市場，而非低級或高級市場，因爲此一市場區隔的成長最爲快速。旁氏更將此一市場區隔再做分類：

- 潔淨市場（Cinthol, Liril）
- 肌膚保養市場（Pears, Margo）
- 藥用市場（Medimix）

公司並隨後研發旁氏Dreamflower香皀搶攻潔淨市場，以及旁氏Coldcream香皀來針對肌膚保養市場。

撒旦香煙公司（VST）進行過一項完整的國內吸煙族群研究，並找出可介入的市場區隔，目標消費者包括時髦、受過教育，但不滿意現有品牌的年輕人。這些品牌屬於中價位濾嘴香煙的消費者（Wills, Four Square, Regent, etc.）。公司並嘗試採取「一網打盡策略」。透過更進一步的調查，VST發覺這個消費者區隔重視的是年輕和自由。

爲了因應這個機會，公司引進Charms香煙，其包裝採用了象徵年輕和自由的斜紋牛仔布。它們的廣告也強調了同樣的精神。Charms香煙因而開創了印度香煙行銷史的新紀元。

因此市場區隔和目標市場行銷可以定義爲將一個市場分割爲若干族群，每個族群都有特定的需求和偏好並有足夠的需求量，足以採取

不同的行銷策略。

行銷人使用不同的基礎將人們歸類成不同的區隔。簡單的地理分類可以依照城市／鄉鎮、北部／南部等因素來區隔人們。印度的行銷人早已廣泛的應用北部／南部的區隔方式，或許甚至運用得比政客還有技巧。南部以愛用研磨咖啡著名，相對之下北部的人則偏好即溶咖啡。南部偏好較濃、顏色較深的混合茶，有些品牌則提供南部和北部各不同的混合配方。值得注意的是，即使只是針對止痛劑，南部人和北部人也有不同的看法。止痛劑的使用若沒有帶來灼熱的感覺，典型的印度南部人就不會覺得有療效，然而他們北部的同胞卻認爲清涼的效果才能解除疼痛。這就是爲什麼安魯將牌止痛劑在南部受歡迎，而易兒得牌止痛劑則雄霸北部市場。

依據年齡、教育程度、性別、家庭人數、所得、婚姻狀況、職業、宗教、和社會地位的不同，人們會表現出不同的偏好和不同的消費模式。結合所得和家庭人口資料會形成一些不同的區隔族群，像是SINK、DINK、DISK等。SINK即是單薪無小孩（Single Income No Kid）的縮寫；DINK代表雙薪無小孩（Double Income No Kid）；DISK則是雙薪加一個小孩（Double Income Single Kid）。許多處理家庭雜事的小家電，像是吸塵器、洗衣機、攪拌機、研磨機和微波爐，都會搶攻雙薪家庭。

消費者也經常依其個性和生活型態來分類。行銷人經常使用一些名詞，像是「追求自我」、「注重形象」、「注重家庭」等形容詞來定義目標市場。對四個大城市達爾非、馬北、卡卡它、和青納的家庭主婦所做的一份生活型態研究中，克拉里恩（Clarion）將這些婦女分爲四種型態：（1）時髦女仕（Mrs Up-to Date），她們跟隨流行，喜歡嚐試新東西，並且非常容易受廣告影響，（2）理性女仕（Mrs No-Nonsense），她們個人化、保守並以自我爲中心，及（3）傳統女仕

（Mrs Next-Door Neighbor），她們個性隨和、不常冒險、並跟隨傳統而行。第五章將探討更多生活型態區隔化的議題。

另一種分類消費者的方式，則是觀察不同的人對不同產品所期待得到的價值。讓我們來探討一個牙膏的案例。有一些人，尤其是有疑心病的人，對細菌非常敏感，也很容易受「蛀蝕」訴求的影響。另一種族群的人，大多是外向者，每天刷牙以求帶來清爽明朗的感覺。然而大多數人刷牙的主要原因，很少是因爲牙齒保健的理由。他們尋求的是一種清爽的口感，就像進行一個讓每天清爽的開啓儀式。有些人刷牙也是爲求口氣清新，如此一來他們和別人交談時才能更有自信。因此不同廠牌的牙膏吸引不同的族群。

下面一個啤酒市場的案例（Xavier 1992）示範了選擇市場區隔的過程。假設我們想要採用偏好來區隔，並發現啤酒消費者在選擇品牌時只會考慮的二個因素就是苦味和（啤酒的）強度。因此我們可以調查啤酒消費者的樣本資料，並依照這二項因素排序他們對品牌的偏好。

爲求方便，我們只考慮25個受訪者。我們會詢問他們每個人下列的問題：

（1）你理想中的啤酒品牌要有多烈？請依下列的指示列出您的偏好：

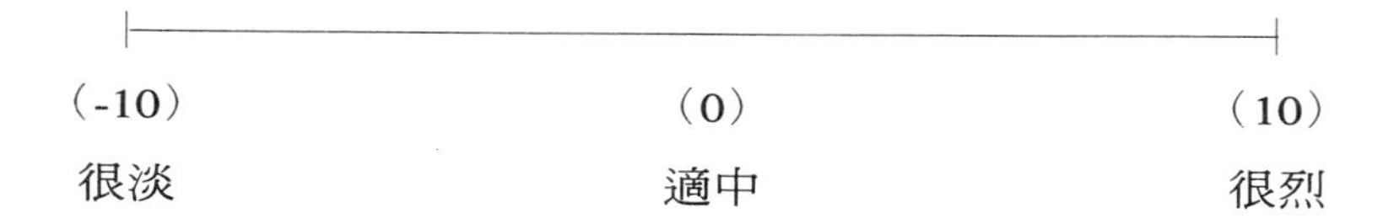

（2）您理想中的啤酒品牌要有多苦？請依下列的指示列出您的偏好：

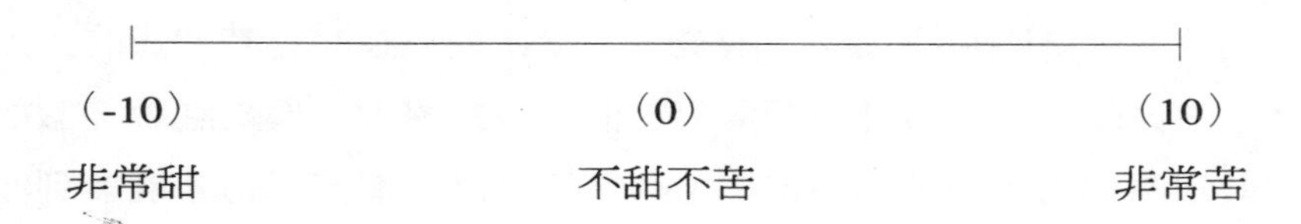

從25個受訪者身上得到的答案，可以繪於一個四象限的圖上（見圖4.1）。

透過分析啤酒消費者的偏好，我們得到了三個不同的市場區隔。我們同時也在偏好定位圖中囊括了現有的品牌，這可以額外幫助我們洞察市場。舉例來說，處身區隔 I 的消費者能夠消費品牌1、2、3的啤酒。我們也可以看出區隔 II 的人喜歡品牌4。在市場上則沒有任合

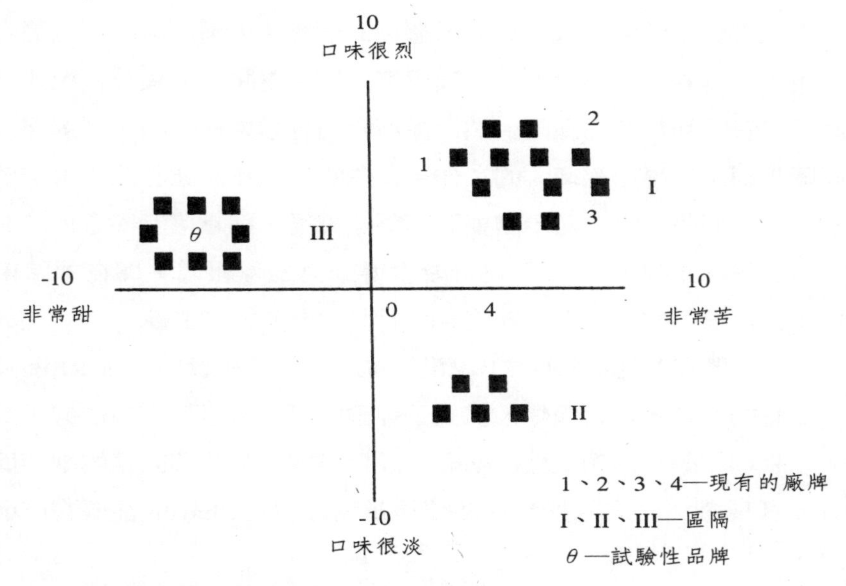

圖4.1　啤酒市場的偏好定位圖（一個假設範例）

品牌能符合區隔 III 消費者的需求，因此我們可以來衡量區隔 III 的潛力。假若此一區隔包含了一年消費一至二次或只在聚會時消費的人，那麼這個區隔就沒有額外再開發另一個品牌的潛力。換句話說，假如我們發現區隔III的消費者對市場上現有的品牌不滿意，但若能買到他們所喜歡的品牌，他們就願意消費可觀數量的啤酒，這樣就值得嚐試引進一個試驗性品牌 θ ，如同偏好定位圖中所示（**圖4.1**）。但是我們將額外需要得到區隔III的一些資訊，包括詳細的人口統計資料和他們的資訊接收來源，這可幫助我們規劃有效的鋪貨及廣告方式，以接觸這些消費者。

然而若以地理分佈而論，區隔III的人或多或少都來自不同的地域或城市，因此這個市場區隔同樣的可能無法成立。除此之外，行銷人將必須考慮是否擁有足夠的科技來製造這個品牌。而這個市場區隔的價格敏感度也應納入研究，以找出此一市場的獲利潛力。

有現實生活中，很可能使用超過二種特性來構成區隔，且更可能的是受訪者的數目將會很多。我們可以使用電腦的叢集分析程式，來將受訪者分類爲各種區隔。然而從不同的分類中爲一項產品選擇一種區隔，則是專屬於經理人的工作。企業的目標和意圖在此會扮演重要的角色。假設一家公司承諾要服務郊區市場，則它可能不會把焦點放在得到誘人的利潤上。但它可能會得到另一種報償，即在郊區市場中，公司提供的其它產品線將會因而增加更多的老主顧。

VST事實上受益於IMRB收集的實驗小組分析資料，IMRB區隔所有品牌的香煙，並對吸煙人口做了詳盡的研究。吸煙人口依據平均收入、平均年齡、白領或藍領階級、社會態度、品味等因素的細節而區分成各種叢集。這些都能幫助公司辨認出自己Charms香煙的市場區隔。

區隔的基礎

下列的項目可以用來做爲消費者產品的市場區隔基礎（Kotler）。

1. 地理分佈資料
   a. 地域—東部、西部、南部、北部
   b. 城市規模—都會區、一級城市、二級城市等等
   c. 市區／郊區
2. 人口統計資料
   a. 年齡
   b. 性別
   c. 家庭人口
   d. 家庭生命週期
      - 年輕、單身
      - 年輕、已婚、無小孩
      - 年輕、已婚、最小孩子小於六歲
      - 年長、已婚、有小孩
      - 年長、已婚、小孩皆大於18歲
      - 年長、單身
   e. 所得
      - 單薪
      - 雙薪
   f. 教育程度
   g. 宗教信仰
   h. 職業

i. 社會階層
- 上層
- 中層
- 下層

3. 心理面資料
   a. 生活型態
   b. 人格特質

4. 行為模式
   a. 購買場合（平常，特殊）
   b. 尋求的利基（經濟、方便、尊榮）
   c. 使用者
   - 非使用者
   - 過去使用者
   - 潛在使用者
   - 首次使用者
   - 經常使用者

   d. 使用頻率（偶爾、普通、經常使用者）
   e. 忠誠度
   - 無
   - 普通
   - 高
   - 非常忠誠

   f. 預備階段
   - 未注意到
   - 已注意到
   - 很有可能購買

- 很有可能購買
- 準備購買

5. 行銷因素的敏感度
   a. 品質
   b. 價格
   c. 服務
   d. 廣告
   e. 促銷活動

分別來看或加總來看，這些區隔的基礎會產生不同的潛在消費者，並反映在對不同品牌的行銷組合有不同的偏好。

工業產品的市場區隔

工業或法人購買者可使用下列變數來區隔：

1. 組織型態
   （1）政府
   （2）工業團體
   （3）承包商
   （4）大型公司
   （5）中型公司
   （6）小型公司
2. 買方的型態及尋求的利基
   （1）高級產品追求者
   （2）普通品質產品追求者
   （3）經濟實惠追求者

前面所列舉的消費者產品按地理分佈分類的方式，同樣也可以應用在工業產品上。不管如何，對不同區隔的購買者需要使用不同的銷售方式及不同的銷售條件。

區隔的選擇

選擇一個特定的市場區隔應該屬於管理階層的決策領域，因為這種決策需要考慮許多因素，像是公司能滿足此一區隔需求的能力、公司的長期目標、以及公司對某些型態顧客的興趣。不管如何，區隔化本身會遵循著特定的步驟（請參考**圖4.2**）。

當評估不同的區隔時，可能需要考慮下列因素：(i) 市場潛力、(ii) 可行性、及 (iii) 獲利性。

市場的潛力必須要達到足夠的規模才能造成規模經濟。若想要有效的接觸消費者，此一市場必須在實體上或透過中介媒體能夠進入。更重要的是，公司選定的區隔應該具有獲利性。

企業可以有許多選擇方案來行銷它們的產品。在極端的狀況下，每個單一產品的條件都可以迎合個別消費者的特定需求。一開始是裁縫界啓發我們這個概念，因為它們的每件衣服都針對個別顧客縫製特定的款式和尺寸。許多工業產品，像是熱交換器、冷卻塔等，都針對使用者所須規格量身訂作。甚至在汽車方面，消費者可以坐在一台電腦前面，設計一部符合自己需求的汽車（冷氣、顏色、座位放置、內裝、汽車音響等等），並且不管他實際身在何方，都能要求成品遞送至他的住處。這對公司來說是最完美的狀況。

大量生產的公司則是另一個極端。在中國文化大革命時期，所有國內的紡織廠都製造相同品質、顏色、及樣式的衣服；相似體型的男性及女性都穿同樣的服裝，即「毛澤東裝」！對於銷售針線等東西而

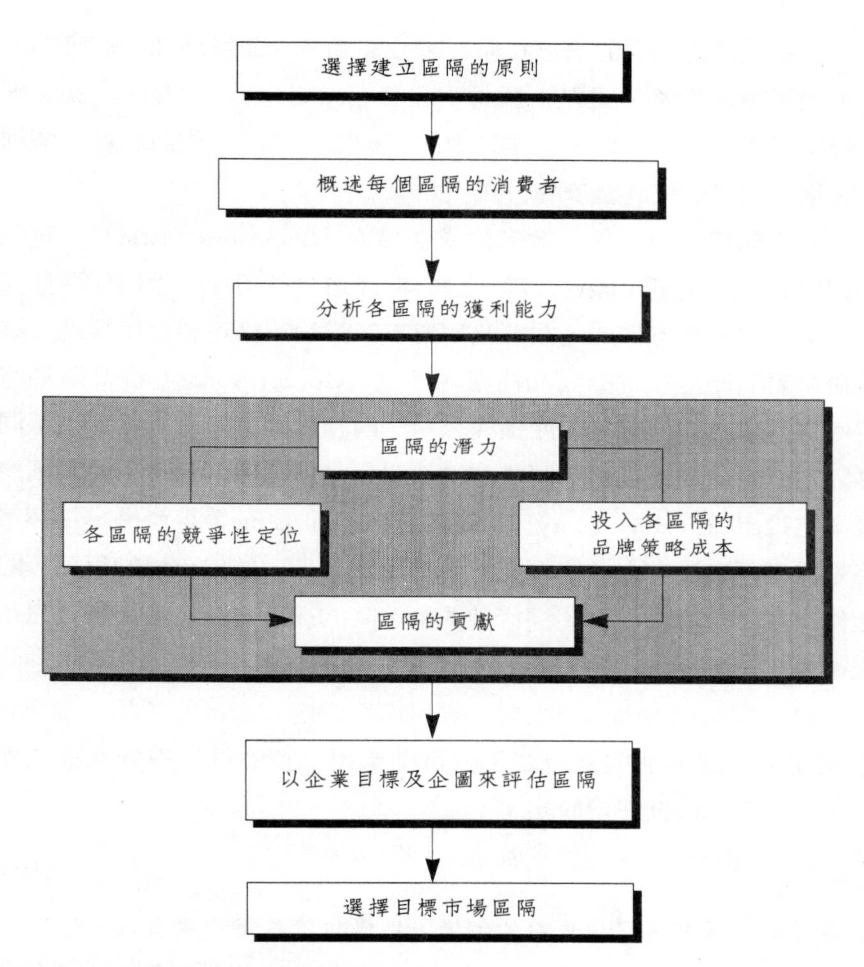

圖4.2　分析及選擇市場區隔的過程

言，這種製造方式似乎是最具獲利性的適當做法。有些使用在汽車上的零件可以依據特定的規格製造，並採用無品牌方式大量銷售。標準化會有極大的成本優勢，但本身仍有其限制。

市場區隔觀念是依循著上述兩種極端的中庸之道。在這種觀念下，行銷人依據相似的需求和偏好來分類顧客，並發展迎合選定的目標市場需求之策略。這是一種彈不虛發（sure-fire）的方式，產品專爲特定需求而量身訂作，而非針對所有顧客。同時，相對於迎合個別的規格，這又是較爲經濟的方式。

究竟何種策略較佳－散彈槍或來福槍（Shotgun or rifle）？有良好邏輯的管理文獻可能會建議，除非你知道目標何在，否則採取任何作法都一樣。雖然如此，在某些情況下散彈槍策略可能也行得通。讓我們來看看印度槓桿公司和高德瑞香皀（Godrej Soaps）在高級浴室用香皀市場上的對戰。印度槓桿公司一向謹慎的分析市場，並依不同區隔定位其產品以吸引不同族群的消費者。但高德瑞公司可是萬箭齊發，它推出Crowning Glory、Marvel、Cinthol Lime等等產品。這個策略是爲了要在沒有太多的調查下，推出其產品，並依市場的反應，隨之修正產品定位或品質。採行散彈槍策略的高德瑞公司在高級香皀市場上大有斬獲。

另一方面以香煙市場來說，經過深思熟慮才推出的產品甚至都會遭遇挫折，遑論那些未清楚了解目標市場就貿然推出香煙產品的廠商，其失敗的命運早已註定。

這裡有一些如何選擇正確策略的指導原則：

1. 對於像香煙市場這樣成熟的市場，散彈槍策略將不會奏效。
2. 若是品牌忠誠度相對之下很高，像是牙膏的案例，則採用來福槍策略會較好。
3. 假若市場進出障礙很低，像是高級香皂的案例，則散彈槍策略可能有用。
4. 在短缺的情況下任何策略都不必要，因為任何你製造的東西，人們都一定會購買。

5. 若你的競爭者是隨機應變型，他甚至將會在你進行調查研究並擬訂自己的策略之前，就先將你的成果付諸行動。因此，應謹慎防衛你的成果並盡快推出自己的策略。

我們都知道，高級香皂市場成長穩定。那裡沒有進出障礙，且消費者也習慣更換品牌。高德瑞公司無庸置疑成功的使用了散彈槍策略。因此在這樣的市場中，每種策略都有勝出的機會。

市場結構改變

清楚的了解市場結構的變化，是進行良好行銷規劃的基礎。環境分析（檢視）能提供協助，並應和市場分析一同進行。為了使現在或未來的行銷運作順暢，外在力量的衝擊，像是科技、人口統計分佈、自然環境、經濟和政府政策等都必須加以研究。以下我們將透過一些案例，來探討市場結構改變對行銷人所造成的衝擊。

幾年前，達美那都人使用的烹飪油是薑汁油。卡納里人則使用椰子油。西部海岸線及印度中部的人使用花生油，而居住在班高、比哈、歐里沙和喀什米爾的人則使用芥末油。但在最近幾年，人們開始談論膽固醇和油內脂肪成分的關聯。他們已經開始有警覺心並關心健康。這種食用油市場結構的變化，演變成葵花油、薩佛花油、稻米油等脂肪含量較低的油品趁機興起。在這同時，市場上有名的品牌（例如Postman）及其它區域性品牌將面臨一番困境。

Dipys和Kissan本來是二個有名的果汁品牌。接著出現了一種新發明的包裝方式「利樂包」，表面看來這對原來著名的品牌應該不可能造成任何威脅。隨後很快又出現了好些使用利樂包包裝的飲料

Frooti、Appi、Volfruit等。這種現象仍然被認爲只會對其它的瓶裝飲料品牌造成影響。這些新參與者在果汁市場上，最後居然出人意料的擊敗了傳統大廠。今日人們喜歡在冰箱中存放的是利樂包包裝的果汁，而非傳統大瓶裝的Kissan或Kipys。這些新飲料現在也推出了隨手包。這證明了包裝技術的創新不只是會間接影響市場，甚至會強烈震撼整個市場。

在80年代早期，水泥曾經是受到管制的大宗物資，而水泥公司們也大聲疾呼，政府的種種限制使得水泥產業極不健全。時至今日隨著水泥管制的解禁，水泥公司正面對的是產品行銷的問題。有些公司陳情政府要求再一次施行管制。因此行銷人應該要了解科技、政治、經濟及社會環境的變化，並能夠評估每種變化的力量將對自己公司的營運造成何種衝擊。

產業結構

產業結構可以使用下列的方式來描述：

（1）產業的整體規模和銷售量
（2）位於產業內的競爭公司及它們的市場佔有率
（3）進入的障礙

第一項和第二項的資料，像是既有產能、過去製造數據、競爭者是誰，都可從相對應的產業工會（例如汽車公會、肥料公會及火柴製造商公會）處得到。分析師可以接觸個別的公會組織，並取得所須目標產品類別的資訊。次級資料來源也有一些幫助。

波特（1979）曾談到許多因素會造成進入的障礙。不論是爲了要進入一個產業而規劃，抑或已經在某個產業發展良好，行銷人應該都要分析各個因素。若是產業進入障礙偏高，且新進者可預期會遭受原先營運良好的競爭者的報復，則很明顯它應該低調地進入產業。有六種主要的進入障礙：

1. **規模經濟**：有意強制進入者必須要先擁有足夠大的規模，否則就得接受成本佔劣勢的事實，此種規模經濟會造成新進者的障礙。對許多加工產業像是肥料廠或芳香劑廠來說，並不存在小規模工廠可以使用的技術，所以小規模工廠不太可能進入。今日班加機車（Bajaj Scooters）所建立的規模如此宏大，以致於沒有其它摩托車製造商，能夠提供跟班加摩托車在價格上一樣有競爭力的產品。

2. **產品多樣化**：一些因素像是廣告、客户服務、產業內第一家廠商、和產品差異，都會造成消費者心目中對各種品牌的認知不同。而這種情況就會造成一種新進者的障礙，因為它們被強制要砸下大筆金錢，來克服消費者對這些品牌的忠誠度。嬌生公司在嬰兒保健產品市場上已經站穩腳跟，任何新進者都必須花費許多金錢在廣告上，以説服母親們來嚐試使用它們的產品。

3. **資本的要求**：若在參與競爭之前需要先投注大量資本，這也會造成一種進入障礙，尤其若是資本都投注在一些先期廣告和研發等無法回收的支出上。電子產業的代工風氣興盛，因為代工並不需要投資任何研發費用，且要求投注的資本也低許多，因為印度廠商只需要進行產品的組裝。然而電子零組件產業則需要投注大量的資金，因此難以吸引許多工業家進行投資。

4. **非因規模造成的成本優勢**：不管對手的大小或擁有怎樣的規模經濟，基礎穩固的公司或許還是能擁有潛在對手無法比擬的成本優勢。

這種優勢可能是來自於學習曲線、優勢技術、得到最佳原料的能力、資產依通貨膨脹前的價格購入、政府補貼、或地點較佳等因素所衍生出來的效果。

5. **有能力取得配銷通路**：新進者可能會發現其產品或服務要擁有可靠的配銷通路並不容易。甚至是希望進入印度市場的跨國企業，一開始都會先試著和印度的公司結盟，其主要目的也是為了要得到配銷通路（見Box 4.1）。

6. **政府政策**：政府可以選擇性的限制廠商進入某些產業（見Box 4.2）。

Box 4.1　鋪貨或任其腐爛

10年前，卡德寶麗公司（Cadbury）所推出的一種蘋果汁Appela，就是因爲通路問題終告失敗收場。

寶鹼公司和高德瑞公司之所以結盟，主要是因爲寶鹼想要利用高德瑞的通路能力。

印度槓桿公司和夸利地公司（Kwality）結盟後設立的夸利地渥爾公司，替印度槓桿公司帶來了通路能力，因爲它原先無法接觸冰淇淋的通路。

印度擁有超過3700個城鎮和六個蘭卡（lakh）村莊，通路問題在行銷上是一大挑戰。雖然幅員遼闊可說是印度的一項優勢，然而這項優勢卻帶來了另一種挑戰。其挑戰來自於行銷人員須盡力使商品和勞務能確實到達這個廣大國家的每個地方。

許多新成立的印度公司，不論是本土或跨國企業都必須面對通路的挑戰。或許它們擁有最好的產品或服務，也提撥了龐大的廣告預算，但是除非它們的產品或服務能觸及消費者，否則要達到銷售目標只是一場空談。爲了要建立有效的通路策略，首先最重要的就是要清楚的確定目標。

許多公司都有不同的目標，但除非目標定義明確，否則可能無法建立正確的通路策略。

過去幾年來，有許多品牌在市場上推出。有些有明確的策略，有些則是模糊不清。這主要是因爲未清楚釐清目標。

凱洛克斯（Kellogg's）公司原先在推出產品時，其目標是要接觸到每個家庭，因此在凱洛克斯所選定的目標客户中，其產品將會被用來當做每天的早餐。雖然他們的行銷目標爲廣泛的滲透，他們的通路策略卻採行選擇性配銷。這就造成了前後不一的狀況。因此其品牌∏g過很長的一段時間才稍微有點成功。

來源：Jagdeep Kapoor, 《The Hindu Business Line》, Wednesday, 13 May 1998, P. 6.

Box 4.2　BJP堅持四維（Swadeshi）路線來從新定義改革

巴拉提亞·喬那達黨（BJP）在1998年二月三日於新達爾非公告的多角化經濟方案中承諾要保護本土企業，並給予印度產業長達10年的過渡時期以準備和全球經濟接軌。它也宣佈將不樂於見到印度公司被併購，並且會在非優先的領域中限制外人直接投資（FDI）。

BJP政府同樣也承諾要引導FDI流向一些標的領域，像是基礎建設、出口和高科技產業，而非本土產業表現良好的領域。

FDI被鼓勵朝出口發展，而非針對本土市場，並引導它們在合資關係上扮演非掠奪者的角色。然而這個政黨偏好招攬NRIs到印度投資，這跟中國已走的路線相同。

來源：《The Hindu Business Line》, 2 April 1998, p. 9.

科技評估

我們經常聽到的說法是印度應該要盡快趕上西方科技。雖然一般來說這個觀點沒錯，但產業界仍需審慎檢視不同的科技、進行評估、並做出一個適當的抉擇。公司在檢視科技時需要注意下列事項：

- 公司現今使用的科技
- 競爭對手現今使用的科技
- 新科技
- 新科技的來源和可能對所有關係人的影響

水平發掘各種科技並不夠，公司必須了解科技對所有關係人所造成的衝擊。我們要評估消費者和員工所受到的衝擊，進而思考可能需要進行的修正；以員工方面來說，修正可能包括了再訓練的需求、替換員工、員工的反應／恐懼等等。

下列的問題可以為科技的評估提供一些方向：

- 對於事業的成功，這項科技扮演何種角色？
- 這項科技能夠增加附加價值？
- 這項科技是否隨時在改變？

◆ 這項科技是否能夠打開新市場？

回答這些問題，並同時評估該科技對公司定位的影響，如此一來將能幫助公司決定是否應該要採用此項科技。

表4.2的矩陣結合了科技現今的定位，和在某特定市場中科技的重要性。公司可以用這個矩陣來得知大概的方向，以決定它在現今的地位上應採行的科技和行動。

某些時候公司會過度採行科技，而某些時候公司卻沒有追趕上科技。

科技替代

當一項新科技出現時，舊科技就會逐漸被取代。在電子產業中，從眞空管演變到電晶體，再從電晶體演變到積體電路（ICs），這樣的演進對成本、速度及產品的效能都造成了莫大的影響。若是新科技能夠提供可觀的優勢，則這種變革或替代就會很快的發生。大部份的替代狀況是逐漸的發生－從使用洗衣皀轉變成使用洗衣粉，就花了很長

表4.2　科技評估矩陣

科技的重要性 ＼ 科技的定位	高（領導者）	低（跟隨者）
高	科技領導者	跟上或淘汰
低	過度採行科技	科技採用者

的一段時間。即使現在，在鄉村仍舊存在著一小塊洗衣皂的市場。黑白電視也是逐漸轉變到彩色電視。玻璃瓶也是循著同樣的速度慢慢被保特瓶取代。軟性飲性的案例更是明顯的顯現出這樣的趨勢。任何新科技都會經歷一段「孵化期」（incubation），在這時期科技會在產業中快速蔓延。這種現象可用一段S曲線來表達，如圖4.3所示。

圖4.3的科技替代過程也可以使用數學公式來表達：

$R = M / (1 - M)$

R = 替代率

M = 新科技的市場佔有率

利用這個模型，再綜合已知前期（前幾年）新科技的市場佔有率資料，我們可能就能夠預測未來對新科技的需求。

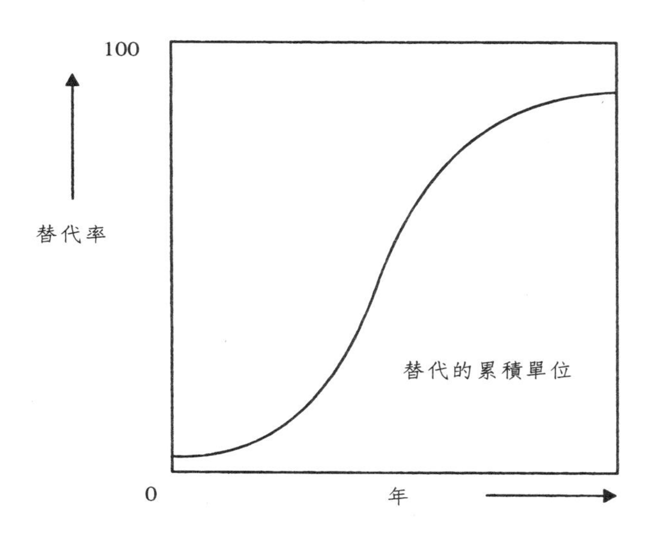

圖 4.3　科技替代

產品的生命週期

產品的生命週期（PLC）在行銷學上是具爭議性的議題，也吸引許多學者的注意。其學說概念是假設一項產品在其生命年限會經歷四個階段：導入期、成長期、成熟期、和衰退期（見圖4.4）。讓我們以長褲流行的變化爲例：喇叭褲、貼身褲、緊身褲、及百慕達褲。每種流行或款式前後相接，各自都風行了一段時期，隨著流行熱潮消退，新款式隨之登場。

一般來說，產品在導入期的銷售成長緩慢，因爲此時最主要是要

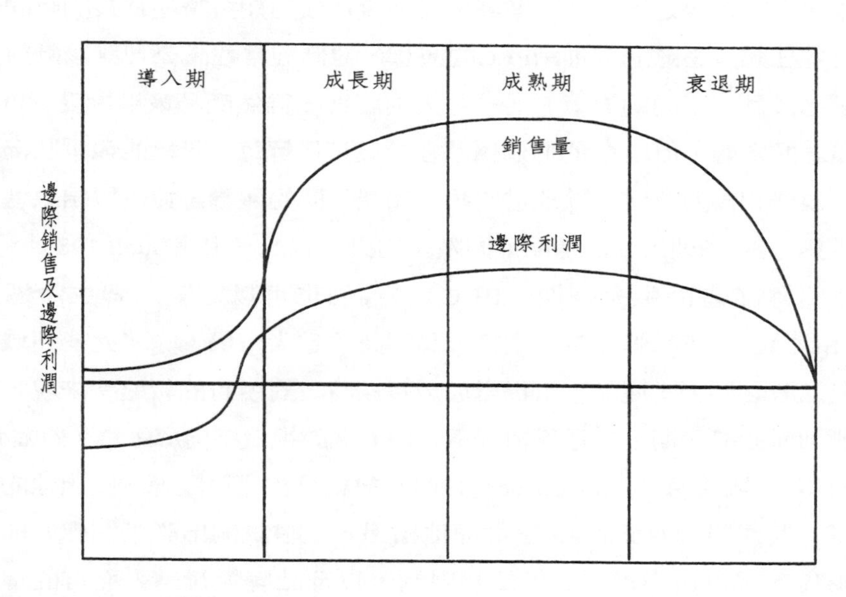

圖4.4　產品的生命週期

努力讓市場接受此項產品。當產品已被市場接受後，就會進入一段相對來說成長迅速的時期。隨之而來的是成熟期，此時銷售成長開始日漸緩慢。當產品退流行時，就會進入銷售衰退的階段。

產品在導入期的邊際利潤不高，因爲銷貨收入少而且市場開拓成本卻很高。當處於成長期而銷售增加時，產品的邊際利潤會提高，因爲市場開拓的成本將由許多競爭者一起分攤。通常在成長的最後階段邊際利潤會達到極大值，接著在成熟期則會持平或減少，因爲公司們處在一個成長接近接滯的市場中彼此競爭市場佔有率。在衰退期邊際利潤會縮小或消失，因爲倖存的廠商會在愈來愈小的市場中彼此斯殺。

隨著產品種類的不同，變化頻率及每一階段延續的時間也各自不同。新奇的玩具或流行服飾可能會以月爲單位結束其生命週期，而基本大宗物資像是米、啤酒等等，或許會在成熟期持續相當長的時間。有些狂熱者蓄意過度推銷PLC的觀念，他們經常建議公司應該針對各個階段做出不同的對策。另一些人則認爲，雖然產品策略會受到PLC概念的影響，但PLC 的價值應該在於眞正了解每一階段的競爭狀況如何改變和爲何改變，以及這些狀況和產品間的關聯，並依據結果進行規劃。表4.3列出生命週期不同階段的典型狀況（引用Buell 1985）。

除了產品生命週期（PLC），我們也可以定義品牌生命週期（BLC）。許多品牌在產品處於成長期時才進入市場。除了此一領域的先進者之外，當產品／市場處於成長期時，對所有的新進者來說，他們則處於導入期。在這種情況下，BLC應該視爲不同於PLC（如圖4.5所示）。羅成德（Ramchander, 1989）曾經分析這些問題並提出他的建議，其建議摘要於表4.4。然而他指出，在嚐試開出詳細的處方前，須先檢視公司的資源、目標和限制，以及品牌對行銷人而言的重要性。有些產品，像是電晶體收音機和手錶被視爲市場成長緩慢，且處

表4.3　產品生命週期各階段的典型狀況

	導入期	成長期	成熟期	衰退期
公司的數量	一家或幾家	許多家進入	有些退出	許多退出
銷售成長	低	高	穩定或降低[1]	衰退
行銷成本佔銷售的比率	高	低	穩定或降低[2]	適中，但依倖存公司家數而定
生產成本佔銷售的比率	高	低	穩定或降低[3]	適中，但依倖存公司家數而定
邊際利潤	負數	上升	穩定或衰退	低或負數。但若只有單一倖存者的情況下，邊際利潤可能很高
公司行銷的目的	為得到市場認同	得到市場佔有率	保住市場佔有率	撤退或若仍想留在市場，將支出減到最低

備註：1.視競爭密集度而定
　　　2.視成本受經驗曲線或規模經濟的影響而定
　　　3.視價格的競爭壓力而定

於生命週期的成熟期或接近成熟期。但若是單IC（積體電路）收音機以低於50盧比的價格導入市場，則我們可以預期收音機產生了一個新的生命週期。同樣的，假如一個新製造廠以75盧比的價格，推出一種品質和穩定度都不輸給走私貨的手錶，則手錶也可以說是進入了一個全新的市場。在家用電腦的領域同樣對低價產品也有極大的需求，人們期待網路電腦（NCs）來滿足這項需求。明日，若是一部完美堅實的電視以2500盧比的價錢導入市場，則其生命週期也會變得全然不同。因此PLC的解讀必須連同市場、競爭、科技、政府和公司一同考量。

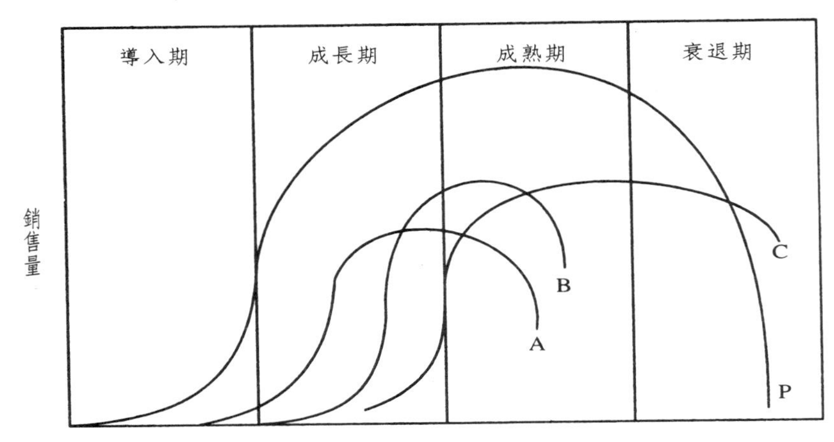

圖4.5　品牌和產品的生命週期

表4.4　PLC與BLC — 策略矩陣

品牌生命週期的階段	產品生命週期的階段		
	快速成長	緩慢成長	無／負成長
新進入者	◆ 盡其所能以無或低利潤的方式來建立品牌地位	◆ 創造一個區隔清楚的產品，並評估創立所須的成本及利潤	◆ 重新評估進入市場的正確性及長期經營的邏輯基礎
成長品牌	◆ 投資在市場和產品的研發上 ◆ 為長期經營而規劃	◆ 創造獨特性及和其它產品的差距；如果可能的話創造一個不同的「子市場」	◆ 鞏固固有的優勢 ◆ 低度投資 ◆ 規劃近期或中期退出
基礎穩固的老品牌	◆ 重新挑起消費者的興趣 ◆ 活化 ◆ 重新推出 ◆ 改良	◆ 收割—「未雨綢繆」並逐步撤出	◆ 在未來不做任何投資下，收割品牌；並依投資狀況規劃分階段撤出

成本動力—經驗曲線

大部份的人都很熟悉規模效果。當一個工廠的產能變爲二倍，建築的成本並不會同時增加二倍。調查結果顯示，在加工產業中資本支出的增加爲產能增加的6/10次方。若一個化學工廠的產能由40噸成長至80噸，則資本支出只成長約1.5倍，如以下方程式所示：

$$(80/40)^{0.6} = 1.5 \text{ 倍}$$

同樣的，我們也不會要求員工要增加一倍。其它的經常性支出像是行政、員工服務等也不會增加一倍。而需要購買的原料數量增加，也會造成採購上的經濟效果。行銷成本也可以由更多的數量來分攤。這就是總體規模經濟的來源。

以同樣的方式來看，當公司製造愈來愈多的數量時，就會經歷經驗效果。建造第100輛飛機所需的時間，將大大少於建造第一輛飛機所需的時間。人們會因爲工作專業化及方法的改善而變得更有效率。產品標準化或重新設計某個零件，也會提高生產效率及降低成本。這些效應的加總效果就是總合平均生產成本降低。舉例來說，飼養雞的成本經過一段時間後會持續降低。飼養一隻標準3磅（2.2磅 =1公斤）的雞所需的飼料，從1930年的15磅現在已經降至6磅。研發效果同樣也反映在經驗效果上。成本和經驗（累計單位數）的關係如圖4.6所示。

對大部份的產品來說，其經驗和成本的關係有如下的模型：

$$C_q = C_n (q/n)^{-b}$$

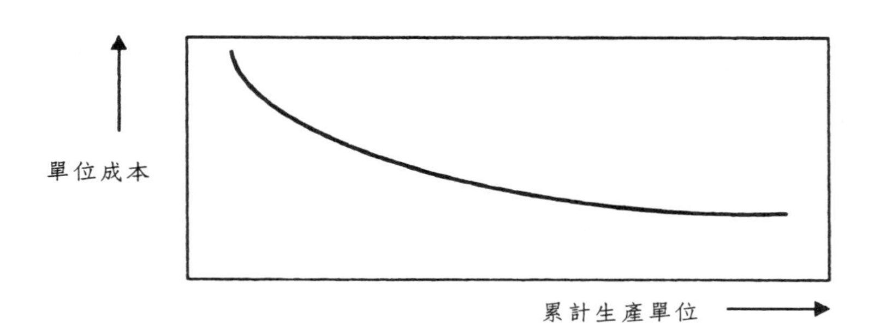

圖 4.6 經驗效果

其中

q = 到目前為止的累計產量

n = 前一期的累計產量

C_q = 第q單位的成本（依通貨膨脹率調整過）

C_n = 第n單位的成本（依通貨膨脹率調整過）

b = 學習率常數

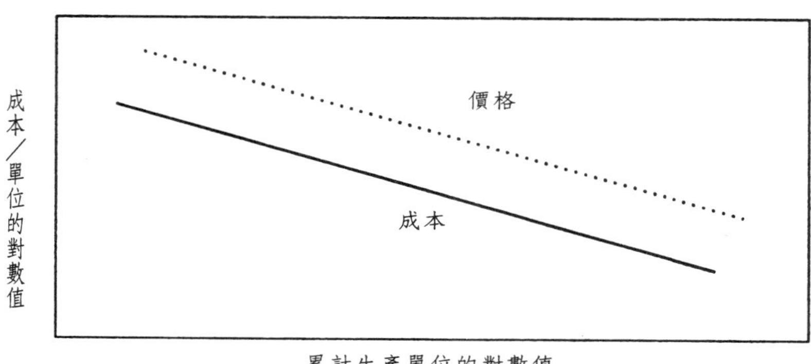

圖4.7 價格和經驗（理想狀況）

假若我們劃出累計單位的對數值及成本／單位的對數值，則會出現如圖4.7的一條直線。

理論上來說，當成本降低時，我們可以預期價格也會隨之降低，如圖4.7所示。然而這不純然是因爲競爭動力造成的。當一項花費許多錢在R&D的新產品被導入市場，公司不能期待工廠第一批的產出就能賺回所有的錢。但經過一段時間之後，當成本因爲經驗效果而降低時，公司將可以開始賺取利潤。當公司開始得到超額利潤時，就會吸引競爭者加入市場。只有當競爭狀況變得更激烈時，公司才會開始降價。在這之後，價格和成本將會產生一些連動關係。這四個階段分別爲：

1. 發展階段
2. 價格傘階段
3. 洗牌階段
4. 穩定階段

舉例來說，電子產品的價格就掉得非常快。過去德州儀器公司（TI）曾經生產計算機。在70年代早期，即使是最普通的計算機之價格都在1000盧比以上。今日，即使是最特殊的計算機都能以300盧比的價格買到。若我們將現在的價格調整至1970年的水準，可以發現經驗效果非常的陡峭。彩色印表機和影印機也發生同樣的狀況。成本曲線的斜率或許各有不同，然而所有的製造商品都顯示同樣的經驗效果。

我們可以比較PLC和經驗曲線的各階段。階段一及部分的階段二和PLC的導入期相對應。其餘的階段二、三和部份的階段四則對應PLC的成長期。圖4.9也一樣。

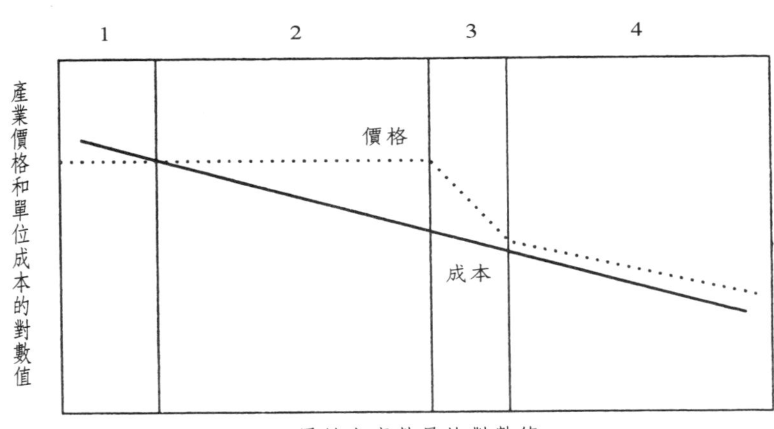

圖4.8　成本—價格階段

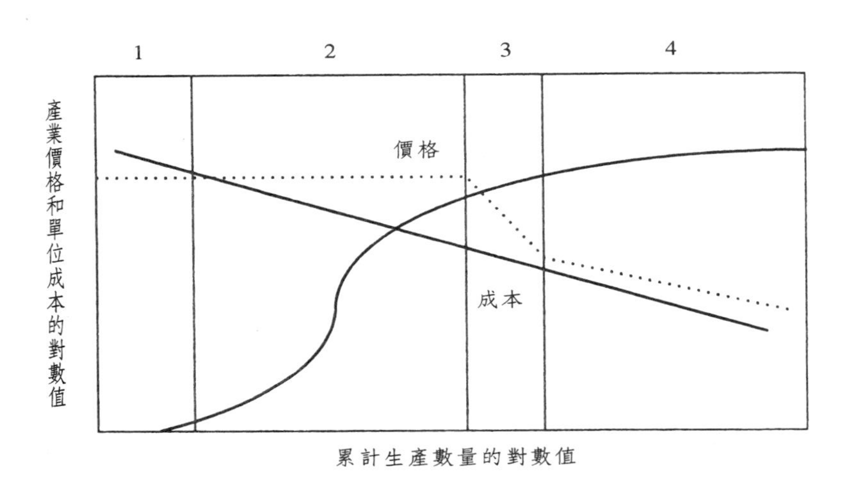

圖4.9　成本—價格階段及產品生命週期

本章摘要

市場分析含蓋了關於市場的各種面向，包括市場規模、市場成長率、市場區隔、產業結構、所使用的科技、產品生命週期和成本動力。成本動力是指經驗效果及其對成本和價格的影響。

分析的一般法則從資料的寬廣架構開始，再移至特定的資料。經驗老道的市場分析師首先會搜尋公開的資料，接著再購買私人收集的資料或進行他們自己的市場調查。沒有任何公司能從公開的來源找到所須的所有市場資料；公司將發現只有有限的資料和它的處境有關聯。沒有適當的資料，規劃不會有效。是否能收集到適當的資料大部份取決於市場分析師的努力和敏感度，及管理階層是否在需要時願意投資在市場調查上。

第五章

了解消費者的要求

爲研究消費者刮鬍子習慣而做的一份問卷調查中，隨機取樣一些成年男性做爲受訪者，並且詢問這些人一系列的問題，像是：你多久刮一次鬍子？當你在刮鬍子時，你有什麼感覺？爲什麼你要刮鬍刀？

大部份的受訪者都認爲，刮鬍子是每天的一件苦差事，他們根本就不喜歡刮鬍子。隨後這些受訪者都有機會可以使用一種新研發的乳液，這種乳液可以永久移除人們臉上的毛髮。然而在整體1000個接受調查的樣本中，只有二個人同意嘗試這項乳液。調查人員請教這二受訪者爲何同意接受試驗，他們解釋說因爲他們已經有足夠的胸毛了，所以他們可以接納這項臉部永久除毛的主意。

在另一項實驗中，半數受訪者得到一瓶蘇格蘭威士忌，但包裝採用低價威士忌瓶子，而另一半的受訪者則是得到一瓶廉價的威士忌，但卻裝在蘇格蘭威士忌的瓶子中。在第二天早晨舉行的面談中，前半數的受訪者報告他們都被這瓶酒嗆到，並且抱怨他們宿醉且頭痛如絞；另一半實際上是飲用廉價威士忌的受訪者，卻描述他們享受到美酒入喉的一段愉快經驗，並且都說他們並沒有宿醉的感覺。當然，或多或少總有一二個內行的品酒家有能力發現這個小技倆。

當消費者無法區別二種不同品牌產品的品質時，他們只能借助於何者爲較高級的品牌。而當此項消費品並非民生必需品時，消費者對品牌的選擇就會更在乎一些心理因素，像是名譽、生活品味、以及獨特性。消費者總是免不了在辦公室或社交場合抽進口煙，而回家時就只抽國產的廉價煙。因此人們其實不在乎把錢花在可以帶出去炫耀的產品上，像是手錶、鋼筆或香煙濾嘴，但他們選擇在家使用的產品時，卻寧可購買一些便宜實惠的東西。總結來說，任何針對人類行爲而做的研究都會非常複雜，但行銷人爲求成功，應該具備洞察消費者眞正動機的能力。

研究消費者行為的不同取向

消費者可能沒有邏輯、不理性，而他們的行爲也可能非常難以了解。然而，一個優秀的行銷人必須能了解消費者購買的動機，並且據此規劃公司的策略。消費者行爲的研究因而已經成爲一項重要的工作。研究消費者行爲起源於行銷概念的發展。當美國的製造商面臨存貨積存太多又銷售不出去的問題時，他們才開始逐漸重視研究購買者的重要性：爲什麼他們要購買，他們如何購買，以及許多相關的問題。這個情形發生於第二次世界大戰剛結束後，當時並沒有任何的行銷理論可以解釋，何以產品無法在市場上銷售出去。因爲心理學研究人類的心理，而且在當時是發展較完整的學科目，是故刺探消費者的任務就落在心理學家的肩上。當時心理學家可以分爲二個學派，分別是弗洛依德（Freudian）學派以及史金納或帕弗洛夫（Skinner's or Pavlovianl）學派。隨後包括人類學家、社會學家、以及甚至是管理科學家，也都開始研究消費者行爲。

動機研究者

弗洛依德學說的概念包括誘因（drive）、動機、信仰、和價值觀等構念。動機研究者使用這些構念來研究消費者有意識和潛意識的動機。他們解釋所有種類的行爲－做夢、意外地打破盤子、購買特定廠牌的洗手香皀—使用由本我（id）、自我（ego）、和超我（superego）所構成之個體的心智來做分析。我們將簡單解釋這三個心理學名詞。所謂的本我（id）即我們與生俱來的動物本能。假若我們並非處在人類社會中，則我們可能就會表現得像個不受拘束的動物。超我（superego）代表我們自孩提時代以來，所受的種種社會規範限制，並因而造成我們自我壓抑一些基本的慾望。自我（ego）則是平衡本我和超我二種相對力量的一種機制。假若失去平衡，不論是因爲過多的本我或過多的超我，根據佛洛依德學派的觀念，人們將會變成精神病患。

如同先前所述，動機研究者刺探消費者的購買動機。他們通常都視消費者爲一個由白日夢、潛藏渴望、罪惡情結、以及受制於非理性情緒障礙所構成的綜合體。因此，人們會藉著社會所認同的產品，來滿足一些受壓抑的慾望。一些早期所做的關於消費者購買產品動機的研究，不但結果驚人，而且至今仍然有效（Packard 1981）。一些結果列舉如下。

在刮除鬍鬚方面　　對一些男人來說，刮鬍子這種男性的特有行爲，隱含著一種去勢的意味。因而，在廣告中表達出用刀片除毛的行爲是非常不智的方式。有些廣告主題放在女性被男性鬍子扎到的不悅感，因而強調刮鬍子是一種吸引異性的行爲，並藉以模糊去勢的隱喻。

在抽煙方面　　抽煙的行爲是用來滿足原始的衝動和口腔舒適的需求。一般來說，抽煙是爲了舒解緊張、焦慮、忿怒、和挫折感，就像嬰兒總是喜歡吸吮一些東西一樣。這解釋了口香糖、香煙、帕馬沙拉（panmasala）之類的東西，爲何如此廣泛被使用的原因。

在肥皂和洗滌劑的銷售方面　　許多家庭主婦覺得她們所進行的打掃工作，實在是一件不但沒有報償，又沒人會感激的苦差事。是故廣告商應該要培養一種觀念，讓人們認同家庭主婦是「有價值且可敬」的職業。因此廣告應該要特別宣揚管理家庭的角色，但這不應採用自我覺醒、或冗長說教的方式，而是要明白指出管家實在是一個重要的工作，而且家庭主婦們應該要感到自豪。

為何老太太喜歡園藝　　園藝活動給了老太太們一個機會，在她們早已過了拉拔兒女長大的時期後，能夠有機會再重溫培育生命的感覺。

為何女人要購買化妝品　　女人第一是希望（也是最希望）能夠對自己的容貌看起來順眼，並確保她們有十足的女人味。第二，她們會希望別的女人也覺得自己看起來很美麗。爲了得到異性的認同，或女人喜歡男人對她們投注贊賞驚艷的目光，像典型廣告常常上演的劇碼一樣，這卻只落居第三點，是故表達這樣的場景對化妝品銷售的幫助效果最低。因此，若廣告只簡單表現出一個女性在一面全身鏡前使用某種廠牌化妝品的場景，這將是最有力的行銷訴求。

為什麼霜淇淋會如何盛行　　人們喜歡口中充滿冰淇淋，並且能完全嚐到冰淇淋滋味的感覺。

湯隱藏的含意　在潛意識中，人們想起湯就如同想起對營養和安全感最深刻的需求。湯會喚起人們最原始對溫暖、安全、和被哺育的感受。這樣的感覺可能源自於胎兒期，在母親的子宫中被羊水圍繞的記憶。

顏色運用於包裝的方式　紅色和黃色對於造成催眠效果成效顯著。女性的目光最容易被紅色包裝的物品所吸引；而男性的目光則是最容易被藍色包裝的物品所吸引。

速食食品　女人是以非常嚴肅的心態來烘焙蛋糕，因爲這種行爲在無意識中潛藏著一種生育的意義。她們之所以無法接受使用速食調理包來烘焙蛋糕，是因爲這種隨便簡單的生活方式會帶給她們罪惡感。

另一方面，當即溶咖啡剛引進市場時，也遭到許多消費者的抗拒。爲了想要了解問題眞正的關鍵所在，研究者設計二份相同的購物單，惟一的不同是第一份購物單有一項物品是「研磨咖啡」，而第二份購物單則是「即溶咖啡」。將這二份購物單交給一群家庭主婦，並同時要求她們對購物單表達她們的看法：「何種家庭主婦會使用第一份購物單」，以及「何種家庭主婦會使用第二份購物單」？這些家庭主婦皆異口同聲的表示，設計第一份購物單的家庭主婦一定是個愛家、體貼、並且優秀的家庭主婦，而會設計第二份購物單的女人一定是個不關心自己的家庭，並且大部份的時間耗在外頭（例如在俱樂部）的女人。這個實驗證實了人們會依一個人所使用的產品，來推斷他的人格。

然而，所有的研究成果都無法直接套用在印度市場上。舉例來說，白色系的服飾對許多西方人來說，是一種吉利象徵，並使用在重要的場合中（尤其是婚禮）。相反的，在印度寡婦通常都是穿白色系服飾。隨意的推論人們爲何購買或不購買某樣產品的任何原因，通常結果都不會正確。許多因素都可能會造成影響，像是產品的品質、上架的位置、或甚至只是廣告出現的頻率。是故，我們必須對這些動機研究人員的看法持保留態度。然而，這些研究人員的確啓發我們去了解，人們是如何依據理性或不理性的判斷來做決策。有些公司會利用人們不理性的層面，而另一些公司則會利用人們理性的層面。有些產品，像是香煙等，事實上各家出品的成份都大同小異，而能夠改變的因素只有濾嘴的採用與否，要不就是外觀設計爲白色或咖啡色。因此許多公司在行銷他們的產品時，會透過對生活方式、社會地位、男子氣概、以及尊榮感的訴求。印度槓桿公司向來使用邏輯性的訴求，來行銷其洗衣粉品牌Surf。Lalitaji在廣告中彰顯其主流化及女性化的訴求，這種方式被歸類爲理性的決策方式。

學習理論家

第二種研究消費者行爲的取向，則是源自於史金或帕弗洛夫學派的看法，其代表是學習理論學家。這些人使用報酬強化（reward-reinforcement）的觀念來學習。他們相信人類所有的行爲都是透過學習而獲得。當一個兒童成長時，透過一個賞罰體系的運作，他會學到何種行爲正確，以及何種爲錯誤。最著名的例子是帕弗洛夫的狗被訓練爲對鈴聲有反應。一隻海豚可以透過訓練學會去親吻訓練，一隻猴子則可以四處跳躍並對人們敬禮，一隻狗可以學會坐下和乞討食物，例子之多不勝枚舉。學習理論學派試圖應用相同的概念，想訓練人們使用特定的品牌或特定的產品。爲什麼人們會喜歡啤酒這種氣味難聞的飲料呢？這其實是由學習灌輸的行爲。當老煙槍在半夜抽完他們最喜歡的香煙，而且街上所有的店舖又都關門時，你可以看到他們幾乎難以成眠。行銷人透過廣告重覆性的曝光，就能夠得到這種制約消費者的結果。

消費者行為模型

每一個消費者都由一些特質構成，這些特質有些可以觀察，有些則無法觀察。可觀察的特質包括年齡、教育程度、所得水準、職業狀況等等。而無法觀察的特質則是心理內部的特質，像是領悟力及知識水準，這些特質會驅使消費者購買或拒絕某項產品。當行銷人難以了解隱藏在消費者內心眞正的想法時，消費者就如同一個黑盒子。行銷人必須透過他們提供的產品或勞務，使用他們的行銷組合策略，來吸引這些如同黑盒子的消費者。吸引這些黑盒子的方法包括提供有競爭力的產品、價格水準、品質、款式、選擇方案、透過廣告傳達訊息、以及口耳相傳。一般來說，結果就是消費者對某種品牌的選擇，以及購買的數量和購買的時間。黑盒子模型如圖5.1所示。

黑盒子般的消費者由數種心理因素所組成，像是知覺、學習、動

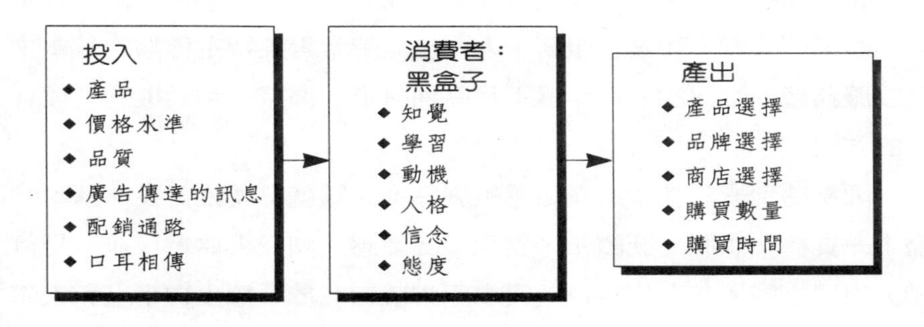

圖5.1　消費者的黑盒子模型

機、人格、信念、和態度。我們將詳細探討其中的某些因素。

知覺　知覺是一種歷程，個體透過這種歷程接收到一些刺激，並基於他們過去的知識、記憶、期望、以及人格而賦予這些刺激一些意義。因而所謂的現實（reality）其實非常個人化，每個個體所體悟到的現實或多或少都有些不同，相同的事件在不同的個體眼中都有不同的領悟。

在考慮行銷因素時，我們必須了解消費者是如何看待不同公司所提供的產品和勞務。產品定位的概念是依據消費者如何看待不同的品牌，並形成相同的心智地圖。本書將會在第八章行銷組合的分析中，對定位（positioning）做更詳盡的探討。

學識　因過去的經驗層產生行爲，所以學習或多或少是一種恆久性的改變。值得一提的是，啤酒這種在生理學來說是一種氣味難聞的飲料，人們是透過學習才會喜歡飲用。換言之，我們大多數的行爲都是學習來的。

需求、渴望、和動機（Needs, Wants and Motives）　行銷領域的研究源自人類的需求和渴望。人們爲了生存則需要食物、空氣、水、衣服和庇護所。滿足了這些基本需求之後，人們開始有強烈的慾望想得到娛樂、教育、和其它服務。人們也同時會對某特定種類的基本物品或服務產生強烈的偏好。以下是區別需求、渴望、和動機的一種有用的方式。

因爲感到一些基本的滿足感被剝奪，人類就會產生需要。基本的需求—食物、衣服、庇護所、安全、歸屬感、和受人尊重－並不是行銷人出現之後才存在的，這些需求原本就存在於人類生物學上和人體狀態的構造中。

渴望，是人類的爲了滿足需求而對一些特定的「滿足媒介」（satisfier）產生慾望。當一個人需要食物，他渴望得到米、麵包、水餃、或奶酪等等；當一個人需要衣服，他渴望得到纏腰布、睡衣、或洋裝；當他需要受人尊重時，他會購買一部Honda或賓士轎車。

動機或許可以視爲行爲背後的一種趨動力。在早先探討動機的研究文獻中，我們可以看到許多例子列舉了驅使人類做出各種不同行爲的動機。

人格　個體的人格被定義爲，個體反應其內在和外在環境的一致性方式。根據人格特質，消費者可以被劃分爲各種不同的類別，像是外向的、內斂的、傳統保守者、追求成就者、人云亦云者、或享樂主義者。而我們也假設人格的特質會影響到一個人對品牌的偏好。

若依照個人的興趣、活動、和意見來區分消費者，也是另一種可行的方式。這就是所謂的生活方式區隔法，或心理圖析區隔法。對於這個主題，我們將留待稍後消費者集群的章節再予以探討。

信念和態度　信念即人們對其世界的一些面向，認爲必定爲眞理的知識。態度則是對社會性的目標，所做的正面或負面的評價，或心理的感受。舉例來說，有人可能認爲印度文化日漸受到西方社會的影響。一般而言，他們對西方文化的態度可能是正面或負面。

大體而言，信念會導致態度，而態度再導致購買的意願，接著這種意願再導致實際的購買行爲。因此，行銷人必須持續追蹤人們對其產品和勞務所持的信念和態度。

消費者的分類

社會學家將人們分成幾種不同的階層。研究顯示，不同階層的人有不同的需求和渴望。這些社會階層的分類相當獨特，每一階層都有各自非常容易預測的行爲特質。此處的社會階層不是依據財富和權力來分，而是以人們的消費能力和社交能力來分類。下列是六種主要的社會階層：

1. 上上階層－傳統的貴族和大型工業家
2. 上下階層－規模較小的工業新貴，擁有顧問事業的專業人士，以及政治家
3. 中上階層－專業人士和專業經理人
4. 中下階層－白領階級，生意人，和一些有專業技能的勞工
5. 下上階層－大多是有專業技能或半專業的勞工
6. 下下階層－勞工和領日酬的人

要將大地主分類著實不太容易。若依據他們所過的生活方式，他們可能會歸屬於第二類或第三類。擁有一小片田地或零碎田地的農人，可能會落在第三、第四、或甚至是第五類。

從生意人的觀點來看，第一類的人可能是最難伺候，因爲歸屬於第一類的人可以從世界各地進口他們想要的商品。第二類和第三類的人則是印度許多跨國企業的主力客層。第四類和第五類的人具有龐大的潛力，近年來才有企業開始注意到這個客層。

中產階級，尤其是中產階級中的女性，對自己的社會地位有強大的自覺。大多數物品的購買決策權都是操縱在女性手上。假設一個行

銷洗碗機的人員想要大量銷售他的產品，他可以選擇一個中產階級群居的地點，並且留下一台洗碗機在其中一戶人家，不管是用出售的方式或免費贈送都可以。總之，結果是臨近地區婦女同胞們可能的反應就是逼迫丈夫也快去買一台洗碗機。這是中產階級典型的心態。

印度的行銷人總算了解婦女掌握購買權的事實，並且也對印度的女性做了一番實用的研究。Box 5.1是追蹤者調查機構研究印度都會女性的所得資料後，所得到的一些有趣的發現。

Box 5.1　由心理層面分類印度女性

東印度的家庭主婦，在追求流行方面是遙遙領先其它地區的婦女同胞。在這個地區的女性因戀愛而結婚的機率比較大（7.2%），花費較多的時間選購服飾（58.4%），並且配戴適合她們服飾的珠寶（東部的女性58.1%，而西部的女性為46.5%，南部是29.1%，北部則是23.5%）。

南部的家庭主婦對信仰較虔誠（89.5%的女性會去廟宇參拜，西部的比率則是73.5%），會閱讀較多雜誌（41.5%一星期會至少閱讀一次以上，而北部女性的比率只有15.7%），較少看電視（51.5%，相對於西部的68.8%），較不可能擦口紅（2.8%，相對於北部女性的40.5%），但是卻較可能畫眼線（37.3%，相對於東部女性的3.3%）。

西部的家庭主婦比較會享受生活。她們比較容易愛上吃冰淇淋（39.3%，而南部女性只有21.6%）以及濃縮果汁（25.6%，相對於東部女性的11.8%），並且也比較可能在家中存放蕃茄汁（18.1%，而南部則是4.8%）。

更詳盡的研究將印度都會的女性區分為八種心理圖析族群，

分別是（1）愛好社交的享樂主義者，（2）典型的養家者，（3）當代的家庭主婦，（4）富裕的世故者，（5）頑強的傳統守舊者，（6）安於現況的保守主義者，（7）有困擾的長期家居者，和（8）焦慮的反叛者。

資料來源：N. Radhakrishnan, Know Thy Neighbour's Wife，《Business India》, 16-19 November 1987, pp.113-115

另外一項研究（Mathew 1990）則是將印度的都會男性分爲下列三種刻板印象的族群：

1. 事業心重
2. 自我追求（self-seeking）
3. 愛家型

1. 事業心重的男性以工作來定義自己的價值，並且直接將他們本身的生產力，視爲他們身爲人的價值所在。事業心重的男性，其特徵爲可以讓工作佔據自己私人的時間，在組織中拼命的擠身於較高的職位，以及渴望能提升自己的專業能力。這樣的男性習慣視自己爲努力工作者、聰明、忙碌、以及工作場所中不可或缺的人物。他們偏好正式的服裝穿著。這些人渴望追求的形象或圖騰包括：一個看起來很忙碌的工作場所，被電話、電腦、或其它笨重的機器圍繞；坐商務艙出國；在五星級的餐廳用餐；上司向自己請教一個重要問題的解決方案。

2. 自我追求的男性重視熟人對自己的評價，並且以自己在朋友之間受歡迎的程度來衡量自己的價值。他們相信人是爲享樂而生，而最令人嚮往的生活則是被一群志同道合的朋友所圍繞。這些自我追求型的人經常會故意忽略自己的缺點，欣賞自己的優點，並且喜歡享受現在，盡其所能的把握生命的每一刻。這種生活的表達方式會令人聯想到：摩托車、馬、和其它有力的交通工具；朋友、娛樂、野餐；休閒型的穿著；社交派對和慶祝會。

3. 居家型的男性其特徵是極力參與家庭活動，渴望成爲家庭的保護者和供養者。這種男人視他們自己爲努力工作者、嚴肅、負責、並對自己親近的人非常仁善。他們並沒有太多企圖心，但是願意享受成功所帶來的舒適，像是享有較好的生活品質等。這些居家型的男性會尊敬事業心重的男性，然而卻也會懷疑他們其實是在利用他人；而他們輕蔑自我追求性的男人，視他們爲懶惰、只想引人注意。

創新的傳播

當一種新產品首次在市場上推出時，消費者得經過一段適應期，這就是創新的傳播。有些產品可能會以很快的速度得到大多數消費者的認同，而有些產品則需要較長的時間。一般來說，流行商品來得快，去得也快；但是一些科技創新的產品，像是行動電話、微波爐、電動刮鬍刀等，是緩慢的滲入市場。以電動刮鬍刀來說，這項產品在印度市場被接受的速度慢得驚人，也因此使行銷人有很重的挫折感。若能深入了解創新傳播的過程，並能準確的估計創新傳播的速率，則對行銷人規劃有效的生產、通路、和新產品的行銷策略方面，將有莫大的幫助。現在就讓我們來探討創新傳播過程背後的理論基礎。

所謂的創新（Innovation），指被大衆視爲新出現的任何商品、勞務、或是想法。也許想法由來已久，然而當大衆或消費者認爲這是新出現的東西時，就算是創新。創新在社會體系中散播，要花上一段時間。新的想法從其源頭傳播到其最終使用者或採用者身上，這就是傳播的過程。另一方面，採納的過程著重在個人的心理面—從第一次聽到這項創新，到最後終於採納它。所謂的採納，即一個人終於決定要成為某項產品的慣用者。

採納過程的五個階段

新產品的使用者會經過下列五個階段：

1. **覺醒期**：消費者會意識到這項創新，然而卻得不到更多的資訊。
2. **探索期**：消費者開始刺激，而主動去尋找這項創新的資訊。
3. **評量期**：消費者開始思考，是否值得去嚐試這項創新。
4. **試用期**：消費者開始小量的嘗試這項創新，以更進一步的判斷它的價值。
5. **採納期**：消費者決定要開始全面性且經常性的使用這項創新。

一家電子元件製造商想要導入一項品質可以和國際標準媲美的進口替代產品。但是當這家製造商已經投資一億元盧比購買生產設備並生產時，它才開始思考產品的行銷計劃。這家公司不了解產品採納的過程是要耗時良久。因而在頭二年內，這家公司的產能使用率在10%以下，直到它的消費者完全適應這個新品牌為止。

這家公司一開始四處向人們傳播訊息，希望消費者意識到這項產品的存在。隨後消費者開始索取免費試用品，或是下小量試驗性質的訂單。消費者光在它們的研發部門或實驗室試驗這個新的元件，就花了很長的一段時間。在每十件利用本土元件生產的產品上，消費者會採用在其中一個產品中採用新元件以為試驗。最後在測試結果令人滿意後，消費者才開始在所有的產品上使用這項元件。

若是這家電子元件製造商早點了解產品使用是需要採納過程的話，它或許可以在頭二年時，先採用有效的種子計劃，而不是貿然的開始生產卻蒙受虧損。

個人適應創新產品的差異性

每個人嘗試新產品所需要的適應期各自不相同。在每種不同的產品範疇中，都有其不同的「先鋒消費者」（consumption pioneers）和早期使用者。有些女性會搶先試用新流行的服飾或新推出的家用電器；有些醫生會領先採用新開發的藥品；而有些農人則會率先採用新的耕種技術。有些人則是很晚才會使用新產品。因而如圖5.2所示，我們可以將人們歸類成幾種不同的採用者族群。以時程來分析的話，採納過程可被視爲一種常態分配。在開始時成長緩慢，隨後採用此項創新的人數會大量增加，當人數到達頂峰時，隨著未採用過的人數愈來愈少，人數會慢慢的下降。率先採用新觀念的前2.5%購買者稱爲創

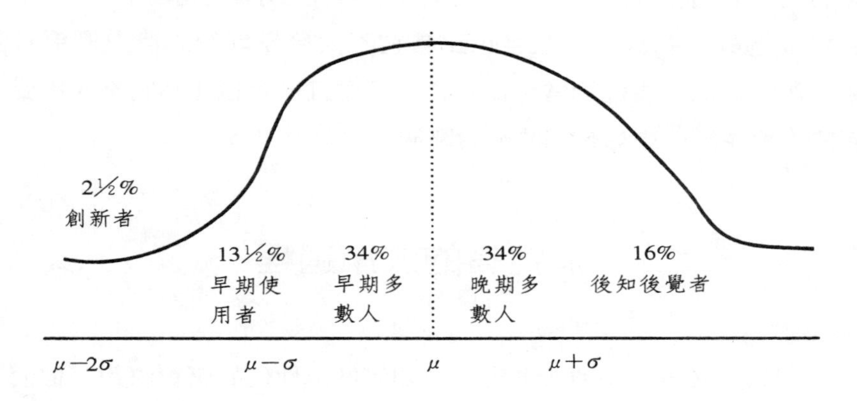

圖5.2　創新的散佈

新者；隨後的13.5%購買者則稱爲早期使用者。

創新具冒險精神；雖然冒著一點風險，他們還是很願意去嘗試新觀念。驅使早期使用者接受創新的原因，是他們所擁有社會影響力；在所處的社群中，他們身爲意見領袖，因此會謹慎但搶先採用新觀念。早期多數使用者是深思熟慮的；雖然他們很少身爲領導者，但是他們會比一般人早先採用新觀念。後期的多數人則是懷疑主義者；他們只有在大多數的人都已經試驗過之後，才會採用此項創新。最後，後知後覺者總是遵循傳統；他們對改變都抱持著懷疑的態度，他們也只和其它的守舊傳統者交往，所以他們之所以接受這項創新，其實是因爲這項創新已經變成一項傳統了。

採納者的分類提醒我們，一個要導入創新產品的企業應該先研究人口統計資料、心理圖析資訊、以及創新者及早期使用者這些媒介者的特性，並想辦法將資訊直接傳達到這些媒介者手上。要找出早期使用者，並非一件簡單的工作。沒有人會表現出一種叫做創新者的公式化人格特質。消費者可能在某些領域身爲創新者，而在其它領域卻是後知後覺者。行銷人的挑戰就是去找出其產品領域中，可能會成爲早期使用者的消費者之特性。舉例來說，研究顯示，農夫創新者常常都曾接受過較好的教育，並且也比其它不太接受創新的農夫們更有效率。創新的家庭主婦通常都比較合群，並且通常也比其它不太接受創新的家庭主婦，處於較高的社會階層。

消費者的決策過程

行銷人必須了解消費者實際上如何做出他們的購買決策。他們必須先確認何人裁決購買決策，其購買決策的型態，以及購買過程的步驟。

購買的角色

對許多產品來說，要找出購買者相當容易。對大多數的非耐久財消費品來說，購買者經常就是使用者。試以嬰兒保健用品為例，使用者是嬰兒，購買決策者是母親，然而購買者可能會是父親。最年長子女的建議，同樣的可能決定一個家庭購買冷氣機與否。而某個朋友可能會建議這個家庭該買何種機型的冷氣機。而妻子可能會對冷氣機的外型有意見。丈夫可能會做成最後的決策，當然這要事先取得太太的共識。是故一個企業必須能夠確認並了解這些角色，因為這些人的看法都會牽涉到產品的設計，廣告訊息的決定，以及促銷預算的分配。行銷人必須確認的角色和參與者如下：

1. **推動者**：推動者是最先建議或考慮購買特定產品或勞務的人。
2. **影響者**：影響者的觀點或建議，對最後的決策有相當大的影響力。
3. **決策者**：決策者則是最終決定部份或整個購買決策的人：是否購買、要買什麼、如何購買、或在哪裡購買？
4. **購買者**：購買者就是實際進行購買行為的人。
5. **使用者**：使用者就是使用或消費此項產品或勞務的人。

購買行為的型態

消費者的決策隨著各種購買決策的型態之不同而不同。買一盒牙膏、一件結婚禮服、或是一輛新車的決策方式就有非常大的差異。購買行爲愈是複雜，且購買單價愈高的商品，購買者愈可能對其購買決策深思熟慮，且決策的參與者也會愈多。我們可以透過分析二種不同方式的購買決策爲例來說明，其決策分別是低度參與及高度參與。

低度參與的購買決策，相對來說對買方較不重要，因爲此種購買型態牽涉到：（1）較少的財務風險，（2）較低的社會風險，（3）較低的身體風險，或（4）較低的個人興趣。這種型態的購買行爲通常是一種例行公事，並且較少或甚至沒有牽涉到對其它選擇的正式評估分析。許多產品的購買方式對我們來說是一種習慣性的購買行爲。我們找到一個可以接受的品牌，就持續購買同品牌的產品。舉例來說，在購買火柴盒之前，我們並不會評估各家品牌的優劣。

高度參與的購買決策，是對消費者來說較重要的商品，因爲這些商品會造成：（1）較高的財務風險（例如汽車等），（2）較高的社會風險（像是結婚禮服），（3）較高的身體風險（例如一種藥物），或（4）只是較高的個人興趣（像是音響設備）。更進一步來說，這些商品你不會重覆購買。當消費者高度參與某項購買行爲時，會經歷複雜的購買過程。一般來說，消費者對此等產品的種類所知甚少，並且也有許多需要了解的資訊。他們必須先去收集許多產品資料，尋求他人的意見，並且在決策之前評估所有其它的選擇。因而行銷人對這種購買行爲的促銷策略，必須要先使消費者能了解此項產品及其重要的特性。

根據買方購買行爲的參與程度，以及不同品牌間的差異程度，我們可以將消費者的購買行爲區分爲四種，分別是（1）複雜的購買行爲、（2）減少認知失調購買行爲、（3）習慣性購買行爲或隨機選擇，以及（4）尋求變化的購買行爲或試驗（Kassarjian及Robertson, 1981）。如表5.1所示。

人們經常會懷疑其購買行爲的有效性，尤其在購買某種消費耐久

表5.1　四種購買行為

	高度參與	低度參與
品牌間的差異程度大	複雜的購買行為	尋求變化的購買行為
品牌間的差異程度小	減少認知失調的購買行為	習慣性購買行為

財（一種高度參與，但品牌間的差異程度卻不大的產品）之後。爲了要舒解消費者這種購買後的不安感，行銷人必須要在廣告內容中散播一些訊息，像是有許多滿意的消費者、很高的銷售額、以及諸如此類的訊息。赫金壓力鍋就在廣告上說，它售出超過一千萬個壓力鍋。這類的廣告在消費者心目中，以加強他們做了正確抉擇的信心。

在大型產品方面，像是購買一輛汽車或一棟房子（一種高度參與，且提供來源不同，其差異程度很大的產品），消費者會經歷一段複雜的決策過程。消費者從廣告、朋友、及經銷商手中收集資訊。他們會請教其它使用者的看法。在做最後的決定之前，他們會使用絕對性的購買判斷標準來評估所有的選擇。

在低度參與產品的案例上，人們可能僅止在不同的場合購買不同的品牌，或可能安於任何自己知道的品牌，這是爲了要把事情簡單化，這種情況要視各品牌之間是否有重大差異而定。

消費者決策過程的幾個步驟

消費者決策形成過程的步驟若應用在高度參與的購買行爲上，會比應用在低度參與的購買行爲上來得適切。基本上，購買行爲會落入一個以重要性排列的連續帶上，且投入的時間和考量的多寡也會隨著不同。決策的過程包含如下五個步驟（見圖5.3）。

1. **察覺到問題**：當一個人察覺到他想要購買一項產品時，第一個步驟就出現了。任何事都會造成對問題的覺醒（或以另一種方式來說，即對一項產品的需求），像是所得、工作或生活方式、同儕壓力、或甚至是一個廣告。
2. **尋找資訊**：對消費者來說，他們可以從內部或外部來源獲得資

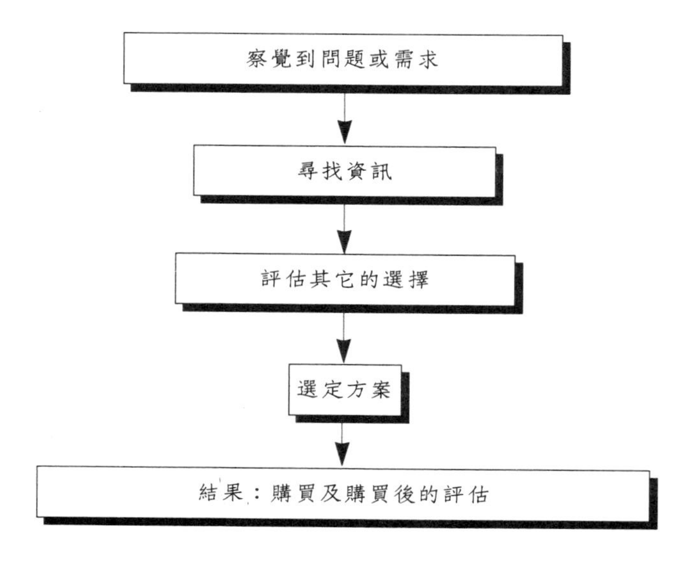

圖5.3　消費者決策過程的步驟

訊。內部來源包含記憶及過去的經驗，而外部來源包括環境的影響，以及行銷人的行動所造成的影響。

3. **評估其它的選擇**：在評估產品或品牌間的選擇時，消費者會採用一些準則，像是價格、具體或非具體的產品特性和利基、以及購買的地點。消費者一般來說會將自己對產品的評估，侷限在小範圍的品牌上（消費者可以接受的一組品牌）。
4. **選定方案**：在評估過所有的選擇方案後，消費者會做出抉擇。他選擇的產品或品牌可能是一個明確的抉擇，也可能只是一種妥協一一項最接近消費者心中理想的產品。
5. **結果**：結果包含購買的決策，以及購買後的評估。購買後的評估會貯存在消費者的記憶中，並且在未來的購買資訊尋找步驟中，再度被喚醒。前次購買的滿意或不滿意的程度，會影響購買者是否會再次購買相同的品牌，或是將此一品牌列為拒絕往來户。買方也可能同時和其它人分享他的評價，並因此影響其它人的購買決策。

讓我們來參考一個案例。當一個獨身者面對找尋終身伴侶的問題時，只要他認為有必要結婚，他就會開始尋找身邊所有適合的對象。他並不需要考慮身邊每個未婚的女性。他心中已經對結婚對象的選擇有一定的成見。他會考慮的屬性包括教育程度、對方所從事的職業、身高、膚色等等。他可能早已依據上述的幾項屬性，描繪出一個理想伴侶的藍本了。只要中意的女性表達願意與他結婚之後，他就會開始進行評估。他或許會對不同的屬性排定不同的優先順序，並且衡量所有目標對象意願的強弱。最後他或許會得到他心目中理想的女性，或只能與現況妥協。當然，當他結婚後，購買（結婚）後的不安感沒有其它的解決方式，因為這是一生一次的購買行為！當然，也有單身者不願意妥協屈就，因此也無法選擇任何對象。這些人對於他們所設定的屬性之間，並不容許任何的抵換關係（trade-offs）。

消費者並非總是完全依照如上所述的所有步驟，或按照就班的經歷上述步驟，當然，他們也不一定會察覺他們正在進行一個制定決策的程序。他們進行研究和評估的興趣，會隨著產品而有所不同。經常會發生的狀況是，消費者可能不會知道他們所考慮的產品在市場上究竟實際存在著多少品牌。更可能的情況是，消費者甚至不會在抉擇過程中，考慮所有他們知道的品牌。他們在心中會有一組選擇，而且通常他們僅會在這個組合中換來換去。以香皀爲例，在市場上有無數多的香皀廠牌，但是消費者通常僅會選擇在他們心中願意考慮的幾種產品。

上述的選擇組合可能會隨著時間而改變，端視不同廠商帶給消費者的廣告壓力而定。因而對行銷人而言，他們要能確切的了解消費者滿意的組合，這一點相當的重要。另一個對行銷人來說同樣重要的概念就是，品牌忠誠度的概念，以及如何衡量品牌忠誠度。

品牌忠誠度

行銷人大多已經了解擁有許多忠實顧客的重要性。一個商業組織最終的目的並不僅僅是爲了得到消費者的青睞。如何留住消費者是一個更重要的任務。一家成功的企業，絕對不會自滿於消費者只購買一次或二次他們的產品。要教育消費者成一次又一次重覆購買相同的品牌。對許多快速淘汰的消費品來說，這是一個重要的核心策略（Xavier 1992）。

我們之前曾經討論過，消費者通常會從他們心目中的一組品牌中加以抉擇。假設在一個消費者的心中，他的香皀組合包含了荷馬、雷蘇娜、以及麗仕，他在購買時只會考慮這三個廠牌。同時在這個品牌組合中，他也可能較常購買其中特定的一個品牌，這就成為另一個不同的議題，我們隨後也會加以探討。

對行銷人來說，了解消費者滿意的產品選擇相當重要，接著行銷人也必須要想辦法將他們的品牌打入消費者考慮的品牌組合中。在了解這些之後，我們現在可以進一步探討品牌忠誠度。

假設消費者滿意的品牌包括a、b、c、d、e。在他最後10次的購買中，有7次購買品牌c，而品牌a、b、及e則各購買一次。其隱藏含意是消費者對c品牌的忠誠度達到七成。從另一方面來說，假如消費者10次全都購買品牌c，則對品牌c有百分之百的忠誠度。消費者的這些數據對行銷人來說相當管用。根據消費者忠誠度的高低，可區分為四個族群（Kotler 1986）：

1. **核心忠實顧客**：這些消費者每次都購買同種品牌。因此，c、c、c、c、c的購買模式代表消費者對品牌c有不可分割的品牌忠誠度。
2. **非核心忠實顧客**：這些消費者會同時對二、三個品牌忠誠。c、c、a、a、c、a的購買模式代表消費者的忠誠度可分割為一半對品牌c及一半對品牌a。
3. **轉換型的忠實顧客**：這些消費者會從一個品牌換到另一個品牌。c、c、c、b、b、b的購買模式暗示消費者的品牌忠誠度從品牌c轉換到品牌b。
4. **轉換者**：這些消費者對任何品牌都表現出無忠誠度。a、c、e、b、d、c的購買模式可能暗示消費者若不是交易導向（例如他只購買有折扣或贈品的品牌），就是多樣化導向（例如他想要消費不同的產品）。

企業可以藉著分析其所處市場的忠誠度而獲益匪淺。它必須盡可能地研究核心忠實顧客的特性。如此一來，企業就可以準確地瞄準目標市場。而藉著研究非核心忠實顧客，企業可以準確的了解何種品牌最具競爭力。藉著觀察消費者轉換品牌的過程，企業可以了解自己的行銷缺陷。至於人們為何經常改變品牌的原因，亦是很好的研究標的。這些研究都能協助企業進行新產品的發展。

讓我們來思考下述在國際市場中的例子。為了因應百事可樂的挑戰，可口可樂希望藉著推出一種新的可樂，來取代其傳統的可樂以得到年輕消費者的青睞。但是當新的可樂在市場上推出時，卻得不到消費者的認同，理由相當單純，因為傳統可樂的忠實消費者不願意嘗試任何其它的可樂。為了迎合忠實大眾的需求，除了新可樂之外，可口可樂公司只好從善如流的將傳統的可樂重新帶回市場。

印度的Cinthol香皂也發生同樣的情況。當新的Cinthol香皂在市場上推出時，傳統的香皂愛用者希望舊的Cinthol香皂回到市場。藉著在媒體上公開發佈，高德瑞公司給予消費者正面的回應，公司承諾消費者可以在零售據點中同時買到新和舊的Cinthol香皂。

在牙膏市場中，許多企業試著要挑戰仍未站穩領導地位的廠商高露潔。然而對許多消費者來說，高露潔就是牙膏的同義詞。雖然Promise及Close-Up也在牙膏市場中小有斬獲，高露潔公司卻仍舊掌控了大部份的市場，因為它在消費者心目中建立了牢固的品牌忠誠度。在嬰兒用品市場上，媽媽們對嬌生公司的產品有不可替換的品牌忠誠度。這就是為什麼旁氏公司或惠浦路公司等其它重量級的廠商，也無法介入嬰兒用品市場。

若企業想開發出更好的行銷策略，解決之道惟有了解不同區隔的消費者之忠誠度情況。要測量品牌忠誠度其實並不困難。在測量品牌忠誠度的問卷調查中，下列的一些問題是最具代表性的問題：你現在使用哪個廠牌？你已經使用這個廠牌多久了？你之前使用哪個廠牌？

請你寫下爲何改用現在這個廠牌的理由？

這些問題的答案，可以幫助我們釐清許多方面的問題，諸如消費者忠誠度的狀況、消費者轉換品牌的模式以及轉換的理由。假如許多人同時從某個特定廠牌轉換至另一廠牌，則行銷人可以藉此發掘轉換品牌的主要原因，並進行一些改進行動。這種形式的調查至少每年要進行一次，調查結果可以使行銷人獲得許多有益的資訊。

除此之外，企業可以有效利用小組研究數據，像是由IMRB的家計單位購買研究小組觀察印度六個行政區，一萬名家庭主婦的購買行爲所蒐集而得的數據。透過IMRB，印度煙草公司（ITC）建立一個吸煙者研究小組，以了解吸煙者的品牌忠誠度現況。

若只是觀察銷售數據，就妄想擬訂企業的行銷策略，這是不切實際的，甚至會造成誤導，因爲銷售的成長可以同時是整個市場成長的結果，或在這段期間中，受到競爭者退出市場的影響。

對許多公司來說，行銷策略的擬訂過程僅僅是一場數字遊戲，像是市場佔有率、需求預測、以及廣告和促銷活動的支出成本。有些公司也許能更進一步地了解競爭者的優勢、劣勢和主要的策略。然而鮮少企業花費時間和精力去了解消費者，以及他們如何選擇特定的品牌，如此才能幫助企劃人員發展出較佳的行銷策略。這種做法可說是決定一家公司成功與否的重要關鍵。

顧客滿意度

只有感到滿意的顧客，才有可能變成忠實的顧客，因此行銷人必須持續追蹤及測量顧客的滿意度。然而，顧客滿意度其實是個模糊的概念，在測量上也有其困難度。滿意與否是相對的抽象概念。當一個人得到超過他原先所預期的（可察覺的利益）時，他就會感到滿意。

可察覺的利益指消費者認爲他們從產品或勞務上所獲得的利益。當可察覺的利益遠超過原先的預期時，人們就會感到愉快。當得到的可察覺利益少於原先的預期時，人們就會感到不滿意。

可察覺的利益和原先的預期，這二個決定滿意度的要素都是心理上的狀態。人們對一項產品原先的預期決定於許多因素，像是他本身的背景（人口統計上或心理圖析上）、對廣告的接觸、口耳相傳、和過去的經驗。一般來說，預期會持續上升。因此，所傳遞的利益（例如企業提供的利益）也可能和可察覺的利益不同。即使以同一種產品來說，不同的人追求的利益也各自相同。滿意度因此是一種非常個人化的主觀概念，必須要用多方面的角度來衡量。對不同的個體或族群而言，他們對每個不同層面重視的程度也各不相同。

另一個相關的問題，則牽涉到顧客對一個組織具體可以改進的流程之看法。最經常的狀況是一家公司必須改善其產品品質、售後服務或員工－顧客的關係。有時候，或許此項產品或勞務實際上已經相當不錯，但也需要教育顧客瞭解他們獲得的正面利益爲何。

產業的購買行為

組織跟消費者一樣，在選擇產品、勞務和供應商時也會經歷決策過程。消費者的購買過程和組織的購買過程的不同點在於，組織經歷的過程較爲正式，**圖5.4**描繪組織購買過程的步驟。和消費者模型主要的不同在於，擁有許多部門的大型組織多了一個內部溝通的步驟。

問題或需求的出現十分多樣化。我們最常遇到的問題就是某物品的存貨量偏低。在一個很小型的組織中，缺少此物品的人將會直接向賣方下訂單。然而當組織的規模變大，分工會變得更細，訂貨的工作會落在採購部門身上。需要添購物品的人此時就必須和採購部門溝通，通常溝通方式就是透過採購申請單據的塡寫。

採購經理人接著會確認有能力提供採購申請單上所列物品或勞務的供應商或賣方（尋找其它選擇）。若申請採購的物品是標準化或低價產品，採購部門通常會向原本合作的賣方下訂單。然而若是第一次採購，或採購物品的單價較高，則採購部門可能會提供一個合格賣方的清單，並由原先申請採購的部門或員工根據此清單做出最終的決定（評估所有選擇和替代品）。採購部門將會執行此項購買行爲，而購買後則是由採購部門和使用部門共同進行評估。所以產業購買的特性就是決策由群體產生。許多人，像是提議者、影響者、決策者、購買者和使用者都會牽涉在內。

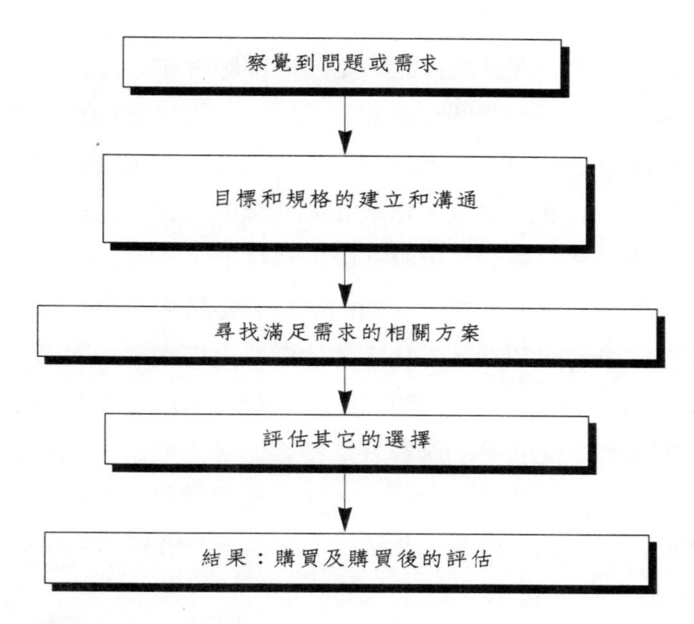

圖5.4　組織之購買決策的步驟

顧客分析檢核表

顧客分析是一個持續的過程。觀察顧客隨著時間而改變的過程非常重要。十年前，電視之類的產品被認爲是奢侈品，並且也是一種身份的象徵。時至今日電視已經變成是民生必需品。電視機的廣告主題若還是放在「讓鄰居羨慕的電視機」上，可能無法再吸引今日的消費者。若要進行有效的顧客分析，表5.2對行銷人將有很大的幫助。

內部顧客

對組織而言，在執行行銷策略時內部顧客和外部顧客一樣重要。內部顧客就是所有服務外部顧客的人。這些直接接觸到顧客的公司員工可能是處於最前線的產品銷售人員；執行售後服務的維修工程師，處理顧客抱怨的電話總機，以及諸如此類的人員。在組織中只有二種員工：服務顧客的員工，和服務員工的員工。

從這個新的角度來看，組織的層級金字塔會完全扭轉，外部顧客變成在金字塔的最頂端，而接下來的就是內部顧客。對所有的經理人和資深人員來說，如何妥善的服務內部顧客是他們的責任，如此一來，內部顧客才能妥善的服務外部顧客。研究顯示，內部顧客的士氣及動力，和外部顧客的滿意度有很大的連帶關係，本章的附錄整理了一些關於內部行銷的概念，和解析內部顧客的資料（Xavier 1996）。

表5.2　顧客分析檢核表

準則	過去	現在	未來
人口統計資料 ◆ 年齡 ◆ 教育程度 ◆ 所得 ◆ 職業 ◆ 宗教信仰 ◆ 語言			
心理圖析資料 ◆ 人格特質 ◆ 生活方式 ◆ 理念 ◆ 特徵 ◆ 教養			
他們為何購買 ◆ 購買動機 ◆ 偏好 ◆ 決策形成過程			
他們如何購買及使用 ◆ 決定品牌 ◆ 決定購買商家 ◆ 忠誠度（品牌和商家） ◆ 購買者（自己或別人） ◆ 使用習慣			
對行銷組合策略的敏感度 ◆ 對價格的敏感度 ◆ 對廣告的敏感度 ◆ 對宣傳促銷的敏感度			

本章摘要

因爲購買者是行銷活動的核心，所以了解購買者如何達成其購買決策，將會對行銷人裨益良多。至目前爲止，我們探討過許多概念來解釋消費者行爲，像是動機、信念、態度和決策形成過程。然而，並不存在任何公式化的模型或概念可以完整的解讀消費者行爲。因爲影響消費者購買決策的因素繁多，想找出一個公式化的理論簡直不切實際。有一些因素屬於外在因素，像是總體經濟的影響，行銷人透過4P或行銷組合所施的購買壓力，以及人口統計與心理圖析等買方特性。因此，行銷人必須能夠因地制宜，應用最適時適當的概念。他甚至必須進行行銷分析研究，以衡量各個產品市場的狀況；這將使行銷人能更深入了解消費者的特性及偏好。

時至今日，有關消費者的研究已經走到分工精細且複雜的時代，透過攝影機的幫助，從消費者進入一家超市到他離開爲止，行銷人甚至可以追蹤他們視線的移動。研究人員也會使用聲音分析，來找出消費者在衆多廠牌中眞正的喜好。如今已經可以請受訪者形容某一品牌，錄下他們的聲音，隨後並和他們平常的語調比對。透過這種方式，研究人員可以了解消費者對於某個品牌的熱情度。消費者行爲的領域是如此廣泛，因此將能提供給研究人員和行銷人員無限的探索機會。

附錄　內部行銷

為了更進一步研究服務管理，內部行銷因而興起，其主要內容是關於在組織內部如何應用傳統行銷的概念，以強化企業的效能。其相關的概念「內部顧客」代表假若想要提升提供給外部顧客的服務品質，其前提是必須先視公司員工為顧客。這個學說顛覆了組織內的層級金字塔，並將外部顧客置於金字塔之頂端，而內部顧客（如公司員工等）則排在第二位。這個學說更是將公司員工分為二個種類：服務顧客的員工，及服務這些員工的員工。因此公司最前線的員工，則成為後勤單位的員工、中階主管、和管理階層之內部顧客。

內部行銷的目的是，在組織中創造一種以行銷為導向，以客為尊的企業文化。在這個過程中，企業必須先遵守幾項原則：

1. 建立以客為尊的組織文化成為企業的任務之一，並且使公司每個員工（不管是行政、行銷、財務或人事部門）都能了解讓顧客滿意的重要性，並在提供讓顧客滿意的服務過程中，扮演直接或間接的角色。
2. 視公司最前線的員工為內部顧客，並維持他們高昂的士氣和動力。
3. 創造一種風氣使得和顧客接觸的員工們，覺得有責任提供最高品質的服務給顧客，且不畏懼傳達給管理階層顧客任何負面的評價。
4. 使服務提供系統（包括物流支援系統和各種程序）更有效率以配合顧客的需求，而非以自己內部作業的便利為依歸。

因而，內部行銷的概念涉及各種人力資源管理（HRM）的領域，像是激勵、領導能力、價值觀和建立共同的願景，也同樣會涉及組織結構、服務提供系統、以及各種程序等領域。所以內部行銷究竟隸屬行銷管理或行政和人事管理，其爭議仍屬未定。我們現在便來研究內部行銷概念和現今的爭議，並使用整合取向來分析這個議題。

自從行銷學的出現以來，除了市場交易外，和行銷概念相關的學說就爭議不斷。行銷學的教科書（見Kotler 1967）將行銷定義爲在任意二方之間的交易過程，而這二方可以是教堂和信徒、政治家和選民、雇主和員工等等。這樣的定義使得行銷學的應用領域，跟政治學（McGinness, *The Selling of the President*, Trident Press, New York, 1969）、教堂和慈善機構一樣廣泛。時至今日，人們已經能坦然地談論出售慈善或教育事業，就像談論販賣肥皂一樣自然。有趣的是，牽涉到從製造者至消費者之間商品或勞務之流動的活動，其概念的發展已走了一段很長的時間。

惟一的改變就是內部行銷的引進，如今這種概念已經能應用在組織的內部。現在剩下的問題就是，要行銷什麼和行銷給誰？行銷組合雖然已經廣泛使用，此處仍不夠明晰。

時至今日，行銷已被視爲組織內每個員工應一起參與運作的功能，但有些人事部門人員視行銷爲「行銷黑手黨」的精巧設計，用來維持行銷部門在組織中的優勢地位。事實上主動積極的人力資源部門員工，已經開始在組織內推銷內部行銷的願景，以強化他們本身的職權。除此之外，當行銷人還認爲這是一個創新的觀念時，人力資源部門的人員則認爲他們早就在實行這個觀念了，只是使用不同的名稱，「內部顧客」對內部行銷而言不過是老酒裝新瓶罷了。

即使在授權前線員工處理顧客的概念上，也產生過許多問題。讓前線員工對數萬元交易的案件有自主權，這是說比做容易。並非許多前線員工都能做好準備，使用這種額外的職權來處理顧客的申訴抱怨。尤其是假如牽涉的金額遠超過員工本身的薪資時，在處理時他們當然還是想得到主管的背書。因爲一有差錯，他們可能要傾家蕩產才能償還公司的損失。

除此之外，和顧客直接接觸的員工的確站在一個理想的位置，可以觀察顧客使用組織所提供的服務後有哪些正面／負面的看法。但很多員工不願意回報給管理階層顧客任何負面的看法，以避免對自己造成不良的影響。

內部行銷要使用多少行銷概念？

大多數應用內部行銷成功的範例，都只談到提升企圖心、領導能力、團隊工作和職場氣氛，這些都只單純的運用簡單的人力資源管理理論。就此看來，內部行銷眞的只是老酒裝新瓶。令我們有興趣的是內部行銷的意義絕不僅止於此，而是基本上能導致員工察覺到更大的圖像，以及對（外部）顧客提供更好的服務。因此內部行銷的概念不受部門的拘束，其理論也能促進行銷、人力資源管理、和行政部門的整合。

最受爭議的問題在於，若內部行銷扮演著企業整合的媒介，爲何稱之爲行銷。基本上，內部行銷試著要使整個組織朝向以客爲尊及市場導向發展。若顧客導向爲行銷的一部分，那麼使用內部行銷這個名稱就有部份道理，即使內部行銷也運用了許多人力資源管理的基本原理。

基本上，無論行銷或人力資源管理都是在和人打交道。由這個核心延伸，這二門學問都在處理許多諸如態度、激勵或滿意度等議題。內部行銷偏向於使組織內部的一群人，變成同一個組織內另一群人的顧客。相同的，這個概念也是利潤中心概念的另一種表達形式。一個策略性事業單位或利潤中心向另一個利潤中心採購，那前者就會自動成爲後者的顧客。但是仍舊有一個疑問縈繞在我們心頭，我們眞能把員工視爲和顧客等同嗎？

眞能把員工視爲和顧客等同嗎？

在個體方面，若是我們想將前線員工視爲等同於外部顧客，則我們還是必須注意二者的差異處。表A.1列出其中一些差異點。

有些議題，像是個別顧客滿意度和達成企業目標孰重等，在行銷學的文獻中還是爭議不斷。除此之外，組織的雇員會受機構內的規定條款所拘束，但是組織和顧客的關係則不會嚴格的被條款所限制。雖然當顧客自願走進某個組織的營業所，並接受其服務時，他們也將會受限於它的規定（舉例來說，走進麥當勞門市的顧客，不能要求服務人員到桌服務）。

另一個議題則有關組織關係。雖然組織關係在某個程度上類似於顧客關係，但前者的關係更複雜。員工之間的關係之所以較複雜，是因爲會受過去行爲和其它情境因素的影響。許多時候，人們會隱藏其眞正動機而用組織之名對付別人。當牽涉到科層組織時，人們可以使用職權與政治權謀來達成自己的目的。這種行爲並不適用於對顧客的情形。

更進一步來說，組織關係較專業化。舉例來說，就一家公司財務部門的立場看來，業務代表就是它的內部顧客。但是當業務代表出差費用的報帳收據數額不符時，財務部門並不會因爲他是內部顧客而對他較寬容。

表A.1　外部顧客和內部顧客的差異

內部顧客	外部顧客
1. 內部顧客或員工受管理階層的管轄。	1. 顧客並不會直接受控於管理階層。
2. 員工和組織有持續的關係。	2. 顧客和組織只有間斷的、交易導向的關係。
3. 員工無法隨心所欲的轉換跑道。員工回流並不受歡迎。	3. 轉換容易。顧客回流會受到歡迎。
4. 管理階層有權雇用或解雇員工。	4. 管理階層並沒有解雇顧客的權力。
5. 管理階層付錢（薪水）給員工，因此他們對員工具有某種權力。	5. 顧客是出錢者，因此對公司具有某種權力。

本書的取向

內部行銷的議題應該以整合性的角度來看。我們仍受工業時期的流毒所影響，以致於認為任何部門或任何事情都需要分工。我們如今是處在一個資訊時代，所以應該更能夠整合每件事情。

試想組織內使用電腦的變革。過去人們利用電腦來使人工作業自動化。如今人們談論的是IT導向的企業程序再造（BPR, business process reengineering）。基本上，功能導向結構化的分析方法論並無法完全發揮新IT環境的潛力。新的BPR分析方法論應該要強調數據和跨部門的程序，而且不應該受任何特殊執行細節的影響。

創造這些功能性部門，像是財務、行銷和人力資源管理，都只是為了組織內部的便利。現在我們擁有科技，所以應當打破過去各部門領域間的藩籬。今日的商業問題千頭萬緒，將這些問題硬套入各種部門的框框中，就顯得不切實際。

任何事業的最終目的都在於求生存和成長。今日環境的特色是消費者的偏好無時無刻不在改變中，國內和國際市場競爭激烈，匯率不停的變動，加上科技進步一日千里，處在這種詭譎多變的環境中，企業體無法再以部門分工的方式生存。這就是爲何全能型員工，和具有廣闊視野的經理人會如此受重視的原因。當然，內部顧客觀念的引進，能夠協助組織以整合性的角度來看待這個議題。這使得行銷人能夠了解人事人員的角色，反之亦然。

公司中的接待人員，已不再單純的視爲裝飾性花瓶的角色。在今日的組織中，接待人員可以登入主要的資料庫，藉著查詢電腦，他們也能夠回覆消費者和供應商大部分的問題。未來的辦公室將擁有一套完整的工作系統，每個員工也能藉此而成爲前線的員工。

在組織扁平化的時代中，我們正見證中階經理人的衰亡過程。藉著電腦控制系統，一個經理人同時監督一大群員工的工作已不再是夢想。除此之外，我們同時也見證了只由少於50個人所組成的小型策略性事業單位的興起。在這些工作團隊內，若想要使團隊的運作更有效率，就不可能再容許官僚組織的存在。雖然團隊中也會有一些專家，但團隊中的每一份子都應該清楚前線員工的職責。

基本上，內部顧客導向是企業爲了面對環境的挑戰而採行的許多作法之一。本來忙於區隔其工作能耐或專業領域，以圖維護自身地盤的經理人和學者專家們，在這齣已經改變的戲碼中將被迫面對現實。行銷提供了一個架構使我們了解跨部門連繫的必要性，以提供給顧客更好的服務。

內部行銷的案例研究

透過二個案例研究，我們將在本節中探討行銷、人力資源管理、和作業管理的議題的相互關聯性。在服務業的管理上，我們經常無法明確的劃分各部門，從下列的案例中可以更深刻的體會到這一點。

案例一

一家製造和行銷消費者耐久財，像是電視、攝錄機和洗衣機的大公司，邀請我去研究他們的售後服務機制。爲了簡化這個案例以符合教學需求，我們只探討電視維修的部份。

爲了了解相關的問題所在，我們第一步先選擇合適的消費者、維修工程師、物流工作人員和經理人來進行有效的面談。

和20位消費者面談之後，我們明顯發現大多數的消費者基本上都有相似的體驗。典型的消費者起先會試著將故障產品交由附近未經授權的維修站修理。當修理失敗時，他們就會向公司提出抱怨。在催了好幾次之後，公司的維修工程師一般才會在一個星期後去修理。這些維修人員不會備有修理時要用的零件，而且會要求顧客將壞掉的電視送到公司的維修站。把壞掉的電視送到公司的維修站一事，讓許多顧客感到非常困擾，因爲維修站幾乎都設在城市內較偏遠的地方（相對於迷人的產品展示場都設在購物中心或遍及全市內）。最後電視終於修好了，但是當顧客走出維修站時，他們心中都在想，爲何維修費要這麼貴（和附近的維修站比較）。

綜合所有顧客的經驗，我們可以建立一個服務圈的流程圖（見圖A.1）。隨後我們也將利用這個流程圖，來探討顧客面對售後服務人員的窘境。

緊接著，我們再舉行和維修工程師的面談。有趣的是，他們的經驗卻全然不同，而他們的說法也提供我們一些啓示。在一般的日子中，維修工程師會從辦公室收集申訴單，接著外出處理申訴案件。歷經重重艱難後，他終於找到要維修的地點，但在進到顧客房子之前，他先得面對屋主懷疑的質詢，或先受到狗的「歡迎」。實際要維修的地點可能都不在家中，而家庭主婦或家中傭人也沒辦法解釋清楚故障的情形。在大部份的案例中，可能沒有電可以修理故障（印度的停電是惡名昭彰的），因此工程師就要苦苦等到電力恢復供應時才能工作。接著工程師將會很火大的看到，故障的部份已經被未經授權的技師干擾過了。假如他手頭剛好有適合的零件（一般都不會有，因爲他根本不知道故障的性質），他就會直接把電視修好，要不然只好要求顧客把故障的電視送到維修站。把電視送到維修站的要求，通常都會引起顧客的不滿，但是即使工程師當場把產品修好，顧客還是要抱怨維修費太貴。接著維修工程師又要趕到下一個地點。根據維修工程師的經驗，我們可以建立另一個服務圈的流程圖（見圖A.2）。

第二步，我們在飯店爲所有的售後服務部門安排一個非正式的交流會。這是他們第一次看到顧客的服務圈流程圖（見圖A.1）。對顧客

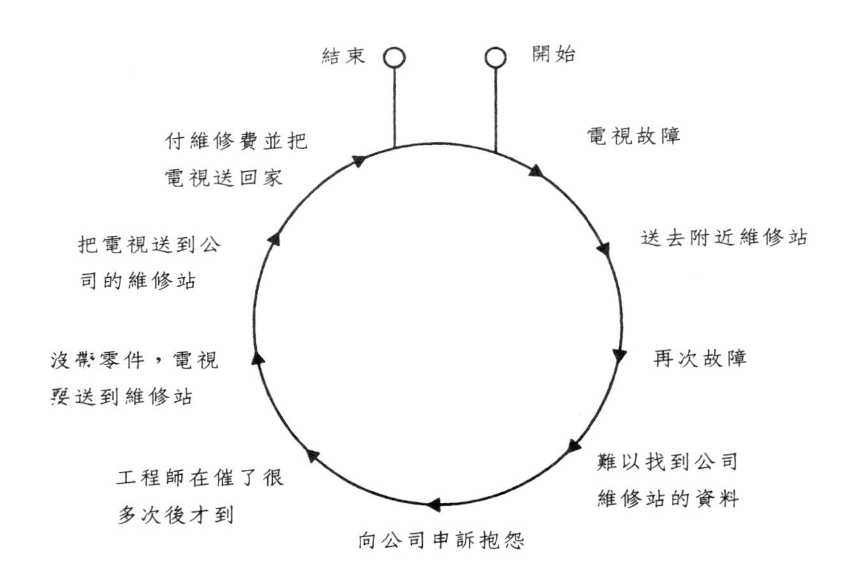

圖A.1　電視顧客的服務圈

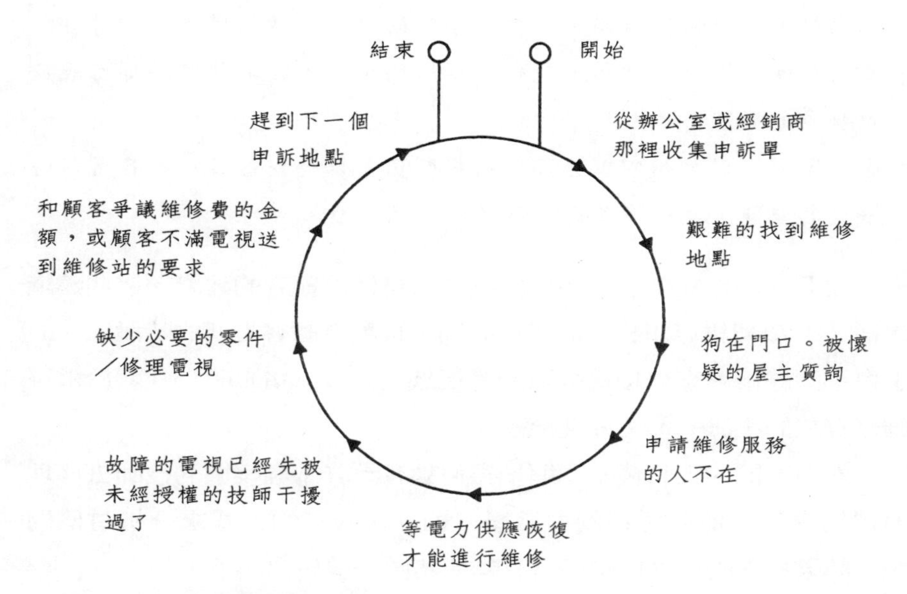

圖A.2　維修工程師的服務圈

寧可先求助於附近未經授權的維修站，而不直接到公司的維修站一事，工程師們都表達高度的關切。接著再讓部門職員看維修工程師的服務圈流程圖（見圖A.2）。展示了這二個流程圖之後，相關部門的人員開始提供他們的看法和建議，以期提升對內部和外部顧客的服務品質。下列是增進內部顧客方便性的一些建議：

1. 電話專線人員可以先向顧客請教維修地點附近的地標和走法，使維修工程師可以較容易找到地方。
2. 可以請具有一些技術知識的人接聽申訴電話，如此一來他們比較能詳細問出故障的性質。這將幫助維修工程師瞭解維修時該正確的攜帶何種零件。

3. 部門經理可以供應維修工程師一些狗餅乾，這樣他們就能應付那些看門狗。（這個建議馬上就被工程師們否決，因為他們早都已經成為馴狗的專家了！）
4. 管理階層可以和州內電力部門打好關係，以得到每日市內各處何時限電的資訊，並將這些資訊傳送給維修工程師。

他們同時也提供了一些如何改善服務外部顧客的建議。這些建議包括（i）改變維修工程師的工作時間，以配合顧客方便的時段，（ii）引進小型維修專車來接送故障的電視機，以及（iii）印一些關於電視維修資訊的小冊子，並分發給顧客。

然而部門的人仍舊不了解，爲何顧客允許未經授權的技師去修理他們的電視。他們透過腦力激盪（why-why）的方式來分析這個問題，結果找出的一些理由相當有趣。其中一些理由如下：

1. 顧客認為公司的服務，總是比離近服務站的服務來得貴。
2. 顧客和公司的電話服務人員溝通上有語言障礙，因為那些服務人員都說英文。
3. 許多顧客甚至不知道公司有售後服務機制。
4. 公司的服務站都離主要城市相當遠。

經由這些觀察，我們繪製出一個完整的腦力激盪分析圖（見圖A.3）。

了解了成因之後，我們再使用腦力激盪的方式想辦法來對抗這些惱人的阻礙。最後找出的解決方案包括（i）增設維修站，（ii）引進可移動的維修專車，（iii）在用方言的媒體上廣告，（iv）印製用方言編製的使用者手冊，以及（v）建立顧客資料庫，並直接以郵件遞送的方式和顧客聯絡。以上幾點摘要成一個解決方案（how-how）分析圖（見圖

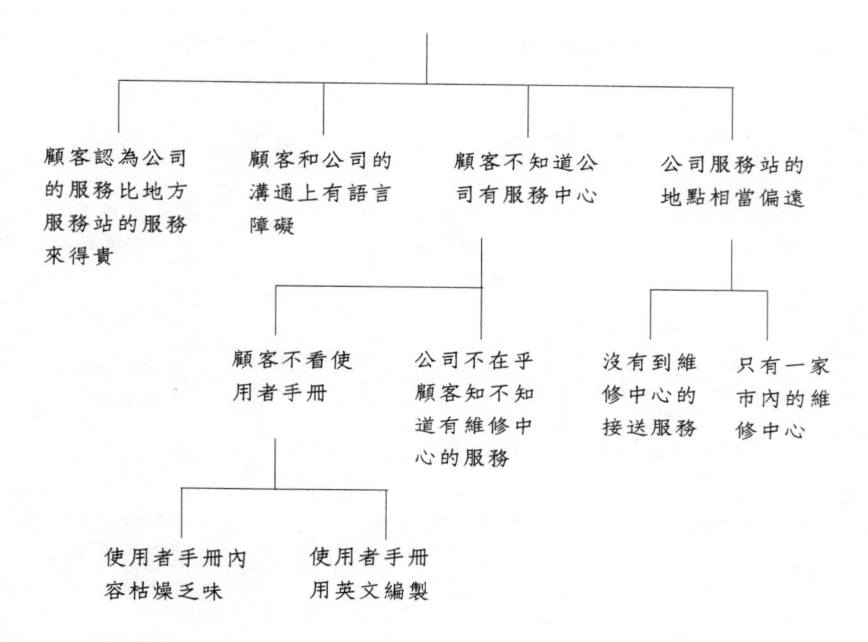

圖A.3　腦力激盪（why-why）分析圖

A.4）。

從圖A.4，我們可以發現公司的送貨系統、前線員工、物流職員、和售後服務政策之間的聯結。

案例二

第二個內部行銷的研究是關於一個公營銀行的案例。這個研究的主要任務，是要找出為何一個新設計的消費者耐久財融資計劃，申請使用率不高的原因。我使用暗中查帳（Ghost audit），或偽裝購買顧客（mystery customer-shopping）的方式加以研究。調查人員拜訪許多銀行的分行，並偽裝要申請汽車貸款來購買新車。前線的櫃檯人員根本

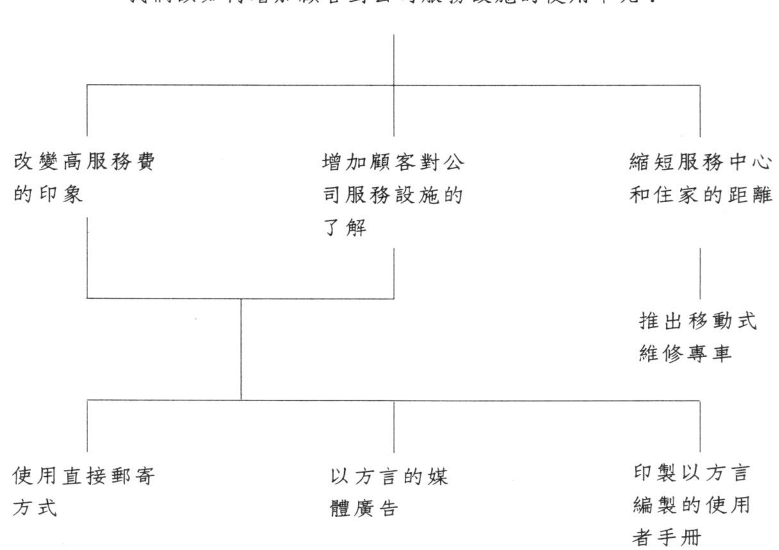

圖A.4　解決方案（how-how）分析圖

完全不知道他們的銀行提供這項服務。偶爾幾次詢問分行經理後，我們才發現他們對推廣這個融資計劃一點也不感興趣，因為對個人授信的貸款回收不易。

銀行早就印許多說明資料，並將資料寄到這些分行手中。分行的經理也早就把這些說明書丟到垃圾桶內。因此在這個案例中，前線職員並不是問題主因，因為他們甚至未被告知這個計劃的存在。主要的問題發生在分行經理身上，他們並不願意冒這種風險。管理階層也要負一部份的責任。因為他們對分行經理執行一個不適當的績效考核制度，這個制度過份強調吸收存款，而非重視資金的有效運用或獲利能力。

所以銀行對分行經理做了一番職位調動，並修改績效考核制度。隨後分行開始採行利潤中心制，並在諮詢了各分行的員工之後，對各分行依照各種不同的計劃之執行進度訂定個別的目標。

這個案例清楚的顯示，分行的營運在功能上不受企業之行銷目標的拘束。人力資源管理部門藉著導入新設計的考核制度，來達成企業整合內部的目的。

學習到的教訓

內部行銷這個新觀念，突顯出激勵前線員工的士氣和企圖心之重要性。這個概念同時也幫助企業了解持續提昇內部系統及其程序的必要性，這樣才能提供給外部顧客持續改進的服務品質。內部行銷之於服務品質，就像全面品管之於產品品質。總之，在最終分析上早已不辨自明地指出，只有「人」才能達成目標。

為了要在今日詭譎多變的商業環境中生存，企業必須戒掉硬將行銷、人力資源管理等功能分成各部門的習慣，因為這種做法不啻是當船正在下沈時，人們卻忙著修理引擎的噪音一樣。

企業不應該將精力專注在處理各部門間或各階層間的磨擦。設立這些專業化部門主要是為了增進營運效率，而不是為了證明組織中某人比其它人更優越。為了要在今日詭譎多變的商業環境中生存，眞正重要的是要有能力在外在的環境中找出威脅和機會，並做出有效的回應。

行銷人之內部行銷檢核表

檢查下列問題的答案，有助於了解組織實行了多少內部行銷的概念。

1. 在組織的精神標語中，有談到消費者或市場導向嗎？
2. 行銷部門的人員是否真的相信為了組織的生存和成長，消費者導向是不可或缺的？
3. 其它部門的員工，像是製造、財務和人事部門，真的了解消費者導向的重要性？
4. 在行銷部門中，每個員工的工作說明書是否包括使顧客滿意的任務呢？
5. 在其它部門中，每個員工的工作說明書是否包括（不管直接或間接）使顧客滿意的任務呢？
6. 組織是否視前線員工為英雄？
7. 前線員工是否感覺到自己被授權要提供給顧客更高品質的服務呢？
8. 前線員工是否覺得，即使向管理階層反應顧客負面的看法也沒關係？
9. 組織機構是否有流暢有效率的服務提供系統（包含物流系統和程序），並能在不以自己內部的便利為主要考量下，滿足顧客的需求？
10. 各部門間的磨擦是否會因為每個部門都掛念著顧客的權益而解決，而不是受到個人人格的影響？

若是上述問題中有超過八題的答案是肯定的，那麼該公司是眞正在落實內部行銷。若有六到八題的答案爲肯定，這也算是好成績。若只有四到六題的答案爲肯定，那麼該公司還有很大的進步空間。若肯定答案少於四題，那代表該公司內部行銷的實務不佳。

第六章

評估競爭者的能力

在商場上使用策略不下於打一場戰爭。在商場上，「敵人」就是競爭者，而「行銷將軍／主管」的角色則是要從競爭者手中佔領市場領土。充份了解競爭的嚴酷本質及敵人可能採行的行動，是行銷將軍獲得勝利的關鍵。

迦太戰役的教訓

藉由參考紀元前216年的迦太（Cannae）戰役的過程，我們能夠更了解如何運用策略性思維來戰勝比自己強大的敵人。漢尼拔（Hannibal）是一個偉大的迦太基大將，他策略性地佈署己方較弱勢的軍隊，因而能以寡敵衆，戰勝由羅馬將軍瓦羅（Varro）所領軍的強勢武力。

當漢尼拔帶著他的二萬個士兵和二千個騎兵下紮在奧提達斯河畔時，他被瓦羅所領軍的七萬個強大的步兵和二千個騎兵所包圍。同時瓦羅所佔的地勢非常有利，因爲他的軍隊在山丘上，從山丘上往下攻擊具有優勢。另一個瓦羅所佔的優勢就是奧提達斯河正處於氾濫期，這個自然現象使得漢尼拔根本不可能逃脫。因此在戰役的第一階段（見圖6.1）是瓦羅佔優勢。

另一方面，漢尼拔對瓦羅軍隊的組成分子知之甚詳。他知道自己

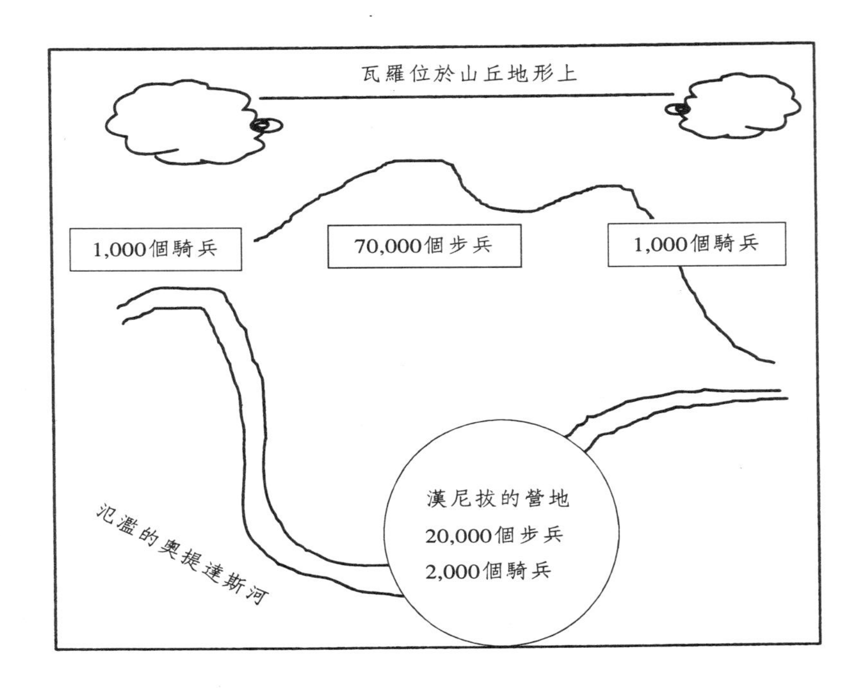

圖6.1　迦太戰役—第一階段（瓦羅掌控局面）

毫無機會打敗瓦羅的步兵團，因為對方人數超過自己五萬人。因此他將自己的步兵佈署成馬蹄型（相較於瓦羅的步兵佈署成傳統的矩形陣式），使得他的軍容看來較為浩大。漢尼拔惟一的希望放在他的騎兵團，因為二者的數目較為接近。在知道瓦羅左右翼佈署同等數目的情況下，漢尼拔決定微幅增加右翼的人數。（見圖6.2的第二階段）

圖6.3（a）的第三階段描繪出攻擊戰線。當漢尼拔的騎兵在右翼擊敗瓦羅人數較少的騎兵團時，步兵團被命令要撤退。瓦羅的步兵團覺得漢尼拔的的撤退顯然是表示接受自己戰敗的意思，因此步兵們就

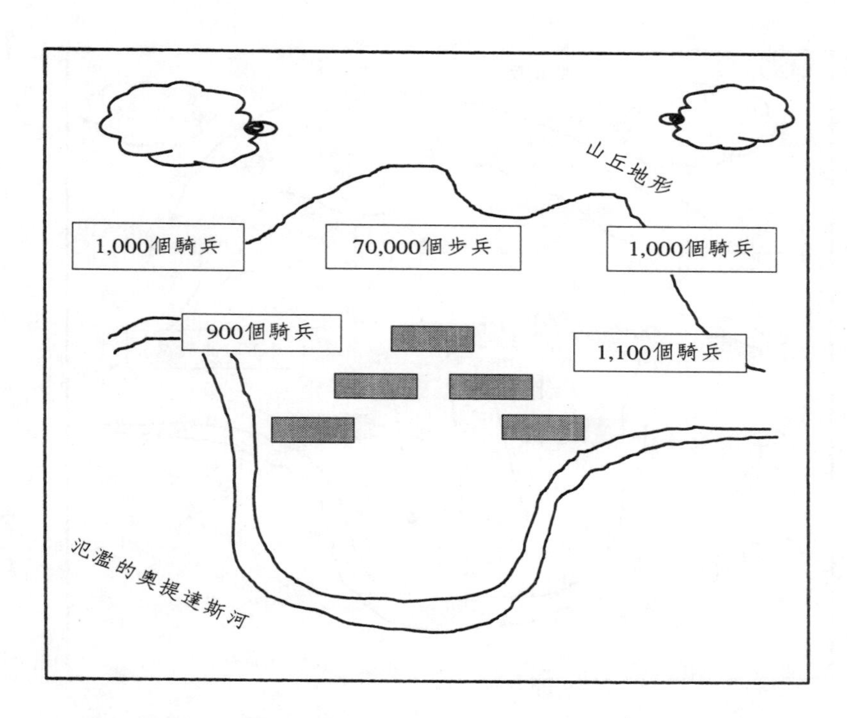

圖 6.2　迦太戰役—第二階段

急忙的衝下山坡。此時漢尼拔的右翼騎兵剛打敗瓦羅的騎兵團，他們急忙衝向左翼以支援還在勉強苦苦支撐的左翼軍隊。漢尼拔左右二翼騎兵團一會合，輕易的就打敗了瓦羅的騎兵團，並隨後包圍步兵，如**圖6.3（b）**所示。瓦羅的步兵團被四面包圍，漢尼拔的騎兵團更是層層逼近，以致於瓦羅的步兵們甚至沒有足夠的空間來揮動他們的長劍。

翻開商業史，我們可以找出無數像迦太之戰一樣驚心動魄的戰役。當Canon想要在影印機市場和全錄公司（Xerox）一爭長短時，它

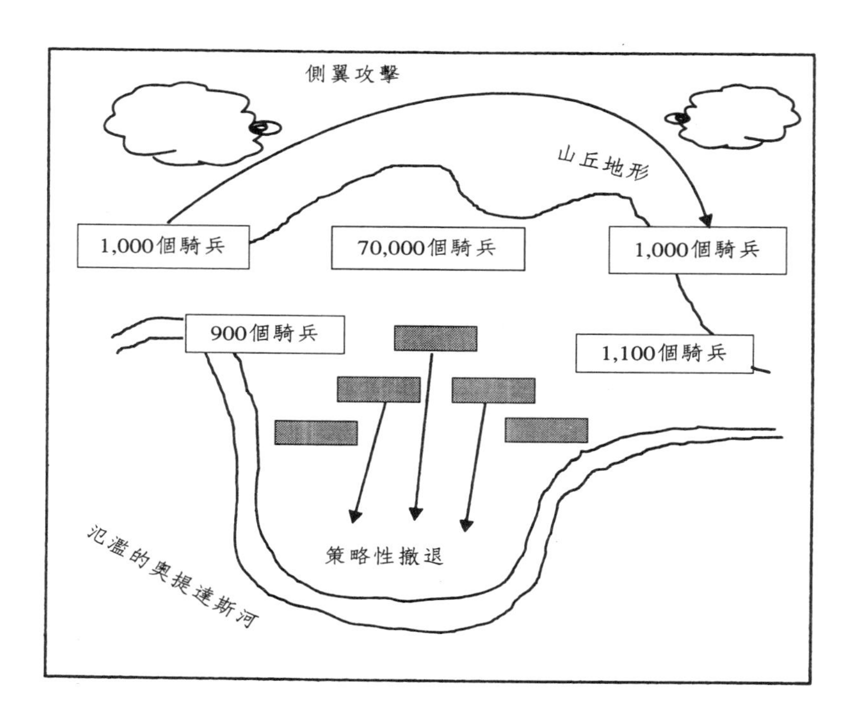

圖6.3（a） 迦太戰役—第三階段

並沒有攻擊被全錄完全佔領的大尺寸影印機市場，卻反而選擇推出較小的影印機型。這些機型輕薄短小，讓執行長能在自己辦公室內輕易的操作。因此當小型影印機普及後，公司們也開始購買Canon所出品的大型影印機。全錄的大型影印機市場因而萎縮。當然全錄公司也不甘示弱，馬上藉著品質提升專案反擊。

我們可以從迦太戰役中得到幾個教訓。第一，策略性思考可以使我們以寡擊眾。第二，得到精確的情報對於獲得勝利非常重要。第三，必須攻擊敵人的弱點或發揮自己的長處。

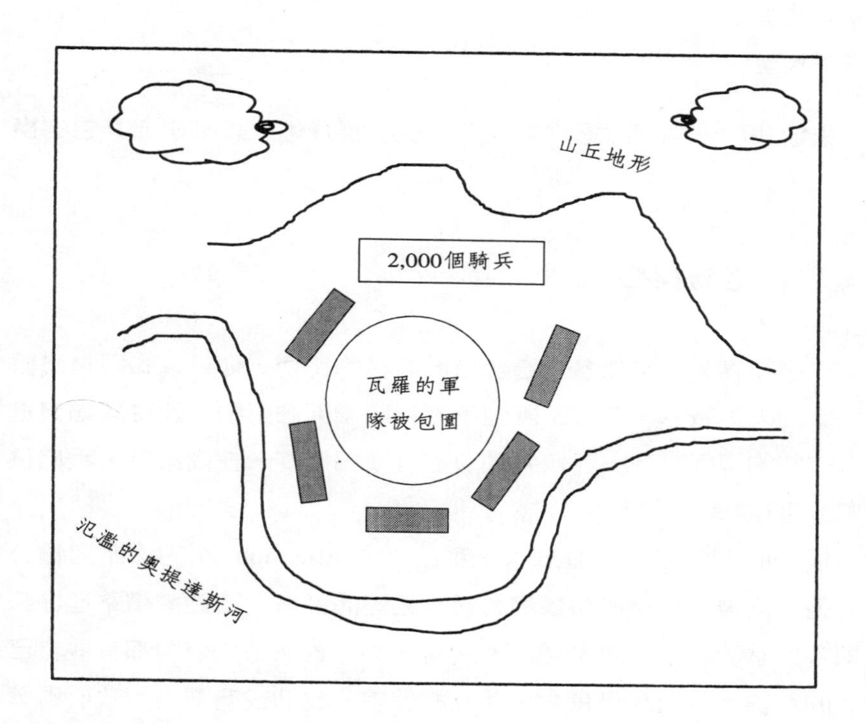

圖6.3（b） 迦太戰役—第三階段（漢尼拔戰勝）

不同的競爭模型

我們可以藉著各種模型來研究競爭，如同下面所列：

1. 遊戲或運動模型
2. 生命模型
3. 生物模型

4. 戰爭模型
5. 經濟模型

先前我們已經探討過戰爭模型，現在讓我們來詳細研究其它的模型。

遊戲或運動模型

在運動界，你可以參加適合自己等級的比賽。你可以和跟自己體格相當的人對戰。一個業餘團體不會和職業團體對戰。比賽該如何進行有完整的規則可循，而裁判則會監督整場比賽。在商業界，我們很少處於這種狀況。

惟一的例外或許是位於答米那度（Tamilnadu）州的鐵路運輸公司。整個州被分爲幾個市場潛力幾乎相等的區域，而幾家鐵路運輸公司則各自掌管其中一塊區域。理所當然的，雖然每家公司都有些自己特有的路線，公司間仍舊會彼此互相競爭。整個競賽都由州政府監管及裁判。

生命模型

傳統的行銷學理論以產品的生命週期來探討產業的競爭。當一種新產品進入市場時，是以獨佔的情況開始。當產品走入成長期時，許多競爭者也開始想分一杯羹。當產業成熟時，競爭開始白熱化並出現許多低佔有率的利基廠商。當產品步入衰退期時，競爭壓力再一次的舒緩，因爲許多公司開始從市場撤離。**圖6.4**繪出這幾個不同的階段。

一項產品在其導入期及成熟期時陣亡率會較高。導入期就像是嬰兒正處於長牙的時期。在成熟期中，年紀的增長使得生命走向尾端。同樣的模型也可以應用在公司上。

產品的壽命會隨著產品種類的不同而有差異。大部份電子產品的壽命會比電機或機械產品來得短。在現實中，許多市場最終會演變成一個市場領導者，幾個市場挑戰者，幾個市場跟隨者和許多利基小廠的狀況。舉例來說，在牙膏市場上，高露潔是領導者，Promise和Close-Up是挑戰者，Cibaca和Forehans爲跟隨者，而Vicco、Neem等品牌則是利基參與者。

布羅（Buzzell, 1981）摘要了在不同研究的假說中（見表6.1），成熟期的市場結構。第一個研究是由美國麻州劍橋區的策略規劃協會所提出，即衆所皆知的PIMS（市場策略對利潤的衝擊）研究。這個研究是建立在對幾個產業的實際觀察資料上。第二個研究則是柯特勒所提出的假說，第三個則是由遠近馳名的波士頓顧問團（BCG）所提

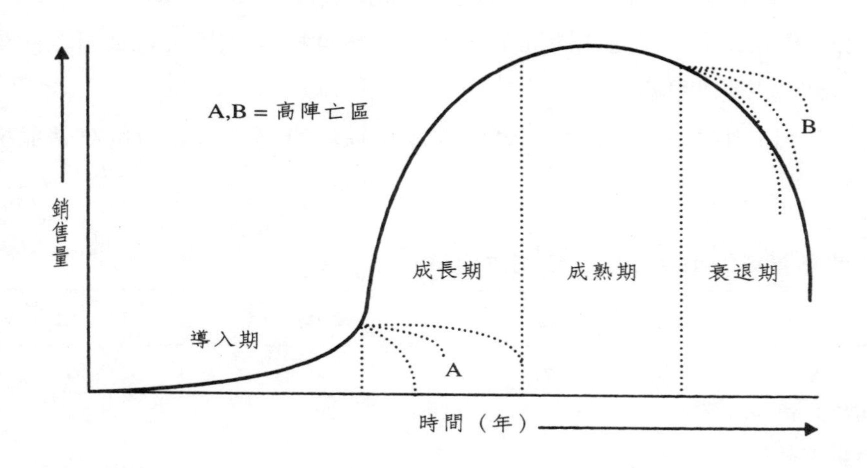

圖6.4　生命模型

出的成果。

當產品透過修正行銷組合的方式重新推出，或當一家公司發現新市場時，產品就會得到新生。舉例來說，傳統上當北美市場邁入成熟期時，消費產品將會被銷往歐洲，再到亞洲和其它地區（見圖6.5）。像漢堡及可樂等產品現在已經銷往第三世界國家，因爲已開發國家的市場已經面臨飽合。

生物模型

生物模型假設資源有限，而能有效率地轉化資源的「企業動物」才能久遠生存。市場的產業資源包括配銷通路、供應商、資本、及員工來源。這些資源全都有限，由競爭者各自分享不同的數量。只要哪家公司有能力將資源壟斷或剝削殆盡，就能在市場上得到勝利。印度市場新進者常面對的最大障礙之一就是如何得到通路。舉例來說，消費者產品的配銷通路就是被少數幾家廠商壟斷，像是HUU、寶鹼公司及高德瑞公司。在這種情況下，許多公司會和勢力龐大的公司進行策略聯盟以得到配銷通路。

今日的軟體公司也面臨資訊人才短缺的窘境。有能力付高薪並提

表6.1　成熟產業的市場結構（市場佔有率）

	PIMS	Kotler	BCG
市場領導者	32.7	40	50
市場挑戰者	18.8	30	25
市場跟隨者	11.6	20	15
市場利基者	6.9	10	10

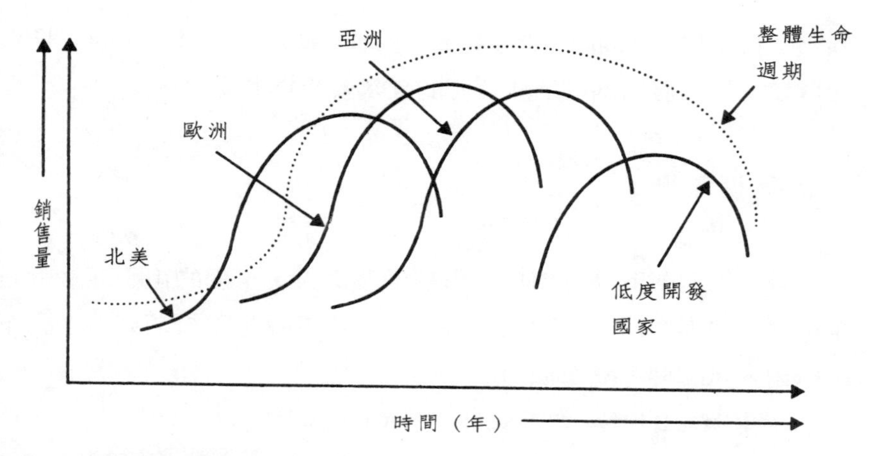

圖6.5　全球產品生命週期

供良好工作環境的公司，才有能力吸引適合的菁英人才。然而，這並不代表只有像微軟那樣的大公司才能夠生存。何況像IBM那樣的資訊界恐龍也曾一度面臨困境，反而像蟑螂一樣的小公司能夠倖存。

理論上來說，只有適者才能生存。當環境愈來愈動盪，只有能夠最迅速適應變化的公司才能生存。

和生物模型相關的一個重要理論就是進化論。因爲競爭壓力之故，舊產品會進化成新產品。從煙管至雪茄，煙草產業已經進化到香煙（無濾嘴）、大尺寸濾嘴、低焦油和無尼丁古導向的香煙。市場進化包含消費者品味的提升、新通路、以及諸如此類的變化。事實上，市場進化和產品進化之間息息相關。市場需求驅使公司發展新產品，然後同樣的新產品再誘出新的消費者偏好。

生物模型和商業現實有一個基本差異是，生物競爭是自然發生，依滿足需求的程度而定；而商業競爭反映著有意識的策略擬定及規劃。一隻蛇或一隻獅子在已經有了足夠食物之後，就不會再傷害任何其它生物。另一方面，人類或公司永遠不會滿足於現狀。結果是人類的貪婪及無止盡的剝削造成資源的耗竭及市場的滅絕。

戰爭模型

戰爭模型對商業界造成的影響最爲重大。早期的組織理論就是由軍事原理演進而來的。除此之外，第二次世界大戰後期見證了許多軍事將領大量的轉戰商業機構。

軍事策略的最基本型式爲：（1）防衛作戰、（2）進攻作戰、（3）側面攻擊、和（4）游擊戰。雷氏和多特（Ries and Trout, 1986）曾經歸納這些策略的指導原則和原理，其內容如Box6.1所示。

Box 6.1　行銷戰的原則

防衛戰的原則

1. 只有市場領導者需要考慮進行防衛
2. 最佳的防衛策略是有向自己挑戰的勇氣
3. 永遠記得要去封鎖強大的競爭性行動

攻擊戰的原則

1. 惟一的考量是領導者之地位的強度
2. 找出領導者的弱點並針對弱點攻擊
3. 攻擊戰線儘量不要拉得太長

側面攻擊的原則

1. 有利的側面攻擊必須要在不佔下風的領域中展開
2. 計劃中最重要的重點是戰術必須出奇不意

3. 乘勝追擊和攻擊本身同樣重要

游擊戰的原則

1. 找出市場上夠小且能防禦的一塊區隔
2. 不論你得到何種勝利，永遠不要表現得像個領導者
3. 永遠準備暫時撤離眾人注目的焦點

防衛戰術通常都是由擁有市場領導地位的公司所採用。這些市場領導者不斷的受到市場挑戰者的威脅。最好的防衛方式就是開發一個創新的策略。在這種理論下，領導廠商拒絕滿足於現況，並透過新產品創新、顧客服務、通路改革和縮減成本的方式來領導整個產業。領導廠商也經常面對非常積極的挑戰者，這些挑戰者常會做出快速又直接的反應。在這種情況下，領導廠商可以藉由參與一場花費龐大，對手無法負荷的的促銷戰來應付挑戰。而市場上就會出現一場價格戰。

通常是在產業中排行第二、第三或甚至更低順位的廠商會使用攻擊戰術。這些廠商攻擊市場領導者和其它競爭者，以求得到更高的市場佔有率。這種挑戰最常發生在那些高固定成本、高存貨成本和主要需求停滯的產業。敵方軍隊的最強之處就是在它預期將被攻擊之處。所以攻擊戰術主的要原則，就是集中優勢去攻擊對方的痛腳。

先前所探討的迦太戰役就是側面攻擊的一個絕佳範例。當瓦羅想要藉著自己的七萬步兵（這是他的優勢）來得到勝利時，漢尼拔卻利用自己的騎兵團雙翼夾擊瓦羅的騎兵。所以這就是針對自己不是佔下風的領域出奇不意的攻擊。Canon同樣也利用它的小型影印機來攻擊全錄，而這種火力集中的做法甚至還使它在大型影印機市場上贏得勝利。

游擊戰通常爲市場侵略者所採用，尤其是那些規模較小、資本較低的廠商。這是在不同的領域上，斷斷續續的對敵人進行小規模的攻擊，目的在於騷擾對手並削弱對方的銳氣。下列摘自毛澤東語錄中的一段話，就適當的表達出游擊戰的原則：「當敵人進攻時，我們就撤退。當敵人紮營時，我們就去騷擾。當敵人疲倦時，我們就攻擊。當敵人撤退時，我們就追擊。」

一般來說，游擊戰是廠商以小擊大時才會採用。因爲缺乏進行正面攻擊或甚至是有效側面攻擊的能力，小廠商會在對手市場的一個隨機領域中，挑起一連串的短期促銷和價格攻擊以削弱對手的力量。

經濟模型

根據經濟學原理，市場首先是獨佔狀態，接著變成寡佔，而最終會走向完全競爭。經濟學文獻上詳盡的記載廠商在不同的市場狀況下的表現。但在現實生活中，也發生過許多背離這些基本原則的案例。

產業經濟學家將產業體系分爲專業化產業（Specialized business）、大宗產業（Volumn business）、零碎產業（Fragmented business）和僵局產業（Stalemated business）。這個歸類利用二項因素做爲分類基礎，分別是在特定的產業中，優勢的潛在規模和達到（比較）優勢可採行的做法之數量。一個產業若其優勢的潛在規模很大，且達成優勢的方法很多，則稱爲專業化產業。表6.2顯示分類的架構。

大部份的消費產品被被歸屬爲專業化產業。在這種產業體系中，整個市場被少數幾個大型參與者佔領。值得注意的是，利基參與者也夾雜在大型參與者間。領導者佔有約八成的市場，而其餘的市場則由利基小廠瓜分。

像是基礎化學產品（例如苛性鈉）和產業的原料等大宗消費產品，都落入大宗產業的類別中。在這種產業體系下，廠商的市場佔有率愈高，所得到的利潤也愈高。因此規模就是最大的競爭優勢，因爲對所有競爭者來說，成本就是最重要的因素。

若是產業裡有許多小規模的參與者，而最大參與者的市場佔有率也小於一成，則這種產業就稱爲零碎產業。在這種產業中，規模並不保證會得到較高的優勢。當然，產業也可以採用創新的做法來打破這種零碎的局面。

波特的五力（Five-force）模型

波特（1980）提出了一套五力模型來分析產業內的競爭。其中這五力包括：（1）目前競爭者之間的競爭熱度，（2）潛在新進者的威脅，（3）替代品的威脅，（4）供應商的議價能力，和（5）買方的議價能力（見圖6.6）。

競爭者衆、產業成長緩慢、高固定投資成本、低產品差異化、和高市場退出障礙，都會壓縮產業的獲利性並增加競爭者之間的競爭熱度。

新進者　　在一個產業中，新進者代表對現存廠商的一種威脅。此項

表6.2　根據競爭環境來分類產業

優勢的潛在規模		達成優勢之方法的數量	
		少	多
	大	大宗產業	專業化產業
	小	僵局產業	零碎產業

威脅可經由產業的進入障礙，和現存廠商可能採行的報復行為來加以舒緩。進入障礙的造成主要有六種來源：（i）規模經濟，（ii）產品差異化，（iii）最低資本要求，（iv）買方的轉換成本，（v）配銷通路的掌控，和（vi）絕對成本優勢。

供應商　　供應商對產業獲利性所造成的衝擊，決定於它們與產業參與者議價能力的高低。下列情況會造成供應商有強大的議價能力：（i）供應商團體比買方團體還團結，（ii）供應商團體提供給買方團體的產品並無替代品，（iii）買方團體不是供應商團體的主要顧客，（iv）供應商團體提供的產品，是買方團體所提供產品中的一項重要

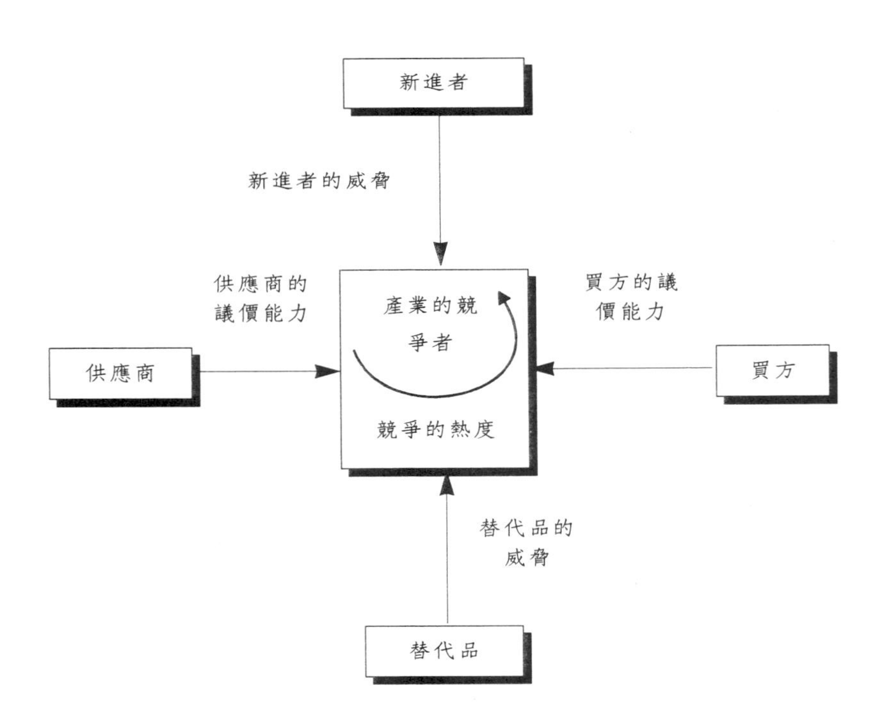

圖6.6　波特的五力模型

原料，（v）供應商團體的產品具有差異性，以致於買方團體無法使供應商團體之間彼此競爭，及（vi）供應商團體可以往下游整合成買方團體。

買方　　買方的影響力大小端視幾項因素而定，包括：（i）買方的數目，及產業中買方購買的數量，（ii）產業提供給買方的產品差異性，（iii）買方的潛在獲利能力，（iv）買方向後整合進入產業的威脅，（v）產業的產品對買方的重要性，和（vi）買方對最終消費者的影響力。

替代品　　製造替代產品的產業可能會妨礙另一個產業體系的利潤。替代產品會壓縮產業利潤是替代產品：（i）類似產業所提供的產品，（ii）提供給他們的買方更有利的價格／服務，及（iii）提供給它們的製造商更高的邊際利潤。

利用某些準則，我們可以將產業內的公司區分為各種策略性族群（Strategic Groups）。舉例來說，在肥料產業中使用天然氣的工廠和使用石油腦的工廠，就形成二個不同的族群。在牙膏市場上，那些製造化學合成牙膏的廠商，和製造藥用／草本牙膏的廠商就形成相異的族群。這種歸類方式會根據一個或數個因素，像是產品差異化、垂直整合的程度、領導者／跟隨者的分類、投資、工廠規模、和地理範圍。我們經常利用二向度分析圖來確認策略性族群。不同的族群會有不同程度的競爭壓力和獲利能力。

價值鏈分析

價值鏈是另一項由波特（1985）發揚光大的工具，可以用來進行競爭者分析。價值鏈就是一組由一家公司所表現出來的相關聯活動，用以創造、支援和遞送其產品。如圖6.7所示，這個概念告訴我們，一家公司的活動可以區分爲二種，其中之一由五類主要活動所組成，另一種則包含四類支援性活動。只要一家公司所創造出來的價值，大於其活動的成本時，公司就能夠獲利。

主要活動包含對內物流、生產作業、對外物流、行銷及銷售、以及售後服務。這些活動都表現在產品的實體創造、通路和行銷、及售後服務上。而支援性活動包含基礎建設、人力資源管理、科技發展、以及協助主要活動能順利進行的其它形式投入。

競爭優勢

如同述，價值鏈提供基礎使我們能評估一家公司的競爭優勢。一家公司對市場、自己的獨特能耐、和資源佈署模式之選擇會造成競爭優勢。在每個市場上，一家公司須和其它公司競爭。公司之所以能夠和對手競爭，是因爲它所能提供產品的價值，和遞送產品至顧客手中的成本相較於競爭者具有相對優勢。讓我們來看嗒嗒茶公司的案例。嗒嗒茶公司所擁有的優勢就是它能夠掌控茶園，這個優勢使得它能夠控制市場上大宗茶葉的供給。另一方面布魯克公司（Brooke Bond）

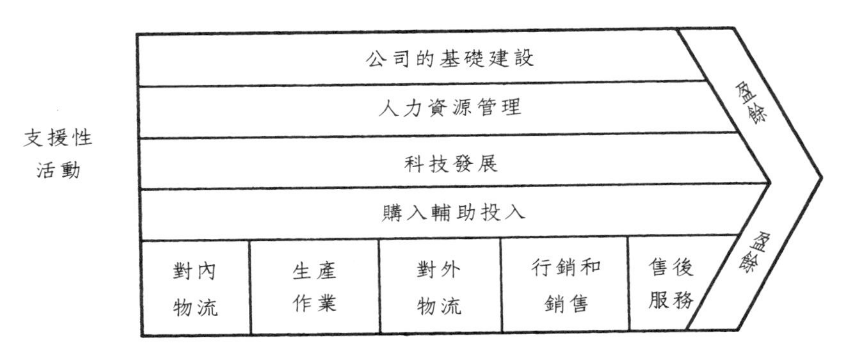

圖6.7　一般性價值鏈的組成

則支配茶葉品牌行銷的領域。因此嗒嗒茶必須在價值鏈中提升，才能有效的和布魯克公司競爭。嗒嗒茶公司藉著銷售塑膠包裝的茶，並將自己定位為「新鮮茶園」的策略來達到這個目的。除此之外它還和泰德利公司結盟以進入國際市場。

公司的競爭優勢基本上必須轉化成一些具體利益，來傳達給最終消費者。除此之外，競爭優勢應該能長久保持，也就是使競爭者無法容易模仿。優勢可能來自於資源或能力（capabilities）。資源可能容易得到，但是能力卻不容易模仿。一般來說，能力代表在某種環境下，一家公司內的人員所具有的技術與知識。根據列彼勒（Czepiel, 1992）所述，競爭優勢能使一家公司做到下列幾點：

1. 公司可以提供高於競爭者的產品績效利益。
2. 公司可以用低於競爭者的價格，提供和競爭者同級產品相同的績效利益。

簡單說，只有在滿足下列三種條件（Kerin et al. 1990），競爭優勢才能成為一種有意義的策略：

1. 比較競爭者的產品之後，消費者能察覺到公司產品的重要屬性有一致性的差異。
2. 重要屬性的不同，是公司和競爭者之能力差距的直接結果。
3. 重要屬性的不同和能力差距預期皆能長期維持。

全球化競爭

市場全球化的造成源於某些因素，諸如科技的發展、封閉的市場逐漸開放（像是中國和蘇聯）、消費者需求逐漸一致、全世界的旅遊增加、透過衛星電視能接觸到各國產品、以及國家間的經濟整合。

因為這些因素，許多像是汽車業、摩托車業、航空業、軍事設備、通訊業、和電子業等的產業都變成全球化產業。這種公司在全球各地製造和行銷它們的產品。自由世界的每個市場現在幾乎都已經被外國競爭者滲透。

事實上，並非只有大公司才能全球化。許多小公司也正在進行全球化，以開發利基（niche）市場。一家名為克北蘭多（Core Parentals）的印度公司，在全球許多地方銷售靜脈（IV）液體，並且也在國外建立許多製造設備。這次的競賽叫做專業化和放眼全球的能力。

波特（1990）所提出的競爭優勢理論，談到不同國家在不同產業有競爭優勢。舉例來說，日本支配電子業、意大利是珠寶業，而美國則是軟體業，這個現象就可以使用這個模型來解釋。基本上，波特注意到，這種公司都會聚集在一個特定的地理範圍內。

我們可以藉由研究位於席瓦卡斯（Sivakasi）的產業之成功，來了解地理集中的概念。席瓦卡斯位於達美那都的南部。此地乾燥的氣候和低廉的勞力，一開始塑造了煙火業和火柴業的發展。為了要替這些火柴工廠印製標籤，印刷業也隨後興起。現在席瓦卡斯已經變成了印刷中心，並供給國內超過五成的印刷需求。下一步則是成立印刷墨水工廠來支援印刷業。除此之外，為了要迎合火柴工廠和煙火工廠對原料的需求，許多製造氯化鉀、紅燐、鋁粉等化學產品的化工廠也慢慢出現。後來席瓦卡斯也開始出口火柴和煙火。

許多要素會帶來高水準的創新，而創新隨後會促使品質以最低的成本達到全球化標準，這些要素包括：（i）廠商的策略、結構和競爭態勢，（ii）相關產業和支援產業的發展，（iii）有利的條件，像是土地、勞力品質、原料等，和（iv）高需求的消費者。（請參考圖

6.8）

我們可以發現家禽養殖業都群聚在普納地區和海德拉般地區，紡織業以及其附屬產業則在瓜加拉特、絲織品業在坎奇布拉、巴拉那、滿蘇和喀什米爾等地區。這些聚落的特色在於，因為公司間的競爭導致它們持續創新，並能夠生產出比散落在國內各地的同類公司所生產的產品品質更好。雖然創新會馬上被其它公司模仿，但是會使公司有想像力，及找尋成本控制和提升價值的新點子。

雖然這些聚落由許多小型事業單位所組成，但是在對經銷商和中間商爭取價格條件和折扣方面，這些小單位團結起來就能夠在市場上發揮極大的影響力。在購買原料方面，它們能享有理論上大型組織才能享有的利益；它們能夠形成聯盟並大批採購，這樣一來它們就擁有議價能力。這些小單位同時也變成勞動力的訓練場所，因為小公司之間的高流動力使得訓練成本由許多公司分攤，所以勞動力對這些小公司來說變得相對較便宜。在支援性產業和支援服務的發展方面，這些

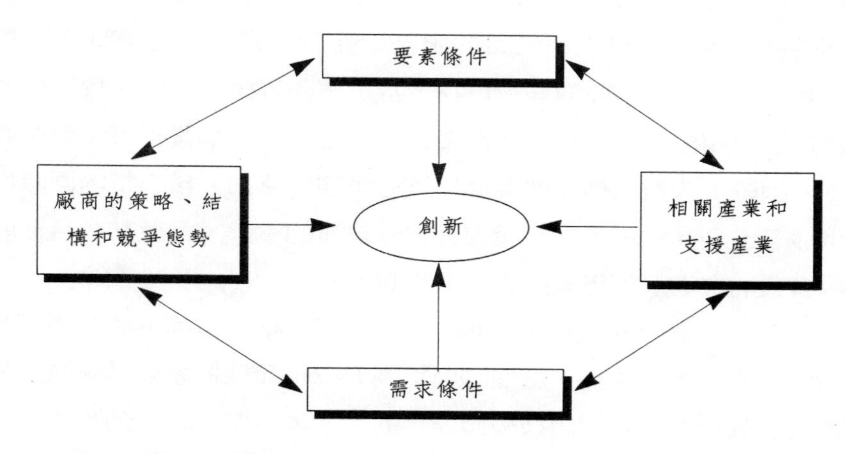

圖6.8 國家的競爭優勢

聚落也比散佈在國內各地的同類公司來得有利。

當事業單位開始生產超過當地所能夠吸收的產量時，它們會擴充並成爲全國性的經營者，而接下來就成爲國際市場的參與者。這就是爲什麼我們會發現達美那都內的一個小鎮－提那浦鎮，能夠在國際內衣市場上大展雄威。

透過資訊科技競爭

在現今的市場上，資訊科技正爲其使用者創造比較優勢，並因而改變控制產業競爭之力量的均衡。小公司可以聚在一起並形成一個電子網路，以得到原來大公司才能享有的優勢。讓我們來研究核心集團（Intercore Group）（Narus and Anderson 1996）的案例，它是一個由四個美國醫療工具通路商一起創設的國際集團，這四個通路商Excel 2000 Machine Tools、Mehtods Machinery Company、Machine-tool Corporation、和Wing&Jabaay都曾遭遇過一些經營上的難題，包括如何適時提供產品、提供高品質的服務、從主要顧客手上得到大型標單、和如何出售二手設備等。現在，當這個國際集團的成員發現一個自己無法單獨操控的機會，或需要提供技術諮詢，卻沒有可派遣的客服工程師時，公司的經理就會尋求核心集團的協助。核心集團同時也提供成員進入其它成員二手設備存貨資料庫的權限，並使其成員都能在較廣大的市場上出售自己的二手設備。

每個成員都會派遣一、二名客服工程師至核心集團，並由成員的一名主管充當營運首長。這個國際集團同時也和機器設備供應商及最終使用者維持連繫、行銷技術服務合約、派遣客服工程師到需要的地方、寄送發票給顧客、和收款。集團並藉由發放股東股利來分配利潤。所有這一切都因爲公司之間能透過資訊科技來連線而變成事實。

像是美國華爾百貨公司（Walmart）之類的連鎖商店，都因爲和倉儲業及供應商連線而受益匪淺。亞洲彩繪公司（Asian Paints）利用資訊科技來追蹤其產品在零售據點間的流動。第一證券（Security First, http://www.sfnb.com）是一個只利用四名員工，就能在130個國家營運的網路銀行。

透過電腦控制的彈性生產，正使製造商能夠以低成本製造少量的產品。這個議題已經不再是規模經濟，而是範疇經濟（economies of scope）。受益於此，同時追求低成本和差異化變得可行。

對許想要進入國際利基市場的小型參與者來說，網路行銷已經證明了是一個莫大的恩賜。許多印度的房地產仲介公司已經上線和全世界的非印度居民接觸。每天都有新的競爭者在網路上出現。

競爭性情報

一家公司必須持續和競爭性情報保持連繫。競爭性情報指關於競爭者資訊的蒐集、評估、綜合和解讀，這對於公司的營運及規劃有極大的幫助。一般來說，競爭者分析應該回答如下的問題：

- 誰是現在的競爭者？
- 誰是潛在的新進者？
- 主要競爭者的策略是什麼？
- 它們的能力和核心能耐是什麼？
  - 它們的弱點是什麼？
  - 它們未來的目標和策略是什麼？

◆ 它們的策略將如何影響本公司、市場和產業？

Box 6.2提供一些可以得到競爭者資訊的來源。

Box 6.2　競爭者資訊的來源

◆ 廣告
◆ 促銷材料
◆ 新聞稿
◆ 演講
◆ 年度會議
◆ 年度報告
◆ 公開說明書
◆ 股利／公司債政策
◆ 供應商／賣方
◆ 產業工會刊物
◆ 顧客
◆ 銀行
◆ 法律訴訟案件

競爭性策略

波特（1980）在一篇論文中提到，一家公司的獲利能力取決於所處產業的特性，和公司在產業內的相對地位而定。波特使用自己的架構來分析產業結構，並爲企業提出了三種一般性策略：

1. 總成本領導
2. 差異化
3. 專精化

1. 總成本領導　總成本領導（Overall cost Leadership）指一家公司

的目標是成爲產業中成本最低的製造商。成本優勢的來源各有不同，技術、獲得優惠的原料等等。這樣的公司通常經營範疇較廣，並且橫跨許多產業。總成本領導的一個例子，就是洗潔劑產業中的Nirma。

2. 產品差異化　　差異化（Differentiation）策略即針對買方心目中重視的一些構面，企業要追求成爲產業中的翹楚。它要選擇大多數買方認爲重要的一個或多個特性，並定位自己爲這些特性獨一無二的供應者，公司因而能要求較高的價格。Ariel和Surf透過差異化的產品提供較高的價值，因此能在市場上訂定較高的價格。

3. 市場專精化　　專精化（Focus）策略指在一個產業內選擇較窄的競爭範圍。公司專精於產業內的一個區隔或一組區隔，並量身訂做其策略以使自己和其它公司有所差異。藉著最適化其目標區隔的策略，公司追求在此等區隔內的比較優勢，即使在所屬產業內並未得到整體的競爭優勢。許多小型的洗滌劑製造商就擁有地理上的專精化。視市場需求而採取專精化策略是可行的。舉例來說，有一塊市場可以容納絲織品和其它昂貴衣物之洗潔劑的引進。

有些公司追求一種中庸（middle-of-the-road）策略，每一樣事都做一點，但沒有一樣特別好。處於中庸地位的公司，只有在產業本身具吸引力的情況下才能賺取合理的利潤。否則它一定會被市場淘汰。同樣在洗滌劑產業中的Point and Det，就是品牌處於中庸地位的一個例子。

如何對抗競爭？帕求寓言的六個策略

現今的商業環境充滿激烈的競爭，而公司卻不知該如何處理本土和全球的競爭。帕求寓言（Xavier 1997）提供了幾種不同的策略可以用來對抗競爭。這個動物寓言系列的第三集談到烏鴉和貓頭鷹的宿仇。

一隻叫做陰天（Cloudy）的烏鴉王和無數的烏鴉隨員一起住在一株榕樹上。另一隻叫做碾敵者（Foe-Crusher）的敵國貓頭鷹國王，則和許多貓頭鷹隨員一起住在位於山洞的堡壘中。因爲過去的仇恨，碾敵者曾經殺掉任何它看到的烏鴉。陰天召喚它所有的國策顧問，並要求它們從六種作法中建議一個可行的行動，這六種作法包括：(1)和平，(2)戰爭，(3)轉移陣地，(4)防備，(5)結盟，和(6)欺騙。

和平　若是對手勢力龐大而對抗毫無意義時，我們可以和敵人建立和平。然而敵人必須個性直接，不是狡猾的人，不會披著和平的外衣，實際卻想要吞食對手。

但是在選擇和平策略時，敵人的力量並非決定性因素。在許多例子中，一家小公司能藉著表現出較多的能量和精力，來打敗較大的對手。舉例來說，獅能搏象。許多欺敵的做法也能擊敗敵人，關於這一點我們將在欺騙策略中討論。下面的例子（《Time》, 14 October 1996, p. 34）說明和平策略的運用：「……十年前，泰國的大集團－波克韓集團（CP）一開始在中國新疆地區，販賣它的Chia Tai牌動物飼料。經過二年的調查後，一家小型家族企業－希望集團－引進Hope飼料，這個品牌也和CP的Chia Tai有同樣的效果。……希望集團並非只是單純的將它的產品放在市場上，……它打破價格並針對CP的顧客從事一家農場接著農場（farm-by-farm）的戰役，直到希望集團的總裁劉揚宣稱波克韓集團已經派它的經理來要求休戰爲止。」

在寡佔市場上，形成卡特爾（cartel）組織並在和平中運作，比掀起一場對所有公司都沒有好處的價格戰來得有意義。

印度和鄰國的關係，就是另一個和平的絕佳範例。除了巴基斯坦之外，尼泊爾、不丹、孟加拉、斯里蘭卡和馬爾地夫都樂於和印度維持和平共存的關係。

戰爭　　戰爭表示對敵人的前線攻擊。在發動一場攻擊之前，公司應該要確保它在各方面都能和敵人旗鼓相當。HLL和寶鹼公司之間在洗滌劑市場的對戰，就是戰爭策略的一個良好範例。當寶鹼公司在濃縮洗衣粉市場推出Ariel時，HLL就推出它的Surf Ultra。HLL甚至撥出不輸給寶鹼公司的廣告預算，並設立超過寶鹼公司的購買展示點。從各方面來說，這都是一場爲爭洗潔劑市場地盤的戰爭。

轉移陣地　　當一家公司開始受傷時，繼續對抗不但不划算，反而只會造成進一步的傷害。這時我們應該採用撤退並保留戰力的策略，並規劃下一場侵略以求勝利。這在敵我雙方實力相近，且各有某些對方無法匹敵的優勢時最常被採用。因此佔下風的對手可以撤退以發展必要的能力，並隨後發動一場前線攻擊，或攻擊敵人未防備之處。

這個策略也存在著一個大問題，即一旦公司撤出其領域或將領域留給敵人時，敵人會緊緊堅守其領域，而要重新再收復失地就會變得困難重重。特別在行銷上，即使只是暫時性的從市場上撤退，都會對一家公司造成難以復原的傷害。當印度南部一個熱門的電視品牌Solidaire暫時性的忽略本土市場，而將焦點擺在德國市場上時，其它品牌就搶下它的地位。Solidaire至今仍未收復其市場佔有率。

防備　　這是一種防衛，公司強化它的基地並進入防備狀態。古人有云一夫當關萬夫莫敵。帕求寓言也說過一隻在家的鱷魚可以咬死一隻大象，但一隻在外的鱷魚甚至可能被狗欺負。相同的，一場暴虐的大風雪也可能對叢生的灌木無可奈何。在自己狹小領域內很強的小公司最常採用這種策略。

雖然五星級大飯店能提供獨特的餐點，但是路旁的餐廳仍舊一家接一家的蓬勃發展。同樣的，雖然有品牌的點心店可以提供我們麵包和餅乾，但是鄰家麵包店仍舊生意興隆。在每個城市都有一些受歡迎的小麵包店。小型公司也可以聯合作戰，就像之前討論過的席瓦卡斯的火柴工廠或帕提亞拉的運動用品製造商。

結盟　　根據這個策略，公司找尋一些適當的盟友來得到和敵人匹敵的力量。根據帕求寓言的內容，盟友的強弱並非重點所在。風雖然會吹熄燭火，卻能助長森林大火。一枝脆弱的竹子也能強化工地的鷹架。對盟友的選擇端視目的和彼此的利益而定。在印度商業界中，策略性聯盟的選擇方式有某些不成熟之處。和外國公司做某程度結盟的風氣太過流行，以致於公司經常不了解自己眞正的目的。這就是爲什麼幾家印度的合資公司如今陷入困境的原因。

欺騙　　根據這個策略，公司應該要先贏得對手的信任，進入其根據地，隨後並將之摧毀。欺騙策略偶爾也會和轉移陣地策略一起使用。這是游擊戰的一種形式：找出敵人的弱點，進行出奇不意的攻擊，最後再徹底摧毀。帕樂飲料公司的陳漢就藉著在某個夏天引進自己馬哈可樂版的Thums Up，對位於達爾非的坎巴可樂進行這種策略。帕樂飲料公司的動作太快，以致於坎巴可樂根本來不及回應Thums-Up的廣告訴求「同樣價格更多數量」。陳漢在策略擬訂過程中非常的保密，以致於當Thums-Up進攻市場時，坎巴可樂根本不知該如何回應。若沒有快速回應就等於將市場拱手讓人，這場戰役只延續到夏天結束。除此之外，若要引進更大的包裝也需要時間。這些因素有效的在夏天時把坎巴可樂踢出市場。

在帕求寓言中，烏鴉如何克服貓頭鷹的威脅呢？烏鴉王陰天有一個叫做強命（Live-Strong）的國策顧問。強命導演了一齣戲，戲中陰天揍它，輕輕的啄它，把它咬出血（強命提供假血），並把強命和它的隨從趕到別的地方。這件事馬上由間諜回報給貓頭鷹王碾敵者。碾敵者馬上拜訪強命並邀請它加入自己的陣營。強命抱怨陰天如何嚴重傷害它，並得到碾敵者的同情，碾敵者就把強命帶回它山洞內的堡壘中。強命在短時間內就得到碾敵者的信任，並得到它的同意在山洞惟一的入口處築巢。等到一切就諸後，強命飛到它的同伴處，要求每隻烏鴉都用嘴銜著一綑火燒的稻草，並將稻草丟到巢中。這個行動在白天進行，此時貓頭鷹都看不見。所有的貓頭鷹都在洞中燒成焦炭。藉著這個計謀，陰天了結了它的敵手，並重回它在榕樹上的堡壘。

帕求寓言的後記：沒有永遠的勝利，一個人必須小心維護從敵人手中奪來的地盤。下面是強命對陰天的建議，也適合拿來警告所有的執行長：「……已贏回領土的想法，不應該讓你的靈魂沈醉在勝利的光輝中……因爲國王的權力不足爲恃。要得到王者的榮耀如同攀爬竹子般困難；也難以掌控，隨時準備好迎接暫時的失意，用盡全力控制；即使重新得到，卻仍不知最後是否又會溜走；如同蓮葉上的露珠一樣搖搖欲墜；如同風一樣難以捉摸；像惡徒的友誼一樣難以信賴；如蛇般難以馴服；閃耀得如同夕陽的最後一道光芒；其脆弱的本質如同水中的氣泡，如同人類的本質一樣忘恩負義；在得到的那一刻又失去，就像夢中的寶藏……」。

本章摘要

在擬訂策略前，首要工作就是了解競爭者和他們的能力。在本章中我們使用五種不同的模型來探討競爭，分別是遊戲和運動模型、生物模型、生命模型、戰爭模型和經濟模型。經濟模型是經濟學家發展的學說，用以分析商業上和貿易上的競爭。基本經濟模型像是獨佔、寡佔和完全競爭，以及產業經濟學家發展的模型，像是價值鏈和產業結構模型，在商業中都被廣泛使用。而戰爭模型也能應用在商業上，因為戰爭和商業的基本目的都是為了得到更多的領地（土地或市場）。生物、遊戲和運動、及生命模型有助於啓發我們競爭的概念。

雖然競爭優勢的概念已經流傳良久，麥可．波特卻將之發揚光大。他的概念基礎在於，公司彼此競爭以提供顧客附加價值，而能提供更高附加價值公司的將能得到更高的市場佔有率，並因而擁有更高的獲利能力。因此應該要分析競爭對手的價值創造過程，以衡量每個公司所擁有的相對優勢。其中優勢也可能來自於有效的利用資訊科技。

在本章，我們也探討競爭情報的使用以評估優勢。除此之外，我們已經討論過一般性競爭策略，包括低成本、專精化和差異化策略。

第七章

描繪公司的能耐概況

規劃者利用「公司分析」（company analysis）來了解該往何種方向追求機會。如同俗話所說：「若你不知目的何在，每一條路都沒有差別」。若你並不知道目的地，策略將無意義可言。因此在提出策略之前，規劃者都應該要清楚的了解公司未來的願景（vision）。以小公司的情況來說，其領導者應該要清楚的知道在未來的某一時點，他希望他的組織將行至何處。

公司分析進一步的幫助規劃者評估，公司是否擁有適當的能力來善用潛在的機會。換句話說，了解組織的核心能耐（core competency）將能幫助他做出成長的規劃。規劃者應該分析公司的文化、信念和價值觀。某些營運領域或許和公司文化相容，而某些則否。我們將在本章探討組織的願景、信念、文化和能力。

願景

組織的願景大多由創立者／總裁的價值觀和信念塑造而成。願景使組織能全力以赴。創立時間相同的組織，最後並非全部都成長至相同的程度。公司間成就的不同，可以歸因於公司遵循的願景各自不同。安馬巴尼（Dhirubhai Amabani）的願景是變成印度最大的產業家。所以他的眼光遠大並進行大型計劃。他建立全球規模的工廠。若我們比較信賴實業（Reliance Industries）及其它同時設立的公司，例如南部化工實業公司（Southern Petrochemical Industries Corporation Ltd），我們可以清楚的看見各個執行長的願景造成多麼不同的結果。

大部份的日本公司都有一個願景，希望自己在各自的領域中成為世界的領導者，所以他們不約而同的和世界的領導者較勁，大多針對美國公司。讓我們來看日本小松的願景：「破蛹而出」。這是一個清楚、簡單、但卻有力的願景。共同的敵人是使人們團結起來的強大動機。日本公司總是能夠找出一個共同的敵人來對抗，以促進公司成長。其中二個例子就是Canon對抗全錄公司，和本田汽車對抗通用汽車。

在一個實驗中，一群學生被邀請參加一個夏令營。他們被帶至一個山莊，分為二組並分別安置在二個不同的屋子。這二組進一步得到各自不同的旗子和識別標誌。學生們同時也不被允許進入對方的屋內。實驗者是惟一能溝通二組的人。在他拜訪第一組時，他告訴他們第二組在營隊活動的表現比較好，而到第二組拜訪時也這麼說。結果仇恨逐漸在二組間滋長，雖然他們甚至從未見過！有一天研究者安排了一場二組的籃球友誼比賽。結果比賽進行時氣氛緊張，甚至要出動安全警衛來將二組人馬分開。

我們學到的教訓是，若我們分隔人群，結果將使生產力低落。在許多公司中，內部各部門（功能性部門）使員工忙於內鬥，結果也使公司向下沈淪。

在實驗的第二階段，二組學生一起由巴士接送至他們的學校。其中一組坐在前面，另一組則坐在後面。當其中一組開始唱起歌時，另一組也開始唱歌擾亂他們。當學生們差點打起來時，巴士就停下來。司機走下車並四處查看。其中一組的成員就問：「發生什麼事了？」。另一組的成員也問：「發生什麼事了？」。司機還未回答前，有些學生就走下車。接著司機就告訴他們巴士已經沒油了。方圓十五公里內沒有一家加油站。其中一名學生開始怒罵司機，接著每個人也都加入。當他們開始要追打司機時，他就逃到山上的灌木叢裡。

學生們已經忘記他們之間的仇恨，因爲他們現在有了共同的敵人—司機，而且他們也有一個共同的目的—回到他們的營地。他們坐在一起想解決方案。其中一個人控制方向盤，其它人則在後面推車朝加油站方向前進。在辛苦的走過15公里崎嶇不平的山路後，學生終於能夠坐上車回學校。到達目的的同時，他們全都已經變成好朋友了。

從這裡學到的教訓是，當面臨生死攸關的問題時，即使再壞的敵人都能變成盟友。許多印度公司正面臨到這個問題，因爲跨國企業的進入帶來了重大的威脅。在這種情況下，應該激勵員工忘掉內部的鬥爭，並將焦點放在公司外部的競爭者身上。

願景涉及夢想、「樂土」（Promised Land）、每個人的目的地、和所有人的渴望。最成功的公司就是其領導者能夠看見，並對其它人清楚描述令人鼓舞的未來機會。是願景的力量和熱情將紙上談兵的策略轉化成事實。藉著讓每個人有同樣的希望，啓發人們並讓人們清楚的知道在他工作中哪些決策不應該做，是願景使牆上的信條能實際執行。有效的願景必須以人爲中心。它也應該聚焦於未來，並成爲克服改變的原動力。

一個事業體的成長所面臨的最大威脅，在於其創業者深陷於每日的瑣事上，並做出短視近利的解決方法。大多數的經理人都落入日常瑣事的陷阱中，這使他們難以看清未來。根據策略大師韓爾和帕拉哈德（1994）的看法，公司必須先說服資深經理人看清現在的成功其實只是水月黃花，以及他們應該要爲明日做好準備。

成功的願景要能得到整個組織一致的共識和支持。它必須要能夠激勵員工和流通資源。成功的願景必須：（i）簡單、清楚、並能讓多數人輕易的了解，（ii）足夠長，以容許遽烈的變化；時間足夠近，以能夠得到信心，（iii）建立急迫感，和（iv）不定期的由最高管理階層宣揚。當組織願景化爲文字時，下列幾個面向也同樣可以納入考量：

- 我們的事業基本上不同的是什麼？
- 員工應如何對待顧客？
- 顧客應對我們產生什麼印象？
- 員工對他們的工作應有什麼態度？
- 我們將要招募怎樣的人？
- 我們的管理風格應如何？
- 員工和他們的經理人應建立何種關係？
- 我們將提供哪些訓練、支援、和個人發展？
- 我們將如何獎賞我們的人員？
- 在團隊結構下，人們應如何共事？

當蘇俄在50年代後期將斯普特尼送上太空時，當時的美國總統喬治·甘迺迪曾說，十年後美國將會送人上月球並把他安全帶回來。這個強而有力的願景啓動了許多活動，最後使得阿姆斯壯在1969年終於踏上月球。這個願景是關於國家的榮耀，雖然遙遠卻可以達成。這個願景在許多公開場合中被重覆提出，因而得到科學界的認同。因此不僅公司需要願景，國家也需要。

個人也需要願景才能成功。我一個親近的朋友在他的小孩學校課業不好時，也面臨同事嚴厲的批判。他的長子當時是高三，不喜歡唸書。隨後整個家庭搬到美國並在當地定居。他的兒子申請研讀飯店管理的課程，並終於發現自己的興趣所在。他接著回到印度的塔加飯店實習，而我就是在那裡遇見他。他完全變了一個人。當我問他爲何要在印度實習時，他回答因爲他對印度料理非常感興趣，並且想在美國開一家印度公司。他說他的願景是在30歲賺到第一個一百萬。這件事發生在80年代末期。如今他已經在邁阿密開了一家成功的印度餐廳。他的父親也加入並辭掉他在美國大學的一份教職，因爲他的兒子付的薪水比大學付的還多！

寇非（Stephen Covey, 1989）在他的著作《高效率的人的七個習慣》（The Seven Habits of Highly Effective People）中寫到：「諺語有云：當沒有願景時，人們將會在精神上死亡。」這是因爲他們選擇目標時盲目地選擇公認的成功階梯，並未定位自己的使命與釐清價值觀。是故在終於爬到最後一層階梯時，才會不知所措的發現，階梯是靠在錯誤的牆上。

使命

沒有正確使命的願景可能會招致毀滅。人們工作並非一定爲了求取更多的錢財、名譽和地位。眞正成功的人總是有深切的使命感想服務社會，並在這個前提下建立自己的願景。舉例來說，日本的經營之神松下幸之助一直希望提供一般人買得起的商品。他在第二次世界大戰後創立自己的公司，當時物資既貧乏又昂貴。除此之外，他希望自己事業的每個部份都能維持和諧的關係：和員工、供應商和經銷商。從他的著作《非只求財》（Not for Bread Alone）上摘錄的下述文句，明確的呈現他的經營理念。他的理念甚至從書名也看得出來。

1. 企業的目的在於藉著大量提供高品質低價格的商品來貢獻社會。
2. 利潤是貢獻社會而得的報酬。

3. 永遠讓你的努力指向「彼此共存共榮」。
4. 人們的團結與和諧是成就事業的重要條件。

嬌生公司建立的信條（見Box 7.1）幫助他們渡過泰尼諾（Tylynol）的悲劇事件。

Box 7.1 我們的信條

我們相信我們首先要對我們的醫生、護士和病人、對母親和父親、和所有使用我們產品和服務的其它人負責。爲了滿足他們的需求，我們所做的每件事都必須符合高品質。我們必須持續降低我們的成本以維持合理的價格。我們必須立即正確地服務顧客的要求。我們的供應商和通路商必須有機會能賺取公平的利潤。我們要對我們的員工，世界上和我們一起工作的男男女女負責。每個人都必須被視爲獨一無二的個體。我們必須重視他們的尊嚴並能發揮他們的優點。他們必須對他們的工作有安全感。薪資必須公平和適當，工作環境必須整潔、有秩序和安全。我們必須注意要協助我們的員工盡其家庭責任。員工必須能自由提出建言和抱怨。員工必須享有同等的機會，合格者必須能夠獲得發展和升遷。我們必須建立適任的管理階層，而他們的行爲必須公平及合乎道德。我們要對我們居住和工作的社會負責，對全球社會亦然。我們必須成爲好公民一支持公益活動和慈善團體並繳納我們應付的合理稅金。我們必須鼓勵改善人權和更好的健康教育。我們必須善用並維護我們有幸使用的資產，進而保護環境和自然資源。我們最終要對我們的股東負責。事業必須賺取合理的利潤。我們必須實驗新想法。要進行調查研究，要發展創新的計劃，並且推出新產品。要創造保留盈餘以渡過不景氣。當我們根據這些原則來營運時，股東應該獲得公平的回饋。

嬌生公司

價值觀和使命感轉化成願景。願景則引導策略、目的和目標。當這些都能執行時，視不同行動計劃和做法的成敗而定，組織文化會逐漸成形。而人們也會建立某種信念體系，並隨著時間而強化（見圖7.1）。

企業文化

企業文化是跟事業有關的許多因素造成的結果。這些包括事業的類型、顧客、產品、規模和地點、財務和人力資源、以及正式的組織結構和設施。同時還有無形的因素，諸如信念、假設、價值觀和典範－無論明示與否－同樣都會塑造組織的文化。

有一家蓄意建立創新和企業家精神文化的公司就是3M。3M有一個知名的故事，某日一位年輕科學家撞進總裁辦公室，告訴總裁他的產品研發過程終於得到突破。總裁那天已經很累了，而且嚴格吩咐祕書不要讓任何人進來打擾。然而在聽完科學家的報告後總裁深深被他的熱誠打動，也覺得他的構想非常好。總裁其實剛吃完他的午餐，不過還剩下一條香蕉，他就把香蕉當獎品送給科學家。

那一年，那個年輕科學家研發出來的產品爲3M賺進大把的鈔票，3M這回就打造了一條金香蕉送給這位科學家。公司至今仍保留頒發金香蕉給最好的創新構想之習俗。

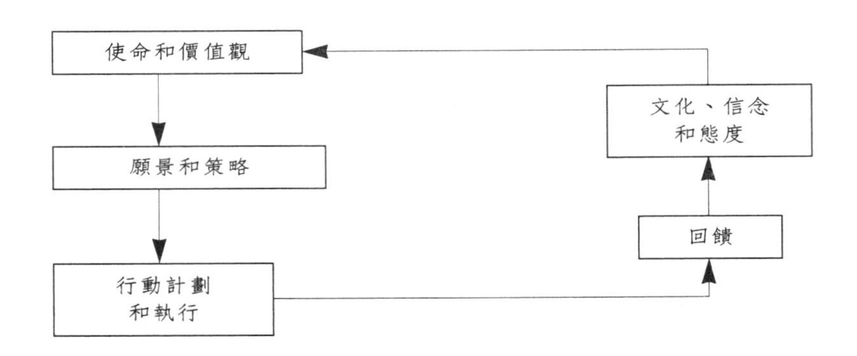

圖7.1　公司分析的架構

蘊釀輕視阻礙創新和扼殺創意之規定的風氣，這樣的公司理所當然能成爲突破者（path-breaker）。如同休伯納（Bernard Shaw）曾說道：「世故的人適應世界而不世故的人則否，所以所有的進步都依賴不世故的人。」

簡單來說，組織文化即「我們在這裡做事的方法」。在診斷你的組織文化時，應描述過去的文化，現在如何未來希望看到什麼。和你的工作團隊一起進行腦力激盪，這可以產生一些給你強力洞察使你了解你「想要服務」的公司類型之詞句。表7.1列出一家中型公司的管理團隊整理出來的公司文化。

這個練習幫助公司決定應該要保留過去的哪些風氣（例如：開明、不官僚的組織），及哪些方面公司應該要改變（例如：變得更顧客導向）。我們用來描述未來的文字，可以做爲我們想要建立或成爲其中一份子之事業類型的願景。

研究組織文化可以透過二種方式協助公司：（1）基本上，這協助公司了解其文化該做何種改變，使公司能夠因應其事業和環境的變化。但應該記得文化的改變須循序漸進不能急躁；（2）協助規劃者

表7.1　公司文化的一個案例

過去	現在	未來
◆ 有點小磨擦，但仍是一個很快樂的家族。 ◆ 以自我為中心而非以顧客為中心。 ◆ 快樂的業餘者。 ◆ 由高層主導一切。 ◆ 玩撞球的小團隊。 ◆ 以感性來迴避政治權謀。 ◆ 許多活動都是有趣又吵雜。	◆ 我們正處於轉變過程中，失去我們的一些「特色」。 ◆ 和顧客互動良好，但不是非常好。 ◆ 更績效導向。 ◆ 我們容忍失敗（良性的失敗。 ◆ 組織進行重整和管理階層換血中。 ◆ 仍有些失序。	◆ 全球導向。 ◆ 顧客至上。 ◆ 專業。 ◆ 吸引並留住好的人才。 ◆ 有自我價值感且自豪。 ◆ 分割為不同的單位。

選擇和組織文化相容的策略。

信念

信念就是員工認爲公司的各個面向應如何運作的看法。彼德和華特蒙（Peters and Waterman, 1982）找出成功公司主管秉持的七種主要信念。

- 要最好的。
- 要充分掌握執行的細節並完全了解工作的內容。
- 相信重視每個人為獨立個體的重要性。
- 堅持品質和服務都應超越一般水準。

- 認為組織內的大多數成員都應該成為創新者，並且組織要樂於支持失敗。
- 相信告知事實有利於溝通。
- 相信並認同經濟上成長和利潤的重要性。

成功的公司善待員工並信任他們，不成功的公司則懷疑員工的舉動並苛待他們。ABB的總裁伯納維克（Percy Barnevik）就說過：「我們的人員都有尚未開發的驚人潛力。我們建構組織的方式，使得我們大多數的員工在工作上只被要求使用5－10%的能力。當員工回到家時就可以利用其它90－95%的能力—維護家庭、帶領童子軍、或蓋一棟避暑小屋。我們必須找出並利用每個人每天帶來工作場所的未開發能力。」

成功的公司會提供給員工實驗和創新的機會。幾年前一家化學工廠在其夜班時發生爆炸。若是一家傳統的印度公司可能會進行一連串的調查並找出疏失的人員。然而這家公司卻不相信浪費時間在這種程序上有意義。除此之外，身為領班的一個化學工程師承認他試著要修改程序以增加產量，結果卻導致爆炸。第二天公司忙著重新啓動生產線。公司發現催化物已經失去活性，而另一批已由其它工廠運過來。工廠在幾天內就復工，公司並向保險公司申請理賠。

公司的態度並不代表它鼓勵不安全的做法，或姑息一些員工犯錯。相反的，公司已經建立一股鼓勵進行流程和操作改良的實驗風氣。公司的政策是選擇最好的工程師，並挑戰他們的能力極限。在當時，對那次爆炸負責的工程師是負責整個工廠的廠長。

大多數的公司都用許多規定來控制員工，因而扼殺了個人的開創精神。大多數時候，公司的出差規定是如此的嚴格，以致於員工認為遵守規定比達成差旅的目的還重要。但是規定也該有例外，安馬巴尼

（The Week, 23-29 October 1988）就曾經說過：「我允許我的經理人額外冒一成風險，這非常值得。這種方法使你能激勵一個人做出最好的表現。印度的問題在於假如一個人做對九件事但做錯一件事時，他們會質問他那件小事情的錯誤。於是多做就多錯。」

「當我的經理到德里、華盛頓或莫斯科時，我不會問他們：「『你花了多少錢？』」我對於分析他們的報帳收據毫無興趣。我不是一個找麻煩的店員在質問客人到底是喝了一杯還是二杯飲料……我的員工會冒險犯難，而我則自豪於他們帶進組織的專業。」

態度

態度是人們對事物所持正面或負面的評價。在許多國營公司中，人們養成憤世嫉俗的態度。他們習慣認爲自己單位不可能有具生產力的工作。另一方面，在民營單位內某些快速竄起的軟體顧問公司中，人們持有較正面的態度並堅信他們能藉團隊的力量來解決所有的事情。進行一項態度及應有的改變之研究，可以協助公司提升它的表現。表7.2列舉公司或許想使員工持有的正面態度。

核心能耐

核心能耐（core competency）包括過去驅動事業體的獨特能力、整體技術和知識，若正確的結合核心能耐，將能支持事業體未來的成長。對管理階層來說，要表達公司的核心能耐是什麼並非易事，雖然他們和組織內的許多員工每天都和這些知識爲伍。根據韓爾和帕拉哈

表7.2　改變為正面態度

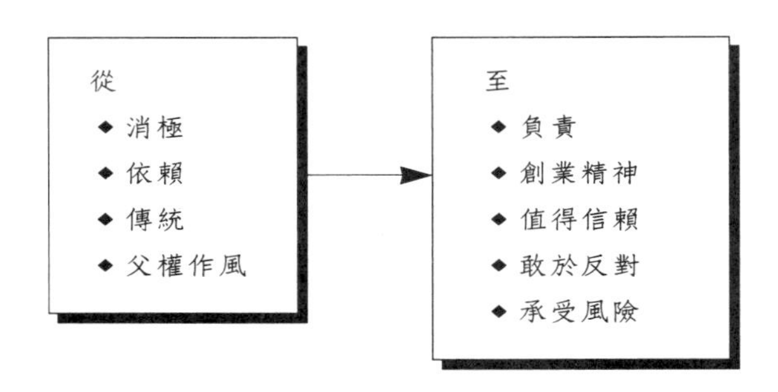

德（1990）所述，一家公司的核心能耐經常是科技和「軟硬」技術的混合。核心能耐必須具備三種條件：（i）提供進入許多市場的通道，（ii）最終產品對消費者的利益有重要的貢獻，和（iii）競爭者很難模仿。

Sony的迷你化技術和本田汽車的引擎製造技術，是核心能耐的典型範例，它們也利用核心能耐來得到有效的競爭優勢。本田汽車的引擎製造技術成功的應用在許多市場中，像是二輪車—四輪車—發電機—裝於船尾的馬達—農藥噴灑機—及除草機。這些產品都是運用了本田的核心產品—馬達。

南部化工公司（SPIC）將它們的事業拓展到許多不同的領域，像是肥料、重化工、化學提煉、石化和化學藥品。SPIC的核心能耐在於建立化學加工廠的能力。它位於杜迪卡令的肥料加工區是第一個印度未轉包的建廠計劃。從此之後公司在它的工程師之間建立了這種正面文化，使他們能夠解決任何和加工廠有關的問題。事實上雖然一般都看不見，他們普遍於工程師身上的核心能耐就是「工程師的武士精神」。

核心能耐將非具體可見。它是隱藏在人們身上與工作系統中的各種知識。核心能耐無法輕易移植，而且可以藉著將相關產品放入核心能耐的領域來充分利用。簡單來說就是：「製造你做得到的好東西」。

這個概念完全相反於雷維特（Levitt, 1960）在其代表文章《行銷短視》（Marketing Myopia）中所提的市場焦點（market-focused）策略。雷維特批評美國鐵路公司短視近利，並狹窄的定義自己爲「鐵路業」，事實上他們應該處於「運輸業」。他們一樣可以多角化地經營空運、海運和路運。市場焦點策略的問題在於，這可能會使公司進入他們並無優勢的不同領域。

我們並建議完全採用市場焦點策略，或完全立基於核心能耐的策略，公司必須視市場狀況和內部能耐的情形而定。

核心能力和關鍵資源

在探討策略的文獻中，除了核心能耐之外，核心能力（core capability）（Stalk et al. 1992）和關鍵資源（Collis 1991）也是經常被提及的重點。

核心能耐是關於生產和作業，能力則可能存在於價值鏈的任一部份。在製造上的能力可以是有效率的大量製造、生產流程持續改進的能力、製造的彈性和速度等等。行銷和銷售能力包含品牌管理、回應市場趨勢、銷售執行的效果、配銷通路的效果和速度、以及顧客服務的品質和效果。能力可以存在於一般管理領域、MIS、產品設計和研發上。

能力爲程序導向（process-based），不但橫跨各部門，有時甚至。聯邦快遞的能力是其分類大量郵件的能力。在一中央郵務中心分類郵件的概念對公司來說行得通。每天晚上，約65架聯邦快遞飛機降落在孟斐斯（中心），卸下約600,000件郵件和包裹。郵件在45哩長的傳送帶上快速的分類，並在清晨四點快速的裝載上飛機。當飛機到達它們的目的地，接著郵件立刻裝入信差的郵件袋內，並在中午前快速送達收件人手中。不像核心能耐，能力可以輕易的被模仿。聯邦快遞在歐洲也興建一個相同的中心。其它公司也可能模仿別人的能力，就像別家快遞公司早就複製了這種中心和傳送帶的配置。

核心能耐和能力通常都是經由關鍵資源而形成。這些資源可以是有形或無形。有形資源就像工廠規模、通路設備和受過訓的人員。品牌名稱、商譽和整體技能則是典型的無形資源。整體技能代表普及於組織中的知識，並符合下述標準：（i）它無法解譯或寫下，（ii）為組織所知道或了解，（iii）隨時間而累積，及（iv）普及於組織中，並非僅為一、二個人所持有。

策略性意圖

核心能耐是組織的肌肉，使組織能夠完成每天大部份的工作。但每個馬拉松選手都知道，只靠肌肉要贏得勝利不太可能。相同的，公司還需要另一些東西來達成它的目標，那就是策略性意圖（strategic intent）。

韓爾和帕拉哈德（Hamel & Prahalad, 1989）顛覆近代的大多數思想，他們斷言公司策略實際的功能不在於撮合公司的資源和機會，而是訂定目標將公司擴展至大多數經理人不敢想像的規模。

當然，有抱負的策略性意圖應該要有積極的管理程序以為後盾，這包括：（i）將組織的焦點聚在獲勝的基本面，（ii）藉著溝通目標的價值來激勵人們，（iii）讓個人及團隊有表現的空間，（iv）當環境改變時，運用新的管理哲學來維持熱忱，及（v）持續的使用策略性意圖來引導資源的分配。

雖然策略性意圖有明確的目標，但是其方法仍可以有彈性，也就是仍有即興表現的空間。要達成策略性意圖需要在手段方面發揮很多創意。採行的手段也可能造成資源和抱負極端不配合的情況。因此這取決於管理階層是否要挑戰組織，藉著有系統的建立新優勢來縮小上述的差距。策略的本質就在於當對手還在模仿你今日的時，你就要快速地創造明日的優勢。

許多日本公司的願景也可以說是策略性意圖。在許多方面，策略性意圖就像是找出一個共同敵人或是定出一項卓絕的目標。

假設一個人具有意圖但沒有付出相對應的努力來達成，那這只不過是白日夢。但另有一些人有相同的意圖並努力以赴，但也不能達成呢？韓爾和帕拉哈德（1989）使用個案研究法並只參考成功的公司，以建立他們的理論，但我相信仍有數以千計的公司努力過卻沒有達成目標。這就是個案研究法的缺點之一。因此，結論是每個成功的公司都有策略性意圖，但有策略性意圖的公司不一定會成功。為了想要成為羅尼卡斯（Rajnikanth）和巴其陳（Amitabh Bachchan）第二，數以千計的年輕人一定也努力過，但就是無法達到這二個超級巨星所成就的名聲。因此重要的不只是意圖，時機點也會造成影響。

傑出者研究

管理學文獻中充斥著對成功公司的案例研究，以找出使它們成功的特質。但即使是最有名的彼德和華特蒙（Peters & Waterman, 1982）

所做的研究，也有其缺陷存在。不管如何，它的一些成果對公司來說仍然很重要。其研究結果找出卓越公司的特質是：

- 行動導向
- 親近顧客
- 具有開創精神
- 生產力來自人
- 重視傳承、價值觀驅動的領導風格（例如：資深經理和員工一起工作、容易接近並以案例領導）
- 簡單的組織結構；精簡的人力
- 「鬆緊帶」特色（例如：求取平衡，一方面用規定和管制來控制偏差行為，另一方面則鼓勵創造力）
- 堅守箴言

同時也用相同的研究方法，找出問題公司的特質如下：

- 高層領導不佳
- 中央集權的官僚體制
- 無效的控制
- 缺少分享
- 亂槍打鳥的做法
- 缺乏創造力
- 缺乏對顧客的關懷
- 缺乏誠信

如同俗語所說：「爛魚先爛頭」，相同的差勁的高層領導也會造成毀滅。另一方面，傑出的公司甚至看不出誰是領導者。整個組織就像一部光亮的機器，人們不須知道到底誰在運作。

在失敗的公司內部缺少資訊的分享，人們是經由小道消息才知道資訊。這是因為管理當局沒有做好溝通，或早已喪失其公信力。公司沒有願景，且依循的策略也沒有焦點（亂槍打鳥的做法）。

企業活化和重生

傳統上，管理專家提倡的概念是，組織的一致性和可控制性是更重要的目標，因此組織成員要克制自己的進取心和創造力來達成組織的這些目標。根據伯列特和古修（Bartlett and Ghoshal, 1998）所述，就像大多數牢不可破的信仰，這種管理典範已經變得非常抗拒改變，並傾向於拒絕接受質疑經理人的角色和權威的新管理觀念。他們使用4C架構來歸納傳統的管理模型，分別是服從（compliance）、控制（control）、契約（contract）和限制（constraint）（見圖7.2）。

服從是大型企業最主要的特性，因為它們必須控制分散各地的員工，以及希望預防會分裂其組織的強大力量。這種階級權威的古典軍事模型支配著經理人和員工的正式關係，以確保組織內部的一切都遵循領導者的指揮。其結果就是扼殺個人的進取心。

這個模型的第二個一般特性是控制—在過去年代讓公司能快速有效率地擴充營運的組織特性。這通常會經由部門化的組織結構來執行，即責任授權給各部門，並使用機制來確保他們負責。雖然這種系統已證實對資金分配和駕馭正在進行的活動非常有效，但控制最後還是會造成人際關係的惡化。

在傳統的大型組織中，企業和其員工的關係多數建立在某種形式的契約上。一開始員工和雇主間的明文或非明文契約是用來確保彼此的期望並使關係明確穩定，它最後會造成員工對公司感到形式化與不

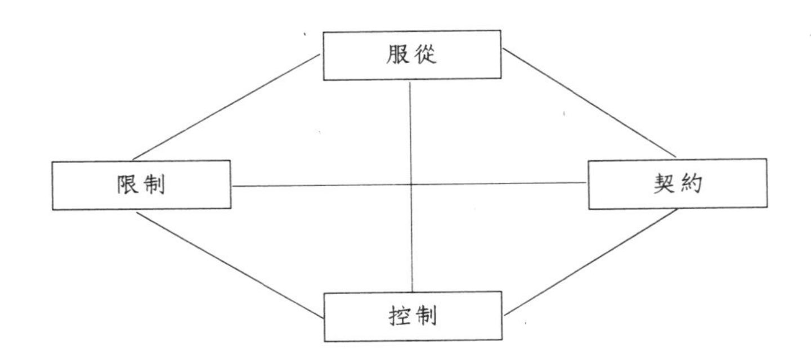

圖7.2　傳統的組織模型

講情面。

另一個大型組織常有的主要特性就是限制。對個人加諸限制是必要的，這使個人不致於超越企業策略所設的界限，造成無法掌控或浪費寶貴資源。這不但會影響經理人的行爲，最終還會影響他們的想法。

這四種特性使管理階層變得消極、服從和眼光往內看；使他們成爲過去光輝的俘虜，而非創造嶄新未來的探索者。

使組織活化的模型

伯列特和古修（Barlet & Ghoshal, 1998）建議一個讓組織活化的新模型，其假設建立在對人類能力和個人動機持較開放的看法。該模型有四種要素，分別是支持、信任、紀律和開放，如圖7.3所示。

紀律和服從指示及遵守政策不同；這是一種深植的典範，使人們生活在他們的保證和承諾中。這大多經由訓練和教育來達成，而非強制。

支持不僅應用在過去由控制掌控的垂直關係中，也使用於同儕間的水平聯繫上。這可經由整個公司的規範來培植，使自願的尋求與提供協助。

第三種活化組織的特性是信任。藉著彼此的判斷和互利的承諾，人們彼此信任。公司組織流程的透明公開，和管理階層做法的公正性都會形成和強化信任感。

最後，開放則是解放和活力化的元素，這提升個人的渴望程度並鼓勵人們提高對自己和他人的期望。相對於限制對展望和活動的侷限性，開放則促進致力於達成更多積極的目標。

結論是紀律和支持激勵個人的進取心。信任是建立水平整合和組織學習的關鍵因素。開放則是保持活化的泉源。信仰這四種要素的組織稱為個人化公司（見圖7.4）。

個人化公司顛覆傳統的金字塔結構，並走向一個創業活動的整合網路。管理階層的主要任務就是在組織的前線釋放創業因子，並將中階和高階經理人轉化成發展教練。

在這種新的組織中，保持自己被組織繼續雇用的責任在個人身

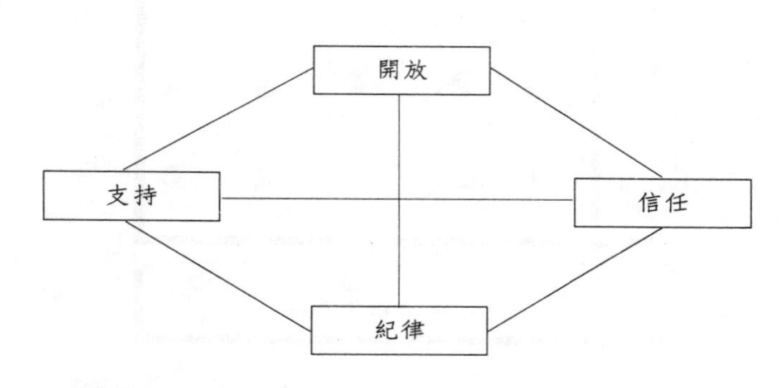

圖7.3 活化組織的要素

上。組織機構只是提供環境讓個人展現與加強其技能。報酬取決於組織從個人身上獲得服務的多寡。在這種制度下，下屬也許還會賺得比上司多。讓我們來看一個人力資源發展經理人的例子。他也許滿意於設計和提供訓練課程的工作內容。然而，若一個專案經理邀請他執行一項團隊建立活動，隨後並要求他在一個部門內進行員工士氣和動機的調查，顯然他會因爲額外的貢獻而領到較多的薪水。當然，在這個案例中他和三個不同的老闆一起工作，而他們的評價將會影響這個經理人的整體績效評比。在這個過程中，他可能賺得比做固定工作的老闆還多。

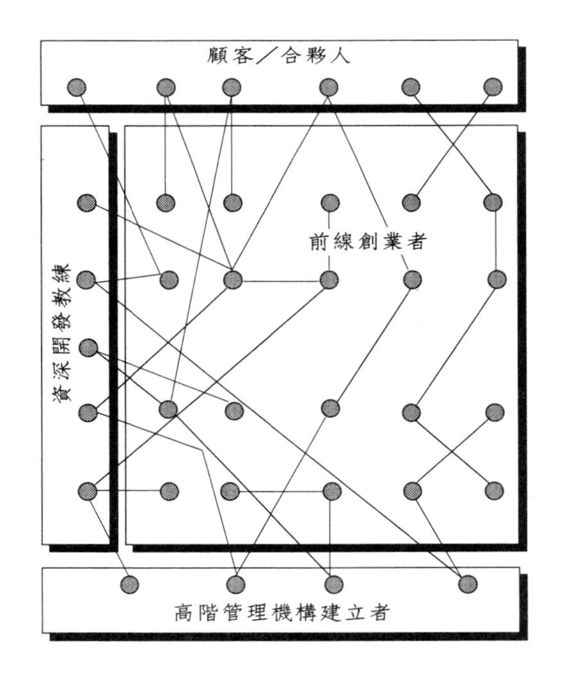

圖7.4　個人化公司

因此，這種組織中不存在著界限或權力中心。個人會隨著情勢加入各種團隊。這種情況會刺激進取心、合作、及個人和組織的學習。藉著開放個人和組織的能力及資源使得企業能不斷的活化。它使得人們不斷朝向更多積極的目標而努力，並會加強紀律以確保所有的承諾都會兌現。

企業重生

理想上，公司應該自我活化以維持生存。無法進入自我活化流程的公司就是生了病，需要重生以重新回到軌道上。巴斯卡拉（Pascale et al., 1997）建議企業要進行重生的七個行動步驟。

1. **充分溝通**：當介於整體策略和個人績效間的鴻溝能因了解而消彌時，組織的成員就能發揮他們最大的能力。
2. **鼓勵不妥協的坦白對談**：坦白對談可以釐清任何的疑慮或找出問題所在。但若員工習慣於順從上司或過於顧慮他人感受時，這樣的對談就不可能發生。
3. **管理未來**：只要組織的成員相信他們已經到達未來時，他們就會開始沈緬於過去的成功。
4. **駕馭挫折**：組織應該重新定義失敗，視挫折為突破的起點，視失敗為機會。人們總是迫使自己用負面的態度面對錯誤，責怪自己（罪惡感或羞辱）、其它人（指責）、或壞運（聽天由命和宿命論）
5. **推廣有創造性的負責能力**：為可接受的績效設下標竿，使員工追求卓越。美國的諾得斯通公司（Nordstorm）在製造適當壓力以刺激表現和責任感方面，就建立了全球化標準。公司的信條就是要回應顧客不合理的要求；除此之外，每個業務人員每個小時的業績都會公開發表，而表現差者立刻開除。

6. **了解互惠的概念**：為了維護組織的敏捷性和紀律使它能對員工創造了許多的要求，因此組織必須確保其成員都有良好的報酬。
7. **建立不滿現狀的風氣**：個人所做的每件事都有進步的空間。應不時反省下列問題：我們可以如何將這件事做得更好（更快、更省錢）？是否有我們未曾想到而有效的新做法？

基本上，組織要使其員工對工作有參與感。人們不僅只爲金錢而工作。組織必須要有員工認同的更高目標。美體小鋪吸引的員工是那些和創辦者有相同願景的人，包括認同環境保護及其它社會議題。

雖然要有足夠的自主權和自由度才能在工作中有所表現，但組織也應該對員工運用正面的壓力來增強他們的能力，就像諾得斯通公司的案例一樣。最後，個人和組織二者都應該貫徹學習的概念。

學習型組織

爲求生存，組織應該要擁抱一個不停歇的學習模式。學習型組織是指：尋求創造自己的未來；認定學習對它的成員來說，是一個持續且具創造性的過程；發展、適應並轉化自己以回應人們的需求和渴望，不管是內部員工或外部的顧客或大衆。學習型組織秉持著一種信念，相信組織內有無數員工的潛力被鎖住或未開發。這個信念的中心就是堅信，當組織內所有成員完全開發並運用其潛能時，若能引導個人的目標和組織的願景與目標一致，將會加速釋放這種潛力。

學習型組織的概念由森居（Senge, 1990）發揚光大。組織學習是一個竄起、歸納的過程，藉此組織從其環境或其精英成員身上吸收價值觀、意識形態和實例。用這種方法得到的知識會擴散到整個組織。一般來說，這會溶入組織的運作中，而競爭者也往往難以仿製。

組織學習必須要是持續的過程，而成功地制度化永續學習的公司，在二十一世紀將會更加成功。一個使命爲有效教育和自發學習的組織，就會變成學習型組織。羅斯（Ross et al., 1994）提倡：「組織內的學習，代表持續的測試經驗及將經驗轉化爲知識—整個組織都接觸得到，並和其核心意圖息息相關。」根據這些學者的意見，一個學習型組織的核心工作是建立在五種「學習訓練」上，進而據以推動研究和實行的長期課程：

1. 個人的精熟—學習擴展員工個人的能力，以創造我們最想要的結果，並創造一個能鼓勵所有成員朝向他們自己選定的目標和目的去發展的組織環境。
2. 心理模型—反省、持續釐清，及提升我們對世界的認知，並了解這會如何塑造我們的行動和決策。
3. 共享願景—在團體中建立歸屬感；發展我們想要創造的未來遠景，以及達成目標所應有的原則和引導性實務。
4. 團隊學習—教導開會的技巧和集體思考的技能，使員工在團體中能夠穩定的發展智商和能力，以超過個別成員才能的總和。
5. 系統思考—對於塑造各種系統的行為之力量和相互關聯性的一種思考方式，及一種描述和理解的語言。這種訓練能幫助我們了解如何更有效的改變系統，以及如何和較大的自然和經濟世界之變化做和諧的互動。

組織會學習。就像個人一樣，組織會察覺環境內的狀況並做出回應，接著觀察回應的結果，記取教訓和從其它來源得到的資訊，以做爲設計未來回應方式的參考。這種察覺、回應、和觀察／熟記的過程，大部份都是在不知覺的狀況下由組織內工作的個人來進行，因爲組織的結構非常複雜。但無論有意還是無意，有效還是無效，所有的組織都持續的進行這些活動。在研究學習型組織的概念時，我們會找尋工具和方法，以協助我們的組織持續地學習與主動地追求目標。

未來的學習型組織會藉著鼓勵不同觀點的表達，將多樣化整合至其內部的程序中。經驗、教育、性別、種族、性愛導向、特長和觀點的多樣化，可以幫助任何組織：了解顧客、競爭者和供應商；預測未來趨勢；和提供員工一個有挑戰性的工作環境。假如應有的多樣化程度並不存在於組織中，或沒有加以有效管理，則組織將無法快速的適應瞬息萬變的外在環境。

本章摘要

完整的了解組織及其能力，是擬訂任何策略的先決條件。從寬廣的層次上，應先了解公司的願景、使命和目標。除此之外，公司文化、信念和態度的分析將幫助規劃者設下界限，以檢視環境內的機會。無法和公司文化及創使者的使命相契合的選擇方案將會被淘汰。衡量組織的核心能耐和能力同樣能幫助規劃者，更進一步的篩選機會。

若要在新世紀動盪的商業環境中成功，自我活化和持續學習將是重要的因素。一個自我活化的組織會持續拋棄過時的東西並採用創新的新產品和觀念，以保持自我健全且合時宜。若組織生病了，則需要大刀濶斧地進行重生方案以促使它復活。基本上，一個學習型組織會使學習成爲整個公司的課題，使組織內每個成員都具有策略觀和持續學習的態度。這個重生和學習的過程，會導致新策略的成功執行。

第八章

分析行銷組合

爲了要規劃有效的行銷策略，行銷人應該要建立：(i) 對環境力量的充份了解，(ii) 了解現在和潛在顧客的喜惡，以及 (iii) 競爭者的能力和關鍵策略。除此之外，他也要分析自己所屬組織的能耐和文化，以及公司和其競爭者所採用的行銷組合策略。行銷組合指可掌控的行銷變數，分別爲產品、價格、配銷、和促銷，行銷人也可以透過行銷組合來操作策略（見表8.1）。基本上，行銷人會選擇一塊消費者有近乎同質需求的區隔，然後透過提供和價格有相稱價值的產品／服務，以及使產品能在最方便的地方讓顧客選購等作法，來滿足消費者。此外，行銷人也會藉著適當的促銷和宣傳來支援這些做爲。

表8.1　行銷組合的元素

產品	價格	配銷	促銷
◆ 品質	◆ 建議售價	◆ 通路	◆ 廣告
◆ 外觀	◆ 折扣	◆ 媒體報導	◆ 業務推廣
◆ 品牌名稱	◆ 交易折讓	◆ 倉儲	◆ 個人銷售
◆ 包裝	◆ 賒銷條件	◆ 存貨	◆ 公開發表
◆ 服務		◆ 運輸	
◆ 保證			

產品

人們通常認爲產品就是人類製造或修改而成的實質物體，例如牙膏、浴室用香皂、或香煙。但一般而言，產品也可以是無形的服務或觀念，如同有形的服務一樣。銀行、郵局和鐵路賣的是服務。政治家、宗教領袖和教師賣的是觀念。政治家和政黨都能加以行銷。產品同樣也可以被潛在購買者視爲「一組利益」的提供，不論有形或無形。和產品相關的策略概念包括產品差異化、包裝、品牌化（branding）、品牌資產（Brand equity）、產品生命週期和產品組合（product portfolio）。

產品差異化

處於一堆穿著傳統服飾婦女間的迷你裙穿著小姐，或處於一堆國產車中的進口跑車，將會輕易的成爲注目焦點，因爲他們具有「獨特性」和「區隔性」。在一個擁擠的地方裡，任何看起來不同的東西就有較高的顯著性。

今日，市場上充斥著有相類訴求的產品，呼喊著要得到消費者的青睞。幾乎每一類產品都有同樣的狀況。舉例來說，光以高級浴室用香皂而論，市場上就有擁有90多種品牌。然而消費者除了自己所使用的品牌外，頂多只能再記住二、三個品牌。許多人記得Liril、Cinthol、Lux、Mysore Sandal和Pears，就是它們各自具有「清新的香皂」、「除臭香皂」、「電影明星的美容香皂」、「涼鞋香皂」和「肌膚保養香皂」的獨特性。大多數的香皂看起來都差不多，因此消費者較不容易記住。

爲了要讓自己的品牌顯著出衆，公司會盡力使自己的產品和競爭品牌有所區隔。這就是所謂的產品差異化。

換句話說，因爲品牌的名稱、包裝、標示、廣告、品質、通路或這些特性的組合之故，使購買者感受到這個品牌的差異性。

以Promise爲例。大多數人都會馬上說Promise和其它牙膏品牌不同，因爲它含有「丁香油」。但事實上每種牙膏都含有少量的丁香油。也只有Promise的製造商巴沙拉保健產品公司（Balsara Hygiene Products）選擇藉著強調「丁香油」的使用會有藥效和抗膿效果，來差異化自己的品牌。

下列是一些不同產品種類的產品差異化範例。

- 對所有的愛好者來說，除了Crompton Greaves之外所有品牌看起來都差不多，因為它有一些特別的設計。
- Zenith（增你智）曾經廣告自己是惟一有內建水冷器的冰箱，這是實體的差異。
- 在競爭激烈的二輪交通工具市場中，Hero Honda以其燃料效率的特性出線，對於使用者來說這是一種實質利益。尤其在它的廣告中強力訴求這個特性：「加滿油、關上油箱蓋、忘掉加油這檔事」。
- 邦加羅爾的兒童大本營（Big kidskemp）服飾店的訴求在於，其兒童服飾的銷售據點在規模上為全亞洲最大的兒童服飾商店。
- 當毛巾製造商透過服飾店來銷售毛巾時，Blossom毛巾則在百貨公司或雜貨店販賣，這是一種透過創新使用經銷通路而造成的差異化。

我們現在來探討產品差異化的各種層面。

1. 正面的產品差異化是產品或品牌能擁有的最佳資產之一，因為要改變堅定的忠實顧客非常困難。以吸煙者為例，他們非常忠於自己的品牌，也非常相信沒有其它品牌可以滿足他們。在一個實驗中，300位忠於三種不同主要品牌的吸煙者，拿到三種品牌各一支（標籤隱藏起來）的香煙，並在抽過後要辨認它們各自的品牌。結果是：35%的人能夠辨認它們的品牌；並且以平均法則來看的話，正確辨認出來的人有三分之一是純靠猜測。原因是各家香煙的強度、口感和味道只有細微的差異，一般的吸煙者要分辨其中的差異非常困難。

   接下來要探究，人們到底為何會對特定品牌的香煙建立如此強烈的忠誠度呢？答案就是廣告。以Charminar香煙的廣告為例，它說「Charminar才能滿足像你這樣的男人」。廣告的高重覆曝光率強化消費者心中的印象，認為只有Charminar可以滿足他們。對競爭對手來說，要Charminar的使用者轉為購買它們的品牌將變得十分困難。

2. 任何產品或服務，無論如何平庸，都可以變成一種高附加價值的產品或服務；所以沒有所謂的無差異化商品的存在。事實上，在世界上被認為愈成熟（即產品到達成熟期）的產品，愈有機會加以差異化，因為在無止盡地累積小優勢之後，會使產品轉變而經常創造出全新的市場。讓我們來參考烹飪用鹽的例子。包裝和有品牌的鹽，像是Teta Salt和Captain Cook能比一般鹽索取較高的價格。當它們放在誘人的容器中，被當成餐桌上的鹽（例如Catch）時，甚至就會帶來更多的利潤。

   相同的，一些加油站就是能比其它家帶來更多的人群。原因可能是他們提供「微笑的服務」或正確的數量，或提供其它相關的服務，像是免費檢查冷氣等，這使它們和其它家就是不一樣

3. 差異化對停滯的市場比成長的市場更重要。讓我們來看印度個人電腦市場的案例。開始時產品價格高，經銷商的利潤豐厚、廣告也很多。大部份的領導公司，像是印度電腦公司、惠浦路公司、印度電子及其它公司都遵循著相同的策略。接下來興起的是一元化商品提供者史達林電腦公司，銷售SIVA品牌屬於低價無差異化的產品。結果是市場上無論新舊廠商都必須縮小價格與成本的差距以為回應，因為基本經濟理論使得它們必須如此。當差距縮小後，長期致勝的策略就變成差異化──透過服務、品質和多樣化。惟一成功的方式將是提供專業化服務，像是支援某些產業或服務的應用軟體，以提供較高的多樣性。
4. 產品差異化必須獨特，且不容易為競爭者所模仿。Economic Times藉著自己的粉紅外形和彩色版印刷的作法，和其它經濟日報有所差異。但一旦其它競爭對手仿效，色彩的優勢可能就會喪失。現在色彩方面的差異化已經風行於所有的產品種類，包括電腦。在衛浴用品市場方面，當Liril萊姆在市場上一推出，Cinthol馬上推出它的Cinthol萊姆來對抗。相同的，為了對抗Liril古龍水，Cinthol就推出Cinthol古龍水。在許多消耗型消費商品增加萊姆配方的一開始時蔚為風尚，但現在已經不熱門了。

差異化和附加價值是一種持續的過程，而製造商和行銷人應該時時注意新主意（idea）的出現。差異化的主意和隨後的附加價值觀念可能來自最終顧客、經銷通路的成員、供應商、和組織內各階層各部門的員工。日本所實行的Kaizan，就代表「讓每個人持續進步」。具有差異化和獨特性，就能幫助產品在愈來愈多的競爭產品和服務中脫穎而出。然而彼德（Tom Peters, 1987）在他的著作《在混亂中茁壯》（Thriving on Chaos）一書中提出下列的警言：

1. 不要提供市場不想要的過度誇張差異化。舉例來說，就如同高價男性香皂Aramusk，或索價其昂的柳橙汁Tang。或許高昂的價格是這些產品表現不佳的原因之一。
2. 不要因為輕忽整個產品或服務的某個部份，而拖累有用和大有可為的差異化。許多旅館的建築設計富麗堂皇，但提供的服務卻很糟糕。因此，差異化應該要超過任何產品／服務最低的可接受水準。
3. 不要因為太早採用獨特科技的不順利而太早退縮。第一部自動櫃員機是個大失敗，而第一部影像電話更是慘敗。
4. 不要忘記，只有當消費者了解差異時，產品才真的達到差異化。這是差異化非常重要的一點，因為行銷人須關注的就是消費者的認知。

產品包裝

在一項爲了找出新品牌洗衣粉之理想包裝設計的實驗中，隨機選擇了一些家庭主婦做爲受訪者。每個家庭主婦拿到一組內裝同樣洗衣粉的三個不同盒子。隨後她們被要求試用樣品幾個禮拜，然後再說出哪一個最適合洗脆弱衣物。（她們得到的印象是，每個盒子裝的是不同的洗衣粉）

其中一個盒子的設計是大紅色。在測驗中使用紅色，是因爲有些商家相信紅色最適合放在陳列架上，因爲它給人一種很強烈的視覺衝擊。另一個盒子是鮮黃色，而第三個盒子則是藍色。

在她們的報告中，家庭主婦宣稱大紅盒子裝的洗衣粉效力太強，有幾個人甚至抱怨衣物被洗壞。至於鮮黃色盒子裝的洗衣粉，在幾個案例中家庭主婦則抱怨使用後衣服看起來很髒。第三盒則普遍反應良好。婦女們使用一些像是「很好」和「太棒了」的字眼，來形容衣物使用過藍色盒子裝的洗衣粉清洗後的效果。

在另一個實驗中，讓200名婦女各使用二瓶冷霜。她們被要求二星期後再回來，實驗單位並保證會大量供應她們所喜愛的冷霜。二個瓶子上都標示「高級冷霜」。其中一瓶的瓶蓋設計是二個三角形。另一個瓶蓋設計則是二個圓形。婦女們並不知道二瓶冷霜的內容物完全一樣。結果是八成的婦女喜歡第二瓶冷霜，其瓶蓋設計是圓形。她們發現這瓶冷霜的濃度，比另一瓶瓶蓋設計成三角形的冷霜來得好。她們也認為這瓶冷霜較容易抹勻，而且說品質絕對比較好。

從這些實驗的結果來看，產品的包裝影響頗大。許多消費品，像是飲料、爽身粉和化妝品等的購買，都是因為包裝外觀所致。

「封包」（packing）和「包裝」（packaging）基本上有一點不同。封包意指對產品的實體保護，而包裝則有許多其它功能，像是：(i)傳達產品及其使用的資訊，(ii) 強調適當的形象，及產品定位與目標市場相稱，及(iii)在購買時，扮演視覺說服者的角色。

包裝設計比封包的做法來得繁複許多。許多因素，像是顏色、平面文字圖樣、插圖、尺寸、形狀和包裝文案都需要仔細考慮。讓我們參考旁氏公司著手設計其香皀包裝的方式。旁氏的Dreamflower香皀紙盒的顏色和設計幾乎是旁氏Dreamflower爽身粉平面圖樣設計的翻版。這種做法就是要搭爽身粉已經建立的品牌形象之順風車。相同的，旁氏冷霜的包裝圖樣和顏色，則是借用旁氏洗面皀的設計。

包裝基本上要強調行銷人希望傳達的產品形象。舉例來說，定位為中產階級使用的洗衣粉Nirma的包裝，就是土褐色、透明的袋子。這種不加修飾的普通包裝，藉著表達一種經濟型洗衣粉的形象來獲取更多認同，這非常符合目標市場的要求和製造者的行銷策略。

下面列舉了一些包裝的元素：

- 尺寸
- 形狀
- 顏色
- 商標型態
- （產品的）插圖

尺寸　尺寸的決定是包裝重要的決策之一。所有的果汁傳統上都裝在100ml或120ml的包裝中。帕樂飲料公司藉著200ml瓶子的包裝來改變這種風氣。現在，它們也提供500ml瓶裝。爲了方便家庭使用，有些製造商已經推出1公升包裝的利樂包，像是Gala等。

形狀　可以使用創意來找出產品包裝的獨特形狀。香皀採橢圓形包裝。Camphor被包裝成表示神明和女神概念的形狀。兒童爽身粉則包裝在玩偶般的容器中。

顏色　即使是使用在產品封包的顏色都非常重要。舉例來說，在嬰兒保健產品上，有些做法仍舊相當傳統，例如「女孩是粉紅色，男孩是藍色」。下面列舉了一些顏色及其相對引發的感覺。

藍色—冷
紅色—溫暖、刺激
粉紅—歡樂
黃色—精力
綠色—平靜、清新
灰色—不受拘束、降低感情反應
紫色—神秘和戲劇化

光譜紅（朱紅色）被認爲會促進食欲，所以被油漆在餐廳的內部。這基本上是蘋果或櫻桃的顏色。另一方面，藍色、紫羅蘭色和紫色則會降低食慾；雖然藍色和紫羅蘭色被認為會產生對甜食的欲望。黑色被認為比白色重。假使產品需要考量重量，包裝顏色的選擇應該要適當。

商標型態　　這是指在包裝上商標名稱的撰寫方式。我們可以使用不同式樣的字體。

插圖　　這是指產品的視覺效果，能顯示產品有哪些或更多的使用方式。這樣的插圖通常使用媒體廣告的同系列插圖。然而，包裝並不一定需要有插圖。

因此，包裝對產品來說不只是代表實體的容器。包裝吸引消費者的注意；提供他們關於產品特性、使用方法和價格的資訊；以及傳達行銷人想要加強的產品形象。隨著超級市場和自助概念的興起，當太多產品爭相求取消費者的青睞時，包裝就扮演購買時的推銷員角色。總歸一句話，包裝就如同赤裸產品身上的一層衣物。

品牌化決策

卍字型是著名的納粹符號。「手」則是印度國會（I）黨的符號。在過去每個國王都有自己所屬的符號，這種印記會印在他的旗子、戒指和書信上。舉例來說，控制印度南方的三個王朝，其符號各是Cholas的老虎，Pandyas的魚和Cheras的弓箭。傳自卡拉拉（Kerala）的雙象屋瓦，在印度南部的村莊仍舊十分流行。消費者也非常熟悉印度航空的大君像和MRF的健美先生。這種圖形符號是用來創造出一種識別和描繪出一種形象。

一隻頭斜向一邊、側耳傾聽老留聲機播放音樂的小狗，在過去

110年間被用來銷售HMV（His Master's Voice）的系列產品。有些名稱用特殊方式寫成以表達它們的獨特性。Thums Up被寫成豎起大姆指的一隻手。這個商標打破語言的所有藩籬。消費者只要藉著豎起大姆指，就能表示他要這個品牌的飲料。高德瑞公司的商標也出現在它所有的產品上。

什麼是品牌？

商業符號以品牌、品牌標示、品牌名稱或商標的方式顯現。下列是柯特勒（Kotler, 1991）對這些術語所下的定義。

品牌是名稱、術語、記號、符號或設計，或它們的組合，意圖要表示一個賣方或一組賣方的商品或勞務，並造成和競爭者的商品或勞務差異化。

品牌名稱就是一個品牌可以口語化的部份—可以說出來。

品牌標示是品牌可以辨認出，但無法說出來的部份，像是符號、設計、或獨特的顏色或字體。

商標是法律給予保護的品牌或一部份的品牌，因此只能夠獨家使用。

不是所有的產品都以品牌化的方式銷售。我們的米、糖、鹽、雜貨等，由它們的製造商運送到中間商，中間商裝袋出售，而不使用供應商的任何識別標示。然而即使在這一類商品中，我們仍可以看到許多有名牌的辣椒粉和鹽。未品牌化的產品被稱爲大宗產品（generic product）。

品牌名稱應該有哪些特性？

下面列出品牌名稱應有的特性。

1. 它應該顯示產品的利益，例如Fresca（衛浴香皂）、Fair&Lovely（美容乳液）、Eveready（手電筒）。
2. 它應該要顯示產品的特性，像是動作和顏色，例如Hotshot（照相機）、Velvet Touch（油漆）。
3. 它應該要容易發音、辨認和記憶。短名會比較有利，像是Rin（洗衣皂）、Vim（洗滌粉）。
4. 它應該要獨特，像是It's Me（洗髮精）。

然而規則總有例外。有誰能將蘋果和電腦聯想在一起呢？但這仍然行得通。Sajaj Sevashram Brahmi Amla Kesh Tel可能是史上品牌名稱最長的產品了！即便如此，在高度競爭的髮油市場上，人們還是記得並購買它。

名牌名稱有多重要？

行銷人使用的品牌名稱，應能投射出行銷人想要建立的品牌形象。不同的詞句會在人們的心中引發不同的意象。人們心中的意象和行銷人想要表達的形象應該要契合。JK集團的Today Park Avenue在印度男仕服飾市場成爲一個領導品牌。當我們談到Park Avenue，一種高級形象立刻蹦出。但不一定都能如此。當JK集團在70年代跨足男仕成衣市場時，它推出的Raymond's Legwear並不是很成功。它被認爲太過庸俗廉價。經過二次重訂品牌，名稱改爲Double Barrel和Raymond's Menswear，但仍舊遭到同樣的命運。請見Box 8.1，另一家公司在化妝品領域的經驗。

Box 8.1　品牌名稱內有什麼？

品牌名稱內有什麼？有許多東西，假若你遭遇到跟Tips & Toes的推廣者脫比瓦拉（B. D. Topiwala）同樣的經驗。當他決定要靠著推出一種指甲油，來成爲印度女性的美容師時，他很熱衷於Shringar這個品牌名稱，因爲這個名稱運用在康康（kumkum）產品中效果非常好。「不可能」，脫比瓦拉的廣告代理商艾弗斯特（Everest）說：「我們向脫比瓦拉先生解釋，這麼印度化的名字不適合用在西方的化妝品上」，艾弗斯特廣告公司的總裁吉尼（Farhad Gimi）回憶。但是脫比瓦拉非常頑固。他堅持要用Shringar，並且更換廣告代理商。結果是產品大大失敗。脫比瓦拉馬上承認失敗，改採艾弗斯特的做法。這一次終於比較開明了，他同意用Tips&Toes這個名稱。

資料來源：《Business World》, 26 August-8 September 1992, p. 66.

行銷人所選擇的名稱，不應該在目標消費者心中有任何不好的意義關聯。讓我們來看在印度銷售之香煙的品牌名稱。它們大部份都用英文，或是歐美的名稱（Scissors、Panama、Wills），或許只有Charminar例外。因爲看到Charminar的成功，有一家香煙製造公司就創造一個品牌，名爲Gopuram（寺塔），並在達美那都的馬杜拉推出。在香煙盒上的寺塔插圖相似於位在馬杜拉的瑪安那克西女神寺的寺塔。這個品牌並不成功，因爲在消費者心中抽煙和瑪安那克西女神的意象相衝突。然而國產香煙干那西（Ganesh Beedi）卻銷售良好，

或許是因爲人們不覺得干那西神有什麼不對，祂是一個單身男神，和香煙感覺上有關聯。

名稱上的相似性會使公司陷入司法的角力中。爲了要沾Nirma成功的光，許多有相似讀音的品牌也進入市場，例如Nirla、Neema、Nilma。當印度刮鬍刀公司重新推出大受流行的吉列（Gillette）牌刮鬍刀之7 O'Clock刀片時（由Poddars和吉列牌推廣），馬候川工業公司就推出Saat Baje（在印度文中表示7 O'Clock）刀片予以回應。請參考Box 8.2另一個有趣的案例。

Box 8.2　Bubbles vs Dubble

惠浦路公司推出一款兒童用香皂Bubbles。試用情形非常好，每個人也預期這個品牌會成功。但是握有洗衣皂品牌Dubble的TOMCO，卻把惠浦路公司告上公堂。法官判決這二個名稱太過相近，所以泡沫（Bubbles）就這樣破掉了。

資料來源：《Business World》, Corporate Combat, 8-21 June 1988, pp. 54-63.

公司可以選擇採用個別品牌化（individual branding）或系列品牌化（family branding）的策略。舉例來說，印度槓桿公司的產品都有個別的品牌名稱：Vim、Pears、Rexona等等。另一方面，Amul則是一個系列品牌名稱，操控許多不同的產品（例如：奶油、起士、巧克力）。Eveready和高露潔則是同樣的例子。個別品牌可以被用來鎖定不同的市場區隔。印度槓桿公司銷售的Rexona香皂，是針對大衆（經濟）區隔，而Pears香皂則是鎖定高級皮膚保養區隔。假如只採用一個

共通的品牌名稱，就無法在消費者心中建立想達到的明確區隔。

另一方面，系列品牌策略的優勢之一是，可以結合所有系列產品的促銷活動，有助於強化系列品牌名稱的印象。

品牌延伸

一個品牌名稱通常代表一個單一產品。然而也有例外的情況。一個品牌名稱或許會延伸至相關或不相關的產品。在下列案例中，就發生品牌延伸（Brand extension）的狀況。

1. 當個別品牌延伸而創造出一個系列品牌時，例如旁氏的品牌名稱就從Dreamflower爽身粉，延伸至Sandal爽身粉。
2. 當相關產品加到一個現有的系列品牌中時，例如Amul增加的巧克力系列。
3. 當一個個別或系列品牌延伸至不相關的產品上時，例如Enfield品牌名稱從摩托車延伸至電視和影音組合。

公司會嚐試各種品牌延伸，尤其是品牌直線延伸至不同的口味或成份，或不同的形式或應用。一些直線延伸的例子像是Cose-Up牙膏的三種顏色（藍色、綠色和紅色）、Cinthol香皀的四種變化（原味、新品、萊姆和古龍水）、Robin Blue衣物漂白產品的二種形式（液狀和粉狀）、和Cherry Blossom鞋油的二種形式（膏狀和液狀）。

將品牌延伸至新的產品種類也是現今常見的狀況。Dettol香皀、旁氏牙膏、Onida洗衣機和棕欖香皀就是此類延伸的驚人之舉。

品牌延伸的限制

品牌延伸的策略有其侷限性。IBM這個名稱會令人聯想到電腦。

若是明天IBM開始賣起冰淇淋，則這個做法可能無法吸引消費者。旁氏公司嚐試過推出旁氏牙膏。在一項不顯示名稱的產品測試中，人們無法分辨旁氏牙膏和高露潔牙膏的差異。然而，當旁氏這個名稱印在牙膏包裝上，並且還加入一些旁氏 Dreamflower爽身粉的圖樣時，人們並不喜歡這個主意。對許多人來說，旁氏是面霜，是關於馥郁和清爽，也只應運用在這一類的延伸應用上。然而在另一方面，牙膏的主要屬性就是口味，而馥郁和口味印象的結合在消費者心中創造出一種不合諧感，所以消費者抗拒這種牙膏。更值得一書的是旁氏香皀則能被消費者接受；旁氏身體爽身粉的最終利益是清爽和馥郁，這個印象則能輕易的轉化至同名的香皀上。相較之下，Dettol就拼命想要排除它抗膿乳液給人的「阻斷和保養」的印象，以利推廣其「百分之百沐浴香皀」的形象。

品牌延伸要考量的因素

透貝爾（Tauber, 1986）提出要成功延伸品牌至新種類須具備的三個因素。

1. **認知上的契合**　消費者必須感覺新產品和原有品牌有相容性。（Nirma沐浴香皂和Nirma洗衣粉兩者產生的認知無法契合。）
2. **實力相當**　新產品應該和此一市場中的其它競爭產品相匹敵。（棕欖香皂並沒有讓消費者有新鮮感。）
3. **利益移轉**　消費者希望新產品能提供原有品牌所提供的利益。（Boost活力飲料延伸至Boost活力餅乾，就是利益移轉的一個好例子。然而將好力克（Horlicks）之名稱延伸至餅乾就沒有同樣的效果。好力克或許應該要轉換成好力克牛奶餅乾，並強調其「牛奶」成份。）

瑞斯和特洛特（Ries and Trout, 1981）曾表達它們對品牌延伸策略的疑慮。根據他們的說法，一個品牌名稱就像一條橡皮筋，它能夠延展，但不能太過。除此之外，你延展一個品牌名稱愈多次，它就會變得愈脆弱。（和我們的預期剛好相反）。

下列的指導原則可以幫助我們決定何時可以使用系列品牌，以及何時不應使用。

1. **預期的規模**　潛在的勝利者不應該使用家族的系列名稱；小規模的產品則該使用。
2. **競爭**　在無競爭者的市場中，品牌不應延用系列名稱。在擁擠的領域則該使用。
3. **廣告支援**　有豐沛廣告預算的品牌不應使用家族的系列名稱。品牌預算較少的則該使用。
4. **重要性**　先鋒型產品不應延用家族的系列名稱。大宗商品像是化學產品等則該使用。
5. **通路**　不在陳列架上的產品不應延用家族的系列名稱。由業務代表銷售的產品則該使用。

消費者心中的品牌分爲三類：高級、中等和經濟實惠類。一個高級品牌可以延伸至另一個高級產品種類，或至中等種類。但是一個中等品牌不能延伸至高級產品種類（Xavier 1992）。Nirma是一個中等品牌名稱，而尼爾馬化學公司致力於用Nirma名稱來推廣一種高級香皂的做法因此難以奏效。Surf是一個高級品的品牌名稱，我們將拭目以待，看它延伸Surf Ultra進入一個超高級品市場能否成功。在許多家庭主婦的心目中，Surf是一大盒500公克包裝售價200盧比。現在若Surf的數量突然減少一半，而價格卻加倍的話，可能會在消費者心中造成不協調感。

雖然有這麼多的限制，爲什麼公司還是持續進行品牌延伸呢？這就是因爲在現今的背景下，公司透過媒體在全國推出一項新產品的費用，已經漲到約三千萬至五千萬盧比；然而投資在工廠和設備的成本也許少很多，例如消耗型消費品，像是香皂、牙膏或包裝食用鹽。因此成本對新進者來說，成了這些產業的進入障礙。另一方面，實力堅強的老公司比新進者更佔優勢。因爲它們擁有較低的成本，也能盡量利用它們原有的名稱，所以它們會進行品牌延伸。因此即使是已經退出市場的品牌名稱，像是Sunlight都可以重新帶回市場利用。

品牌資產的概念

芝加哥的一名顧問希克森顯然想要買下銷售萬寶路（Marlboro）香煙的菲力浦莫瑞斯公司（Philip Morris Company）。人家告訴他價格是八億五千萬美元。他隨後提議想購買菲力浦莫瑞斯王國的一部份，就是能在它自己生產的香煙上使用萬寶路的名稱，及使用牛仔來行銷這個品牌的權利。這一次，價格變成450億美元。基本上，品牌形象或許可以說是無價的。

當生產香煙打火機、刮鬍刀和電子產品知名的一家美國公司羅森（Ronson）倒掉時，其它公司併吞它的名稱，隨後並授權給其它產品的製造商。雖然產品有其生命週期，但品牌沒有。假如香煙遭到全面禁止的話，我們可能會發現撒旦香煙公司利用它的品牌名稱Charms，開始行銷起牛仔褲來，或ITC行銷起Wills系列的男性化妝品。

有些外國的公司已經開始評估自家品牌的價值，並且也在資產負債表的資產項下列出品牌資產。品牌資產在併購（M&A）和併呑（takeover）時也會列入考量。在品牌價值化的過程中有許多不同的方法曾經被提出，因爲每個國家對於無形資產價值化的財務會計原則都不太一樣。一個複雜的評估程序或許會使用不同的標準，像是市場佔有率和排名、品牌穩定度和過去紀錄、品牌種類穩定度、國際性、市場趨勢、廣告和促銷的支援、和法律保障。

用簡單的話來說，品牌資產就是一個特定品牌爲產品背書的「附加價值」。從行銷學的觀點來看，可以藉由品牌和產品結合後所產生的現金流量，來衡量品牌資產。假若Oberoi的名稱被放在觀光據點內一家不是很有名氣的旅館上，我們可以計算「增加的住房率」。相同的，在消耗型消費品的情況中，例如以餅乾來說好了，我們可以進行產品配對實驗，測量在有和沒有Britannia名稱下產品「銷量增加的比率」。在消費者耐久財的情況下，像是菲力浦音響組合，我們可以測量在加上菲力浦名稱後，人們願意支付的「額外價格」。「增加的住房率」、「銷量增加的比率」、和「額外價格」可以直接換算成用貨幣單位計算的資產。

品牌資產爲一種競爭助力

除了提供公司現金流量外，品牌資產也爲公司帶來了競爭優勢。這就是嬌生公司大力支持的觀念，在現代社會中一個母親對其孩子的愛，可以藉由她所購買的嬌生嬰兒保健產品的數量來衡量。惠浦路公司和旁氏公司試著要踏進嬰兒保健市場也一直無法成功。強力品牌提供的附加優勢，可以抗拒競爭者的攻擊並成爲一種進入障礙。

當用在Limca的一項成份BVO被政府禁止時，Limca保持低調。但是在公司又開始促銷它時，Limca的銷售曲線又開始上揚。因此，一個強力品牌有其彈性來承受衝擊、企業減少支援（例如廣告、銷售推廣）、和消費者品味的改變。當百事可樂努力地想要搶攻印度市場時，重新進入印度市場的可口可樂或許會較快地奪回它的市場佔有率。

在市場中一個強力品牌，無論對交易或對公司都有明顯的價值。若從交易觀點來看品牌資產，其相對於市場上其它產品的品牌槓桿是能夠衡量的。這個附加價值的來源，來自於一個強力品牌有較高的接受度和較廣的通路。知名的消費品牌一般所付的佣金較低，而其新產品也能得到較多的上架空間。像是旁氏牙膏或好力克餅乾等產品就得到商家全心的協助，雖然它們隨後被消費者排拒。

強力品牌也享有較高的消費者忠誠度。即使相對於競爭品牌來說，其品牌的價格上升，或當競爭品牌降價時，消費者仍會維持對知名品牌的忠誠。雖然在涼性止痛藥市場上，許多的其它品牌價格只有Vicks Vaporub的一半，人們仍舊持續購買它。若是在某家商店中買不到Vicks，消費者會繼續尋找有存貨的商店。

因此值得建立強力的品牌形象。但該如何建立強力的品牌形象呢？品牌形象是一個複雜的現象，是廣告的重複曝光、產品使用經驗、口耳相傳、競爭性活動、和其它的因素而隨著時間慢慢形成的。在建立強力的品牌形象上，廣告理所當然是最重要的因素。

奧美（Oglivy, 1983）說過：「每次的廣告都應該視為對品牌形象的貢獻。你的廣告應該年復一年持續的表達相同的訊息。」Wills Filter持續用「為彼此而生」的概念來解釋濾嘴和煙草的配對。當Wills第一次將濾嘴香煙引進印度時，必須先克服吸煙者心中的偏見，他們認為濾嘴介於他們和香煙之間，因而減少他們抽煙的樂趣。時至今日，Wills這個名稱已經擁有自己的個性，並吸引富裕及注重地位的年輕人。另一個傑出的例子就是Lifebuoy香皂，它從未改變它原本促銷「Lifebuoy重視您的健康」的訊息概念。

產品投資組合

一家新公司通常開始時只有一項產品。假若生意順遂，則公司會透過不同的機型、尺寸、顏色、口味等來創造各種產品線。擴充產品線是為了滿足現有的顧客區隔、從新區隔吸引生意、或對抗競爭者的行動。

位於阿美達巴的品歐那工業（Pioma Industries）第一次行銷濃縮飲料Rasna時，只推出一種口味（柳橙），並且也只針對一小塊區隔：兒童。但是Rasna現在已經有11種口味，而且也從原先的兒童歡樂飲料，提升至除了咖啡或茶之外成人的另一種新鮮的選擇。因此品歐那工業的濃縮飲料產品線，現在已經有11種產品。

一條產品線是一組緊密相關的產品，這是因為如下的原因：它們滿足某些領域或需求、它們要一起使用、它們賣給相同的顧客群、它們透過相同型態的據點行銷、它們落在同一個價格範圍內。

成功的擴充產品線，通常會伴隨著多角化其它的產品線。所有事業體提供的產品或產品線，就是事業體的產品投資組合。舉例來說，ITC的產品投資組合涵蓋它的香煙、旅館、出口、海產、烹飪油（Sundrop葵花油）和紙業。德艾紡織工廠（DCM）的產品投資組合則包含不同種類的產品線，像是紡織品、糖、肥料、電腦、PVC和鑄造品。

為了要成功，公司產品投資組合內的產品應該要有不同的成長率和不同的市場佔有率。產品投資組合的功能是能夠平衡現金流量。高成長的產品需要投入更多現金來維持成長。低成長的產品則應該產出超額現金。這二種產品同時都需要。

產品投資組合和事業部組合，已經證明對於發展多產品公司的策略很有幫助。投資組合的觀念在本質上是指，將公司的產品分類，並分別採行不同的策略和分配不同的資源。在行銷學文獻中有許多投資組合的模型。我們將使用BCG（波士頓顧問團）模型來討論投資組合的概念。

BCG產品投資組合

BCG模型根據相對的市場佔有率（水平座標），將公司的所有產品各歸入一個矩陣的四象限中（請見表8.2）。高成長高市場佔有率的產品會落在矩陣的第二象限，稱爲明星產品。然而它們也需要更多現金，因爲要得到高市佔率就需要高行銷費用。

當市場成長率逐漸緩慢（即進入PLC/BLC的成熟期），明星產品會移至第三象限，成爲金牛產品。金牛產品一般來說會產生超過維持其在成熟市場的市場地位之現金。超額現金可以用於融通明星產品（在高成長率產業的新產品），或幫助「問題兒童」變成明星。問題兒

表8.2　產品投資組合矩陣

市場成長率 ＼ 市場佔有率	高	低
高	明星 *	問題兒童 ?
低	金牛 Y	癩皮狗 X

童即高成長低市佔率的產品，位於第一象限。

第四象限則是癩皮狗—產品市場佔有率低，且位於低成長市場。根據投資組合的概念，這些產品可以準備收割（搾錢）或撤資。產品投資組合概念的理想運用路線是，在成長市場維持新產品的持續流入，並以穩定的金牛產品加以平衡。當金牛產品的市場進入其產品生命週期的衰退期時，在變成癩皮狗之前就要先撤掉這些產品，以保留現金並隨後重新投資在未來的明星產品身上。

這些概念只應參考，而不應在策略規劃上盲目的全盤接受。有許多公司並沒有多角化，但仍舊營運良好。舉例來說，衆所皆知的嗒嗒鋼鐵公司（TISCO）持續只製造鋼鐵一項產品，但仍舊賺取豐厚利潤。也有許多高度多角化的公司經營不善。Shaw Wallace和EID Parry都是高度多角化的公司，卻在減少產品線方面遇到困難。

訂價

多蘭（Dolan, 1995）曾經說過：「訂價是經理人行銷上的最大夢魘。訂價是他們覺得最有壓力，也是他們最沒有信心能夠做好的事。壓力會這麼大，大部份是因爲經理人相信他們無法控制價格：價格由市場主導⋯⋯。」

訂價經常是根據直覺、推斷或猜測消費者的觀感和競爭實況，而非依據實際的資料。然而價格是行銷組合中，惟一直接連結收入和利潤的元素。是故，訂價決策成爲行銷策略的一個重要要素。除了會影響公司的獲利能力之外，訂價也會塑造消費者對公司的認知。

我們應該了解並沒有固定法則能做出完美的訂價策略。如同諾特（Nault, 1983）所述：「訂價是一門微妙的藝術。它經常由黑魔術所構成一混合三分之一的事實，三分之一的神話和幻覺，還有三分之一不切實際的經濟理論。假使我們夠聰明，我們應該要揮別黑魔術，而讓我們的訂價決策完全根據事實。」他更進一步的提出10種訂價時會發生的謬誤（見Box 8.3）。

Box 8.3　訂價的10個常見謬誤

1. 消費者會理性的購買

   市場上並沒有「經濟人」（homo economicus）。購買動機經常是情緒化、非理性或衝動性。

2. 品質決定價格

   這聽起來像是眞理，許多行銷人因此會衡量其產品的品質，並隨之訂定價格。事實上似乎剛好相反。價格愈高，人們認爲品質會更好。

3. 價格可以完全以邊際利潤目標爲依歸

   應用僵固的邊際利潤政策會導致訂價過度謹慎（反之亦然）。關鍵是測試價格上限，並把握所有的機會。

4 經濟衰退會影響低價產品

   這沒有實際根據，並且相對價值比絕對價格水準來得重要。

5. 消費者知道市場價格

   除了高頻率的購買之外，消費者很少會注意到實際價格。

6. 明智的訂價有助於競爭成功

   這是製造商的觀點。眞正重要的是標如何看待產品，以及他們看到產品有哪些價值。

7. 新產品應依據當下的商品成本來訂價

   經濟情勢瞬息萬變，成本注定要上升。

8. 只有市場領導者能夠控制價格

事實上，第二名或第三名經常有更多的彈性和企圖心。

9. 製造商可以控制零售商的銷售價格

只有郵購商品或藥品才能如此。在大多數的場合中，零售商才是決定者。

10. 剛進入市場時價格要低，而當市場佔有率提高時就漲價

最好接近長期觀點下的初始價格定位。

什麼是價格？

價格有許多形式，但是在最終的分析上，價格是購買者爲了產品、勞務或任何協助而支付給賣方的東西。產品的價格有幾種說法：標示價、零售價、折扣價、批發價、或工廠出貨價。服務的價格則是費用（fee）、票價（fare）、或學費。簡單說來，價格就是產品或勞務的交換價值。

但是這個簡單的定義不一定包含了產品的其它層面，像是配件、售後服務、更換部份、貸款數額、償還計劃、和利率。因此價格永遠不是一個定義嚴謹、明確、統一的數字。

訂價目標

一般來說，我們會期待價格能訂在利潤最大化的那一點。但在現實中，訂價目標有各種變化（見Box 8.4）。

Box 8.4　訂價目標

1. 達到長期利潤極大化
2. 達到短期利潤極大化
3. 達到成長
4. 穩定市場
5. 使顧客對價格較不敏感
6. 維持價格領導地位
7. 排拒新進者
8. 造成邊際廠商快速退出
9. 避免政府調查和控制
10. 維持價格一致
11. 避免供應商，尤其是勞工要求更多
12. 加強公司和其銷售條件的形象
13. 被最終消費者視為公平合理
14. 建立對此物品的興趣和刺激
15. 被對手認為可靠和值得信賴
16. 幫助產品線中弱勢商品的銷售
17. 防止其它廠商降價
18. 使產品「曝光」
19. 「毀掉市場」俾在賣掉事業體時能得到較高的價格
20. 增進流通，例如：吸引更多顧客

需要注意的一點是，獲利性和成長率只佔訂價目標的一小部份。

考量上應該還要包括社會性目標，諸如使需要的人能買得起、鼓勵人們將某些產品（例如Nirodh）使用在社會公益上，或勸阻人們不要過度使用某些產品（例如香煙、酒）。無論是公共部門或民間部門，每家公司應該都要訂出自己的訂價目標，並在眞正決定產品或服務的確實價格前，將目標排出優先順序。

訂價策略

進入市場的價格策略

訂價策略的概念就是，利用價格這項元素來達成特定的行銷目標。策略形成時最敏感與最重要的時刻，就是推出一項新產品之前。這牽涉到必須在考慮其長期的衝擊和涵義下協調出訂價策略，這需要公司對一些因素有宏觀的視野，像是（i）產品／品牌可能的壽命，（ii）潛在需求的數量和價格敏感度，（iii）利用價格來區隔需求的機會，（iv）潛在消費者的接受速度，其中須考量競爭、選擇和替代產品，（v）產能的建立和每單位成本享有規模經濟的可能性，和（v）研發費用回本的時間表。

在導入期，公司有二種基本的訂價策略可供選擇：

1.削去法
2.滲透法

1. 削去法　　削去策略就是故意將初始價格訂得高於預期的長期價格水準，然後當競爭和需求狀況改變時，再逐步削價。
2. 滲透法　　採用滲透策略是爲了要在初期時，藉著「銳利」的訂價（低邊際利潤）來達成可能最高的銷售量。在實際運用上，這些策略可以分為二種—需求導向和競爭導向。需求導向策略基本上是綜合了二個因素：（i）預期潛在購買者的價格敏感度高，和（ii）需要大量的需求來回收工廠的投資，或達到預定的生產規模經濟（例如有些產品必須大量生產，否則就無法生產）。滲透策略的潛在優勢在於，可能能夠在競爭者出現之前，就建立穩固的市場地位或領導者的形象（這將視競爭反應的速度和強度而定）。因為大量生產之故，許多電子產品的價格在全球市場上都較低。

需求導向滲透策略的一個特別的變化形，稱為「剃刀和剃刀片」策略。這個策略將某一產品（例如剃刀、打標籤槍、油印機具）的訂價，訂在能達到最大化市場滲透或替換的水準，所以接著可以藉由相關消耗品的重覆銷售來賺取利潤。許多公司販賣電腦和影印機，但是最大的收入來源卻不是來自機器的銷售，而是從消耗品和維修上賺取利潤。

競爭導向的滲透策略有二種形式。其一是當新產品在市場上推出時，市場上的競爭商品包含替代商品。這種狀況下可以使用低價策略，來勸誘潛在使用者嚐試這項產品（他們可能對這項產品有些疑慮，例如技術上的疑慮），並假設當產品被使用者接受時，他們會願意支付等於或高於現有替換商品的價格。第二種滲透策略的例子則是使用較低的市場進入價格，來將經營良好的競爭者逐出市場或取代其地位，或奪取一大塊市場佔有率，不過前提是隨後價格可以調漲至較有獲利空間的水準。

市場定位的訂價策略

價格是區隔市場最常使用的方法之一。一般的區隔分為高級、中級、低級。布羅和加勒（Buzzel & Gale, 1987）根據相對品質和相對價格，提出五種價值區隔（見圖8.1）。

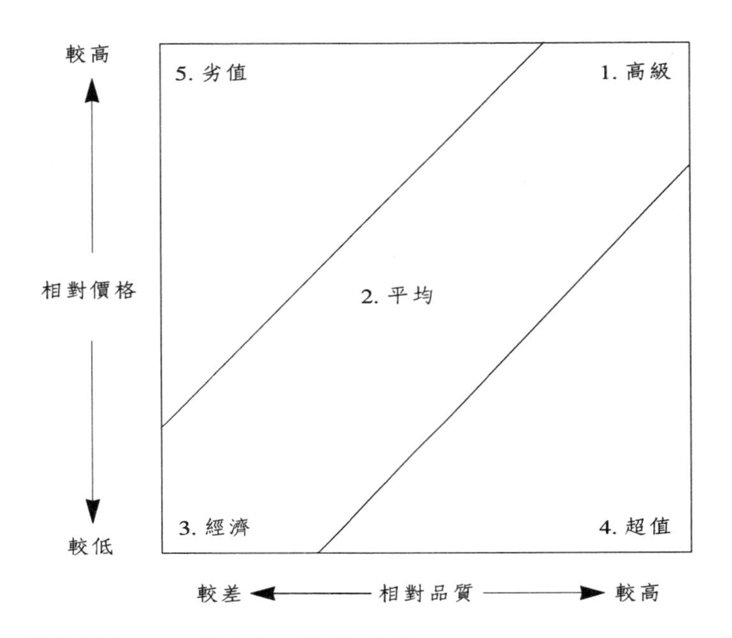

圖8.1　價值地圖：五種產品／服務定位

一家公司會藉著幾種方法，來提供平均水準的價值：（i）用中等的價格來提供中等的品質，（ii）提供較高的品質，但索取較高的價格，（iii）以折扣價格來提供較差的品質。這些平均水準價值的形式會對應著三種一般性的產品／服務，分別是：平均、高級和經濟型。當相對的可察覺品質和相對價格不平衡時，競爭者可以採用超值定位（以較低的價格，提供較高的品質），或劣質定位（以較高的價格，提供較差的品質）。

我們發現處於高級市場中，提供平均水準價值的公司，會表現出高於平均水準的獲利能力。令人驚訝的事實是，提供超值（品質較高，但不加價）的事業體，其獲利能力也同樣很高。他們所減少的價格由較低的成本來彌補，而其低成本的源頭是，他們非常傾向於獲得較高的市場佔有率和付出較低的行銷成本，而能做到如此則又歸功於他們用低於水準的價格來銷售較高的品質。但是這些發現也有其限制。在某些產品種類中，顧客並沒有判斷品質的經驗，他們容易認爲一分錢一分貨。肌膚保養品，像是乳霜、清潔液、和粉底等產品尤其訂價高昂，因爲人們（尤其是女性）有上述的心理傾向。相同的，若是屬於不常購買或反應個人形象的產品，像是領帶夾等產品若訂低價的話，可能不容易得到消費者的青睞。原因在於人們購買領帶夾，不是眞的爲了要把他的領帶固定在襯衫上，而是爲了要建立他在團體中的自我形象。

平抑行銷的訂價

在產品或服務沒有等同需求的情況下，可以有效的利用價格來拉平需求。讓我們來研究電影院的情形。一般來說，在週末假日或夜晚時需求較高。爲了吸引大衆看平常時候早上或白天場次的電影，電影院會提供折價。相同的，山上的旅館也會提供淡季折扣來吸引遊客。

損失領導者訂價法

損失領導者訂價法最常被零售商所採用。通常，零售商會將某些價格敏感度高的產品之價格壓低，並非常明顯的展示價格標籤以吸引顧客走進店鋪。只要顧客走進來，他們最後也會順便購買其它東西，這就使零售商能賺取足夠的利潤。許多電視經銷商以低於標示價格的價錢來出售電視，其損失由調高消費者會同時購買的配件，像是電視架、防塵罩、天線和穩定器的價格來彌補。

價格配套

許多不同的產業，像是電腦業、出版業和觀光業都會運用價格配套（Price Bundling）策略。舉例來說，電腦公司提供的系統價格會包括硬體和軟體。假如你想要個別購買這些產品，那一定得花費更多金錢。同樣的，旅行社提供的套裝行程包含了各個景點的旅遊和食宿費用。出版公司會提供想要在它的各種雜誌上登廣告的公司大額優惠（就是「總包價」）。價格配套尤其適合運用在互補性產品上。當卡拉拉在歡度Onam節（一種節慶）時，做小菜avial所需要用的蔬菜就會配套出售。將這個策略運用在許多會一起購買的產品身上是可行的。

在進入市場後重新檢視策略

不管過去採用何種市場進入策略，當競爭形成時，或愈來愈難以維持產品差異化時，以及銷售面臨飽合狀態時，重新檢視定價策略就成爲不可或缺的一項工作。公司應該更進一步的評估潛在的機會。公司可能會遇到如下所述的一些機會：

1. 從削去策略改採滲透策略，以開發原本以高價打前鋒而推出的產品所引發龐大的市場潛力。此時可以藉著推出產品的精簡版或經濟版，而非對原先的產品降價來達到這個目的。
2. 更新原本的產品，或推出非常差異化而能索價較高的第二代產品。
3. 將產品「重新包裝」，使產品能夠脫離競爭區域而有自己不同的等級格調。一個良好的範例就是一些二合一、或五合一的產品（電視、VCP、廣播、錄放影機和時鐘）。
4. 專注在較有獲利性的市場區隔，即使將已配置的生產資源轉向其它產品身上會有損失。

5. 透過更有效率的生產而非提高價格，以削減成本來增加邊際利潤。

折扣和打折

折扣有許多種類，像是數量折扣、交易折扣、現金折扣和淡季折扣。

數量折扣　　這可能是根據在某一特殊時間點實質的購買數量而定。若是根據一段固定的期間所購買的數量而定的話，就演變成累積折扣。要得到累積折扣通常需要購買者的承諾，在一個特定的期間內採購固定的最小數量，或言明的總金額，或同時使用這二者。

交易折扣　　交易折扣通常爲「標示標格」的某一比例。設計是支應經銷商的營運開支和達成獲利目標。交易折扣有二種方式：(i)一直接比率的交易折讓（例如交易量、標示價格等的15%），或(ii)配合數量折扣。

交易折扣通常會隨著產品等級和配銷通路的不同而各異。交易折扣的決定是一種策略性決策。一家公司可能會提供較高的交易折扣或較低的交易折扣。下列情況會給較高的折扣：

1. 幫助市場地位較弱勢的公司拉攏批發商和零售商來代表產品線。Voltas為許多公司扮演行銷代理人的角色。
2. 當公司並沒有業務單位開發市場時，可以利用交易折扣來鼓勵批發商幫忙推銷。
3. 鼓勵中間通路商進貨和促銷新產品。

下列情況會給較低的交易折扣：

1. 品牌廣告將品牌打進通路。（例如Vicks）
2. 公司的業務單位已經刺激使用者的需求，並將訂單轉交給批發商。
3. 製造商的促銷專案已經為零售商刺激銷售量。

當折扣／交易的邊際利潤相對水準已經確定，下一步就是要決定是否要使用數量折扣。另一個可以吸引中間商的方法就是提供比一般交易有利的付款條件。

現金折扣　　假如在一個特定的時間內付清請款單上的款項時，賣方就會提供這種折讓。

淡季折扣　　當需求有周期性而供給已經固定或難以改變時，會根據季節、日期、或不同的時間，爲同一產品訂定不同的價格。

給中間商和顧客淡季折扣幫助公司出清一些存貨。給予淡季折扣的決策是根據若沒有折扣時，公司必須負擔的存貨成本。在觀光地點的旅館就會提供淡季折扣。電影院的白天場次電影也會打折以鼓勵人們消費這個時段的電影。

促銷

促銷是四個行銷組合變數之一。促銷（promotion）的字面意義是「往前走」（英文）。就行銷學而言，促銷是傳達產品和服務的訊息給目標市場以促進銷售。促銷組合包含了：廣告、個人銷售、業務推廣、和宣傳。

1. 廣告是溝通的付費形式，牽涉到由特定的贊助者以非個人化的方式介紹觀念、商品、及服務。

2. 個人銷售是利用一對一溝通，以協助潛在的顧客購買某項產品。
3. 業務推廣是設計來增加銷售的任何溝通或說服工具（個人銷售、廣告和宣傳除外）。業務推廣本質上都是短期的，而且是設計來刺激目標市場先前的反應，或目標市場較強的反應，或二者皆有。
4. 宣傳是針對公司、品牌、或產品的任何不付費的媒體報導。

對大多數的公司來說，廣告和個人銷售是促銷組合中較重要的二個元素。業務推廣和宣傳被認為是用來填補廣告和個人銷售不足之處，雖然有些公司在業務推廣上的花費比廣告來得多。在我們真正探討促銷組合前，讓我們先來了解定位的概念，以及市場傳播（market communication）如何能幫助一家公司在消費者的心中定位其產品或服務。

產品定位

在1950年代早期，當Richardson Merrell（現在的印度寶鹼公司）想要將Vicks Vaporub引進印度時，它有二個選擇。第一是把產品當成一種能對付感冒、疼痛、蚊蟲咬傷等「多用途藥膏」來銷售，這在當時是較能為人接受的觀念。當時的藥膏市場主要由四、五家廠牌所組成，而安魯將牌為市場領導者。公司的第二種選擇是把Vicks當成「專治感冒」的產品來銷售，如同它在世界上其它市場的定位模式。

從技術上和醫療效果上來說，Vicks Vaporub的配方足以做為一種多用途藥膏。而且藥膏的這種定位已經廣為國內認同，因此公司不必再辛苦的推廣新觀念，像是「專治感冒」等，而且這個決策也能較快獲利。在完全瞭解第二個選擇的侷限性之下，公司不但決定採用這種做法，甚至還修正產品定位為「專治兒童感冒」。因此產品的用途被進一步的侷限在兒童的使用上。結果是當Vicks持續的在競爭者鮮少的感冒藥市場上稱霸時，安魯將牌不得不推出它的Coldrub來對抗Vicks Vaporub。

在1982年，當食品專家公司（FSL）考慮要推出Maggi速食麵時，公司有機會可以選擇幾種不同的定位。當時有幾種爭議，究竟產品推出時要定位為一種在家烹調美味中國菜的方式呢、或是一種「電視餐」、或是一種「迷你餐」呢？透過消費者調查後，公司覺得最具獲利性的定位應該是一種在家享用、美味、快速的點心，並且初期決定針對兒童市場。定位決策會自動的決定競爭狀況，即要和所有的點心產品一爭雌雄。競爭範圍上至即可吃（read-to-eat）的點心（餅乾、鬆餅、花生等等），下至在家煮食的點心，像是samosas。公司對Maggi的定位接近於在家煮食的點心（例如papadam、炸花生、三明治和pakoras），和即可吃的點心有點區隔。

在Vicks的案例中，故意使用「把產品當成什麼來賣」的說法是要形容公司可做的選擇。在Maggi速食麵的案例中，同樣也是「定位的選擇」。行銷人通常在市場上會用這種說法來談論如何定位他們的品牌。這個概念一般意指「相對於競爭廠商行銷的相似產品，品牌被認知的形象」。根據柯特勒（1991）所述，產品定位指為一項產品所做的一切，是為了在市場上和目標消費者的心中有一個清楚、獨特和我們期望的地位。因此產品定位是探討目標消費者認知各種競爭品牌的方式，以及行銷人如何使產品在目標消費者心中定位的方式。行銷人訴求的產品定位，和消費者認知的品牌形象之間，需有良好的配合性。

在Vicks Vaporub的案例中，消費者的認知和行銷人訴求的定位具有一致性。但在許多時候，消費者或許不了解行銷人所訴求的產品定位。這種例子之一，就是高德瑞公司對其香皂Crowning Glory所做的定位。一開始，它被定位爲洗髮精與香皂二合一。然而並沒有達到預期的效果，公司於是隨後將產品形象改爲美容香皂。Milkmaid原先是以牛奶替代品的定位推出。有一陣子它也被當成茶和咖啡的奶精銷售，接著又當成淋在水果和布丁上的東西銷售。現在，它則被定位爲甜點的一種成份。值得一提的是，在這場紛亂的定位戰爭中，這個產品的成份從未改變過。

公司會採行許多定位策略，大部份可以歸入以下幾種：

1. 類別定位
2. 功效定位
3. 使用場合定位
4. 尺寸、價格、和品質定位
5. 人口特性定位
6. 屬性定位
7. 拓荒者定位

1. 類別定位　我們想要將新產品定位成何種類別，取決於其本質和競爭的狀態。Maruti Omni起初被定位和廣告成一台Maruti貨車，爲了要和Bajaj及Standard的貨車競爭。接著，又重新命名爲Maruti Omni，並重新定位爲印度的路上一空間寬敞的大車。這表示它變成要和其它車種競爭，像是Ambassador和飛雅特，尤其是和自己的Maruti 800。在Maggi速食麵的情況中，若是定位成在家烹調的美味中國菜的話，那麼競爭狀況就會全然不同。

2. 功效定位　大多數的產品都會提供多種功效。但是公司會選擇強調其中一、二種來取得競爭優勢。雖然Moov在理論上可以當成一般用途的止痛藥膏來賣，但公司則決定要特別促銷其治療關節痛和背痛的功能。

3. 使用場合定位　當市場充斥著訴求同樣功效的產品時，可以藉著將產品創新地定位爲在特定的場合或時間點上來使用，而找出新產品的市場區隔。Dettol香皂就被定位爲「百分之百沐浴」，其廣告也強調出使用場合，像是汗流浹背的逛街回來後洗個澡，或在整天辛苦工作後回家的沐浴。在這些場合中，當人們覺得又黏又髒或灰頭土臉時，就會想到來洗一個「百分之百的沐浴」。

Brooke Bond Special Tea就被定位爲「起床和早餐的茶」。但是人們是否會各爲了清晨、早餐、早午餐、午餐和下午而買不同廠牌的茶葉就不得而知了！

4. 尺寸、價格、和品質定位　定位產品爲「最大尺寸」、「最低價格」和「最高品質」，使它們能在衆多競爭產品中脫穎而出。人們傾向於記住極端的種類，而較難記住位於中間的產品。邦加洛爾的兒童大本營服飾店被廣告成亞洲最大的兒童服飾商店。印度丹工業定位Gold Cafe高於雀巢咖啡，並將Indana Coffee的價格訂得低於Bru，來同時佔領即溶咖啡市場的二端。在洗衣粉市場上，在一段很長的時間裡，Surf佔據了高級市場的定位，不過現在正面臨Ariel的挑戰。Nirma則有效的防衛其「最低價格」或「物超所值」的定位。

5. 人口特性定位　在某些產品種類中，將產品定位成某種年齡、所得或職業族群專用，可以是一種有效的策略。就像市場上有「兒童香皂」、「成人香皂」和「家庭香皂」。惠浦路公司開發一種叫做「Bubbles」的香皂，並將它定位爲4－12歲兒童專用的產品。市場對這個產品反應良好，不過當塔塔油（Tata Oil Mills）一狀告到法院，說這個名字和它們的洗衣皂的名字太過相似時，惠浦路只好打消推出這個產品的念頭。這個市場區隔現在仍舊空置中。

好力克為兒童推出了Horlicks Junior。它甚至為老年人推出另一種版本。在雜誌界，我們有兒童雜誌、商業雜誌、專業電腦雜誌等等。當然，也有可讓各行各業的社會大衆閱讀的一般雜誌。

6. 屬性定位　公司同樣也可以根據它們比競爭產品優秀的獨特特性或外觀，來定位其產品。這個主意就是要找出產品的一些獨特的賣點（USP）。Zenith冰箱曾經被廣告成有內建水冷器的冰箱。Hero Honda摩托車則被定位為每單位燃料可跑最多哩數的摩托車。Prestige壓力鍋強調它獨一無二的活塞釋放系統為一種內建安全裝置。

7. 拓荒者定位　成為第一有許多優點，包括人們永遠記得第一名的事實。Dalda是在印度國內推出的第一個vanaspati（蔬菜）油品牌，而它的名字已經成為vanaspati油的同義字。Wills則是印度的第一個濾嘴香煙。

重新定位

當一個特定的定位已經不能再進一步提供銷售成長的空間時，公司有時候就會重新定位其品牌。在60年代時，旁氏的Dreamflower爽身粉被定位成女性臉部用粉。在70年代，它則變成了女性身體用爽身粉。在80年代至今，它則一直被廣告為家庭用爽身粉。

當食品專家公司（FSL）推出Milkmaid時，將產品定位為加在茶和咖啡裡的牛奶替代品。一開始它獲得大成功，因為當時奶粉市場的供應品牌很少。一旦奶粉定位產品的供給開始多起來時，人們開始將Milkmaid的價格和奶粉價格相比較，結果就轉而消費奶粉。

在1983年，RSL進行一項市場調查，發現在消費者心目中Milkmaid的形象比牛奶或奶粉更好。因此公司就重新定位Milkmaid，而不再和牛奶比較。這一次它進行廣告「你可以和Milkmaid一起做驚人之舉」，並強調產品的許多新用法。在進行這種做法之後，Milkmaid在1984年的銷售額超越原先所訂的11%，而達到20%的成長。

良好的定位並不易維持，而公司應該時時準備防衛自己的地位。Lifebuoy有效地維持其產品定位「Lifebuoy重視您的健康」。根據推廣定位概念的瑞斯和特洛特（Ries & Trout, 1981）所述，定位應該儘可能不要太廣。Dettol的抗膿定位從原本應用在割傷和傷口，又延伸到刮鬍子時加在水中使用，倒在水中可以清洗地板，和洗尿布的功能。延伸的定位使Dettol得以增加銷售量。但是今日，Brisk專注在「淨化地板」的定位，將使Dettol難以防衛。

當推出一項新產品時，每個行銷人都會面臨定位的問題。從另一方面來說，也需要注意公司現有的其它產品在市場中的地位，因爲其它產品也可能會受到新產品推出的影響。而最後，雖然產品定位是個強有力的概念，但只有在消費者完全了解其定位的情況下，才算眞正的定位。

我們現在再繼續討論促銷組合中的四種元素，分別是廣告、個人銷售、業務推廣、和宣傳。

廣告

公司或許會想要讓銷售人員來傳達每一則銷售訊息，但這種方法並不經濟。即使總成本很高，廣告在執行將銷售訊息傳達給大衆的功能上，仍舊是一種最便宜的方法。廣告的特色在於平均每個人的接觸成本，相較於其它傳播方式仍舊是最低的。這就是爲何有些人會說：「做生意不打廣告，就像在黑暗中對一個女孩拋媚眼一樣」。

廣告也可以用在許多非商業用途上，像是傳達政府資訊或告知政治和社會事件。舉例來說，政府可以推出廣告向民衆宣導危險疾病、愛滋病、或家庭計劃等防治資訊。然而企業在廣告上的花費，遠遠超過政府在廣告上的支出。

我們現在就來探討一個廣告計畫裡的幾個步驟。在執行廣告計畫時，行銷經理人必須做出下列五種決策：

- 廣告的目標是什麼？（任務）
- 廣告的預算有多少？（金錢）
- 要傳達什麼訊息？（訊息）
- 要使用哪種媒體？（媒體）
- 要如何評估結果？（評量）

我們現在進一步來探討這幾個重點。

設定廣告目標

廣告目標必須源自目標市場、市場定位、和行銷組合等決策。行銷定位和行銷組合策略，定義了在整個行銷專案中廣告的角色。許多特定的傳播和銷售目標可以藉由廣告來達成。這些目標可以廣泛的根據其目的來分類，像是告知、說服、或提醒。

告知性廣告大部份都出現在推出產品的開拓期，其目標是要滿足主要需求。說服性廣告在競爭期會變得更重要，公司的目標在於爲特定的品牌建立選擇性需求。有些時候，說服性廣告會歸屬於比較廣告的類別，因爲其目的是要透過仔細比較幾種品牌，而建立其中一個品牌的優越性。比較廣告會被用在一些型態的產品上，像是電腦（Wipro）、熱飲（Nutramul）和二輪交通工具（kinetiv Honda）。提醒性廣告在產品處於成熟期時最爲重要，因爲它會使顧客持續想到某項產品。相關的廣告形式就是強化廣告（reinforcement advertising），這是為了使現在的購買者肯定自己做了正確的選擇。汽車和電視廣告常常提到「有這麼多滿意的使用者」。

決定廣告預算

在決定廣告目標或任務之後，公司要確定每一種產品的廣告預算。理論上來說，我們的廣告花費應該可以從零訂到額外的支出所產生的額外利潤為止。然而，廣告支出和收入的關係在現實生活中無法精確得知。同時，除了廣告以外的其它變數也會影響利潤，每個變數的個別影響效果非常難以衡量。因此，公司會使用非常簡單的做法來決定其廣告預算，我們將在下文探討其中的一些做法。

可以負擔的金額　許多公司只賺取有限的利潤，因此它們通常會將廣告預算訂在可以負擔的範圍內。除了容易操作和控制之外，這種做法並沒有任何科學根據。

按銷售額的比率　這是時下最流行的做法，公司提撥它們銷售額的一部份來做廣告。當然，比率可能從0.5%至20%不等。但是需要考量的一個重要問題是，比例究竟是要以去年的銷售額，或今年預定的銷售額為準。假如每年的銷售額都沒有重大的變動，那麼這個問題不是很重要。但是假如每年的銷售額變動極大，那麼使用預期的銷售數字會比較好。

銷售數量　這種做法是應用在消費耐久財身上。舉例來說，一個冰箱製造商可能決定每個他所製造的冰箱都要花費50盧比在廣告上。

競爭態勢　有些公司會花費和競爭者相等的支出。為了要在充斥著各種廣告的市場上揚名，公司的花費必須超過某些門檻，例如：比競爭者在廣告上的花費多一點點。當然，若市場上有許多競爭者將無法應用這種方法，因爲要知道每個對手的花費多少會非常困難。

根據目標和任務　　若已經決定後目標，行銷人可以找出各種可以達成這些目標的任務。以廣告來說，任務會包含整個廣告活動，牽涉到一系列在報紙和雜誌的廣告、電視和廣播的廣告、宣傳車和海報等等。知道任務之後，就可以列出整個營運的開支。並沒有很多公司採用這個方法，雖然這個方法非常實用，而且對於廣告規劃也有完善的邏輯基礎。

訊息的決定

關於產品，有許多事物可以說。然而廣告卻應該只專注在少數幾個面向上。事實上爲了具有獨特性，廣告甚至應該只強調一件事。根據大衛．奧美（David Ogilvy）的看法，除非廣告裡面眞的包含偉大的主意，要不然很容易就船過水無痕。他稱偉大的新點子爲獨特的賣點（USP），這是行銷人想要在消費者心中定位其品牌的說法。Hero Honda CD 100根據其產品的特性「高燃料效率」來定位，這同時也是該品牌的USP。基本上來說，設計訊息的方式要能一致地將定位／重新定位訊息傳達給目標消費者。我們有幾個重新定位的成功案例。Close-Up被重新定位爲能使用更多次的牙膏（間接的經濟訴求）。Rasna在問世的十年來，三次改變其定位。他們和消費者、經銷商、專家、和競爭者談過話之後，經常會想到定位和重新定位的點子。消費者對現有品牌之優缺點的感受，經常也能提供一些重要的靈感以啓發有創意的策略。

和訊息同樣重要的就是傳達。訊息的影響不只視其內容而定，而且也會受到傳達方式的影響。一旦決定了訊息，廣告人或廣告代理商必須找出一種風格、語氣、修辭、和形式來表達訊息。

風格　　訊息應該用不同的風格來表達或呈現：

- 生活的片段。這呈現出一個人或幾個人平常使用某產品的面貌。一家人在餐桌上共進晚餐的畫面，或許能表達出對一個新泡菜品牌的滿意感。
- 生活風格。這強調產品如何溶入特定的生活風格。一個英俊、年輕的經理或許一面用一隻手握著電話筒，向許多人傳達他的指令，而一面輕啜用另一隻手拿著的一杯某個品牌的即溶咖啡。
- 奇特感。創造產品及其用途的奇特感。一群小孩可能被一隻鸚鵡領進一棟由某個廠牌餅乾做成的糖果屋，然後發現一個用同種餅乾做成的巨大箱子，打開箱子後又發現裡面裝滿著同樣的餅乾。
- 情境或形象。創造產品能營造的情境或形象，像是美麗、愛情或寧靜。可以演出一杯茶由女人漂亮的手，傳遞到男人的手中。男人一手接過茶，另一隻手則柔情的握住女人的手。
- 音樂性。可以演出幾個人或卡通人物一起唱一首關於產品的歌。假使目標觀眾是一群喜歡歐美風的青少年，那麼或許可以選擇爵士樂。假如產品是要迎合印度南方傳統的家庭主婦的話，則來一些Carnatic曲調可能比較理想。
- 人格象徵。擬人化產品，為產品創造出一種個性。Nutramul Dada和Glucon D's Super Hero就是二個有名的例子。
- 科學證據。呈現調查或科學的證據，來證明某個品牌比其他品牌更優秀。一個摩托車製造商可能可以引用一項調查結果，來強調它的瑕疵品比例最低。一個牙膏行銷人可以引用一些醫療雜誌的文章，來證明氟化物能預防蛀牙。
- 真人實證。特別報導一個有高可信度或權威的來源為產品背書。或許可以邀請加法斯卡（Gavaskar）來說Dlcot TV是最好的，或請加亞帕達（Jayaprada）來幫International Lux造勢。

語氣　你可以使用正面的、幽默的、擔憂的等等各種語氣。海龜蚊香就採幽默的語氣。一陣子前，登路普公司（Dunlop）就使用憂心的訴求來銷售其摩托車輪胎。廣告的主題是在雨季的路況不佳時，假使騎士沒有使用登路普公司輪胎的話，就可能會發生車禍。插圖呈現出一個全身繃帶坐在輪椅上的人。很快的MRF輪胎也推出一個廣告，訴求騎士在MRF的保護傘下會非常安全。廣告演出在大雨中，MRF輪胎就置於傘下。

修辭　行銷人可以選擇一些好記、會吸引注意力的文句。標題文詞的選擇尤其重要。這就像是個電報，決定著讀者是否會閱讀內文。讓我們來看下列的標題：

超過35歲的女人可以看起來更年輕

這個標題訴求目標顧客（超過35歲的女人），並吸引讀者的興趣（看起來更年輕）。下列的文辭在標題中可以引人注意：全新、升級、外國進口、西方的、如何去、突然的、宣稱、介紹、優惠、比較、慌忙、驚人的、最後機會、神奇、奇蹟、提供。

形式　形式的元素諸如插圖、本體、文案、顏色、尺寸等等的差異，會大大影響廣告造成的衝擊和廣告成本。插圖通常包含產品的圖片。廣告商也經常在插圖中使用女性模特兒，這使廣告更能成功的吸引目光。但是假如在插圖中並沒有強調出產品的話，廣告則會失去其衝擊性。

廣告文案應該使用簡單、平順的語言。它必須精準並表達事實。

它必須像是你正坐在讀者身邊，回答著他的問題，建議他應該購買何種品牌或產品。

決定媒體

廣告人的下一個任務就是要決定，該透過何種媒體來傳達訊息。參考下列的媒體相關術語應該會對行銷人有所助益。

「媒介」是媒體的單一要素。一期讀者文摘就是一個媒介。電視上一個特定的節目，例如週末電影秀節目，也是一個媒介。

「接收者」（Audience）指媒介的讀者／聽衆／觀衆。許多看汽車大觀節目的人，就是電視上汽車媒介的觀衆。

「有效觀衆」（reach）指各種媒介之間所有沒有重疊的接收者。

假設你想推出一個簡短的廣告。你在連續二期的今日印度週刊和商業週刊各推出一個廣告。也許有些人會看到這二期的今日印度週刊。相同的，在這二期的商業週刊中可能會有些相同的讀者。雜誌的讀者會有重疊現象，例如或許有一些人閱讀今日印度週刊，也同樣閱讀商業週刊。現在刪除這些重疊，假如你可以從廣告所接觸的目標市場中找出讀者的淨額，那你就可以得出「有效觀衆」的人數。

「看到的機會」（Opportunity to See, OTS）是廣告活動所產生的接觸頻率。稱爲OTS是因爲所有閱讀某雜誌特定一期刊有特定廣告的人，都有機會看到它，但是無法確定他們是否眞的看到廣告。頻率指有得到一次OTS的某些人，以及得到二次OTS的另一些人等等的資料。行銷人或許從調查研究中發現，例如若要從潛在顧客身上得到正面的回應，則此等顧客最少必須接觸媒介五次。

媒體的選擇大多視每個人對顧客的定義不同而有所差異，像是不同的年齡層、性別、所得分類、活動的性質等等。行銷人若針對小學生，則選擇的媒體會和針對中上所得的女性之媒體不同。行銷人應該要找出和顧客屬性相容的媒體。在印度，ORG讀者調查小組收集了各種報章雜誌的概況，例如讀者資料（最新的讀者調查由孟貝的MARG進行）。讀者資料同樣也提供影片觀眾的資料。在印度，可以從Doordarshan得到電視觀眾的資料，從Akashwani得到廣播聽眾的資料。

若使用心理圖析變數來定義顧客，或顧客中包含特定族群的人，像是生意人或上流社會人士的話，則我們或許應該進行特殊的調查來研究目標對象的媒體習慣。

媒體決策是：

1. 已知：
   - 媒體預算
   - 廣告訊息和文案
   - 可選擇的媒體
   - 目標對象的資料
   - 可選擇的媒體之費用
2. 需要決定：
   - 要使用的媒體
   - 每個媒體要播出多少次及其時間點
   - 媒體方案的規模和顏色
3. 其目標為：
   - 有效觀眾最大化
   - OTS最大化
   - 銷售最大化
   - 利潤最大化

許多廣告公司會使用電腦模型來規劃媒體。其中最有名的就是用在報章雜誌上的Clarion-Mote模型。這種模型基本上是使用一些線性規劃的技術（Linear Programing Technique）。

評估廣告的有效性

沃那梅克（John Wanamaker）曾經說過：「我花在廣告上的錢有一半都是浪費掉了，但問題是我不知道浪費的是哪一半。」是故，如果想要知道究竟浪費的是哪一半，那麼廣告活動後進行評估衡量其有效性就非常重要。

我們可以從某些目標身上著手。若想要知道透過特定的廣告活動，是否達到原先設定的目標，就要進行必要的評估。行銷人或許會尋找目標顧客在認知、情感、或行爲方面的反應。換句話說，行銷人原先或許希望塞一些東西在消費者的腦中、改變消費者的態度、或促使消費者採取特定的行動。

個人銷售

個人銷售指員工或公司的代理商之所有努力，以實際接觸的方式告知和說服潛在顧客購買公司的產品。市面上有許多探討這個主題的書籍，讀者有興趣的話可以進一步參考研讀。

業務推廣

業務推廣是指，除了個人銷售、廣告、和宣傳之外所有形態的市場傳播和說服機制。買一包洗衣粉附送一只量杯；舉辦消費者競賽，憑三個相同產品的空包裝就免費贈送另一個產品；每一瓶飲料附贈可愛的小東西等等，都是一些常見的業務推廣實例。業務推廣對許多產品而言已變成了定期性活動，這些活動也會造成每年促銷費用的增加。

業務推廣愈來愈被採用的理由，或許是因爲經濟停滯、高通貨膨脹率、和需要更強的誘因來鼓勵消費者消費。傳統上來說，廣告是一種建立長期品牌形象的工具，用來開發和維持需求，而業務推廣則是用來補廣告之不足，誘發近期的購買行爲。但是假若促銷預算侵蝕了廣告預算，則公司就會像是一隻搖尾乞憐的哈巴狗。大衛．奧美就提供了一個相關的例子：「曾經有一個受歡迎的咖啡品牌。接著製造商經常使用價格折扣。後來消費者上癮（折扣）了。現在這個品牌在哪裡？早已經不見蹤影！」

業務推廣、交易推廣、消費者推廣、和業務單位（sales force）推廣都可歸爲同一類別的活動。

交易推廣　這在消費財的行銷上尤其重要，而且也可設計來誘使零售商存貨、展示、並強調製造商的品牌。其中一個有名的案例，就是旁氏推出其Dreamflower香皂期間的推廣計畫。旁氏僱用一些人走遍城市，並向零售商詢問香皂。假如零售商介紹旁氏的香皂，則他就會得到現金回饋。因爲不知道何時椿腳顧客會來到他們的商店，零售商只好對每個造訪他們商店的顧客都推薦Dreamflower香皂。

消費者推廣　這一類活動能使消費者能提前做出自己的購買決策，或鼓勵消費者購買比平常多一些的數量。後者的例子是洗衣皂舉行買三送一的活動。前者的例子則是，購買一瓶熱飲就免費贈送一個塑膠容器，並宣佈在某一個特定的日期就會截止這項優惠，因此就會逼迫消費者提前做出其購買決策。

業務單位推廣　業務單位推廣的辦法包括：(i) 提供給業務單位誘

因，像是榮譽獎賞，和(ii)銷售輔助品，像是目錄、樣本、價目表、和簡報工具。

業務推廣的目標

消費者推廣的目標可能是：(i)增加試用率，(ii)增加消費者存貨，(iii)鼓勵重覆購買或重覆使用，和(iv)鼓勵提早做出購買決策。

零售交易推廣的目標可能是：(i)得到新的通路，(ii)減少存貨出缺的情形，和(iii)得到較好的展示地點和更多的展示空間。

這些目標都需要清楚的說明和評估。舉例來說，第一消費者目標可以重新描述為：「在為期二個月的促銷期中，品牌X的試用率提高20%。」

宣傳

產品宣傳（publicity）比其它功能的角色來得不重要。公共關係是個寬廣的定義，指為了深植一家公司之正面形象的所有活動。至於「宣傳」則是較窄的用語，指透過新聞媒體和特別商店的介紹，來為產品和品牌建立良好的形象。產品宣傳有下列的優點：

- 免費
- 比付錢的廣告更容易得到信賴
- 媒體報導或許會被潛在購買者看到，他們或許有一些是不看其他廣告的人

宣傳的不利之處是，公司無法控制編輯會寫些什麼或宣傳些什麼。編輯不屈服於壓力，通常只會報導他們認為會吸引讀者或聽／觀

衆興趣的事。

產品宣傳的型態

有些常見的產品宣傳型態如下所述：

新聞專題　　爲一項新或改良後的產品宣傳最有效的方法之一，就是透過可能會被潛在購買者讀到或看到的媒體之專題報導來宣傳。媒體所選擇的報導內容，一般都取材自公司的公關室所釋放出來的消息。媒體的決策成員若決定做一項專題報導，通常都會找尋更多的資訊。除非主題能引起普遍的興趣，要不然不太可能會被媒體選上。從另一方面來說，針對特定興趣消費者和交易的雜誌會認爲，他們的責任就是使其讀者能持續得知最新的產品發展資訊。

新聞報導和照片　　即使只是偶然地在一般的新聞報導中提及產品，或其照片能隨著標題印刷出來，都是良好的宣傳方式。舉例來說，在報紙某一欄秀出板球選手暢飲某個品牌飲料的照片，也可以幫助產品的銷售。

電視曝光　　在電視上曝光的場合，包括職業運動選手使用某個品牌的產品，像是網球球拍等，或產品在競賽中被當做獎品送出。產品曝光可能不用錢，但是若要職業田徑選手爲產品背書或產品當成獎品送出，成本可能會很高。需要注意的是，這種方法和贊助電視節目並不相同。

銷售管理

隨著行銷概念及其應用到商業上的發展，銷售管理已經被貶到次要的地位。在許多商業和行銷管理的學術研究中，銷售並沒有得到它應該得到的注意。同樣的，銷售是商業中最爲人詬病的功能之一，由下列的引文中可以清楚的看出：「銷售是一門說服人花錢的藝術，使他花超過他應花的錢，購買他並不需要的東西，得到低於所花的錢價值。」「一個好的銷售員就是能把冰箱賣給愛斯基摩人，把髮油賣給禿頭，把除毛劑賣給中國婦女。」

和這些批評相反，銷售管理是行銷管理重要的面向之一。行銷管理涉及諸如找出需求是什麼（行銷研究）、決定產品／價格的提供（產品發展和測試）、和將產品銷售組合呈現給顧客（促銷和配銷）等活動。銷售管理是第三種領域（促銷和配銷）的主要面向之一，即將產品銷售組合呈現給顧客，這主要是透過個人銷售，而且在前二種領域也扮演一些角色。

在定義市場區隔和消費者需求方面，以及在產品發展和改良方面，業務單位都能提供寶貴的貢獻。這在工業產品市場上更是如此，因爲在這些市場裡正式的市場調查較少用到。銷售功能在這種公司更是扮演重要的角色，因爲大部份的業務推廣簡報都是由業務單位進行。這大部份包括製造工業產品和專門產品、及許多消費者商品的公司。在一些市場上，像是辦公設備或醫藥用品，競爭對手的主要差異就在於業務單位的品質。

業務單位及其角色

根據美國行銷協會所述：「銷售管理是業務單位管理的同義詞。

銷售管理指人員銷售的規劃、指揮和控制，包括業務人員的遴選、招募、教育、分派、路線、薪酬、和激勵。」

業務單位由業務人員組成，他們會和潛在或現有顧客見面，和他們面對面溝通—無論是測試或改變他們的態度，或促使他們立即採購。因此，業務單位會致力於銷售過程之六個基本步驟的一部份或全部，即：

1. 接觸
2. 挑起興趣
3. 創造偏好
4. 提出具體的提議
5. 達成交易
6. 維持顧客

不同公司的銷售人員或許會涉及銷售過程之六個基本步驟的一部份或全部，端視公司整體的行銷策略中對銷售人員角色的定義而定。

配銷

配銷指製造商將產品送到實際消費者的手上。製造廠或許會直接將產品交付顧客，或利用中間媒介，像是批發商、經銷商、和零售商。

配銷的功能是要：（i）降低接觸的次數，和（ii）配貨，指挑選消費者可能會期望從單一供應商手中購買的一系列商品。

此處我們探討配銷的二部份：

1. 配銷的通路
2. 配銷的物流

配銷通路是關於行銷的中間媒介，而配銷物流則是關於商品從製造廠手中，實際移動到最終消費者手上的過程。

配銷通路

Channel這個字是從法文的canal衍生而來的。水的流動會透過canal，而流過行銷通路的又是什麼呢？這些包括（i）實體財產，（ii）所有權，（iii）金錢，（iv）風險，（v）促銷，和（vi）資訊。

中間媒介可能會負責這些功能的全部或其中一部份。基本上來說，行銷通路就是組織這些工作的方法，使產品能從製造者手中移送到消費者手上。**圖8.1**顯示了一些通路結構的型態。

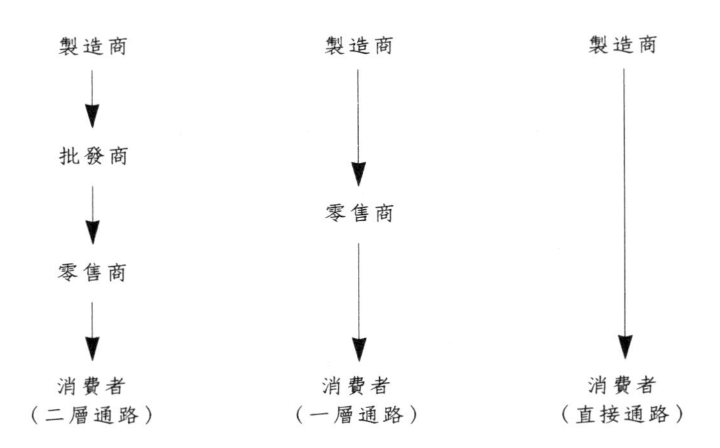

圖8.1　通路結構的幾種型態

零售商是中間商人，將產品銷售給最終消費者。批發商則銷售貨物給零售商。其中也存在一些其它的中間商，像是仲介商、經銷商、小販、獨立配銷商、次配銷商、和半批發商。中間商的名稱會根據其行使的功能型態來命名。它們的名稱和意義有時候在各國之間會有所不同。

選擇通路是最重要的行銷決策之一，理由有二。其一，公司產品所選擇的通路會緊密的影響到其它的決策。其二，選擇通路會使一家廠商會和其它廠商建立長期的同盟關係。

行銷學教科書把通路定義爲行銷部門延伸出來的手臂。但是通路成員的特性，事實上和延伸出來的手臂之概念非常不同。其特性包括：

- 比較像是顧客的購買經紀人，而不像供應商的銷售經紀人。
- 為一個獨立的事業單位。
- 用最低可能的金額營運；從供應商身上爭取最多的賒售額度。
- 不在行銷經理人的掌控範圍內。
- 和製造商的關際取決於二方之間的角力。

因爲中間商的這些特性，製造商經常難以從它們手上獲得所需的合作和援助。舉個例子來說，當市場對一項產品的需求很高時，中間商會追著公司要足夠數量的產品。當市場並沒有「拉拔」產品時，中間商就變得有勢力，會要求付款期間延長和更豐厚的佣金，來做爲在市場上「推」產品一把的回饋。因此如何選擇通路，並激勵及管理通路成員朝向目標邁進，對行銷經理人而言可說是一項艱苦的任務。

通路的設計和選擇

通路設計指決定配銷通路的型態，和通路中該有幾層。通路選擇則是指選擇個別的通路成員。下列幾項因素會影響行銷通路的設計和選擇。

1. 產品的本質
2. 購買者的行為
3. 環境
4. 競爭
5. 組織

產品的本質　　通常生鮮產品的通路會比較短。這並不表示生鮮產品只能在生產地點附近銷售。玫瑰花每天從喀什米爾飛到倫敦，而牛奶則每日用冷藏車由哈亞那運送到達爾韓。單價較高或邊際利潤較高的商品，都直接由製造商運送。舉例來說，大宗工業產品就是直接由製造商遞送。從另一方面來說，低使用頻率及低邊際利潤的商品，像是香煙等在到達最終消費者手中之前，大多要經過好幾層的中間通路商。

艾斯賓沃（Aspinwall）根據產品在五種因素上的評比而做出顏色分類表，這可以幫助我們決定不同產品該有的通路長度。表8.3顯示產品的顏色分類表。

以止痛藥，像是阿斯匹靈爲例，人們並不會像使用香煙一樣定期的消費（即替換率較低），所以其搜尋時間和消費時間都會比較少。因此，這就是一項需要很長的配銷通路的紅色商品。若是像Bulworker這種透過郵購來配銷的產品，就比較接近黃色商品。有時稱爲遠端銷售的郵購通路能夠成功的因素是：（i）使認知上的風險極小化，和（ii）順利的轉運。

購買者的態度　　購買者所需的服務支援會隨著產品和市場的不同而

表8.3　艾斯賓沃的產品顏色分類表

編號	因　素	紅色（產品A）	橘色（產品B）	黃色（產品C）
1.	搜尋時間（測量平均時間和至零售商店的距離）	低	中	高
2.	替換率（購買和消費的速率）	高	中	低
3.	邊際毛利（出售價減去成本）	低	中	高
4.	調整因子（為滿足消費者真正的需求，使商品增加的服務成本）	低	中	高
5.	消費時間（在商品仍具有效用的期間，測量消費的時間）	低	中	高
	對配銷通路的涵義	長通路	適中通路	直接通路
	對廣告媒體的涵義	媒體廣播	半媒體廣播	封閉的迴路

異。消費者預期的服務或許是遞送到府、一次購足、信用工具、出貨時間（即是從下單到收到產品的時間）短、在產品分期付款期間的協助、和售後服務。

行銷通路的選擇和設計必須考量上述的服務要求。組織機構購買者的要求和個人購買者的要求就有很大的差異。這就是爲什麼消費耐久財的製造商，像是電風扇和冰箱等，會請業務代表來服務組織購買者，請經銷通路來服務個人購買者。早先速食通路的興起，就是要迎合社會某些族群的人在生活型態上的改變。根據心理學理論，消費者在進行購買行爲時會經歷一連串的步驟（如圖8.2所示）。慾念（drive）是基本的本能。假如一個人四個鐘頭都沒有喝水，在口渴後他會有喝水渴望或慾念，並會找尋能降低他強烈慾念的目標。達到目標的線索

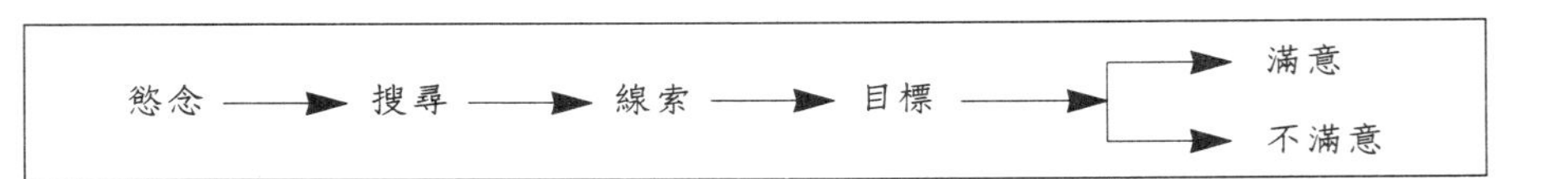

圖8.2 消費者的追尋過程

（cues）可能是情境性（在某個時間或地點可以獲得），或是記憶性的（處於記憶中）。

一個飲料產品的招牌可能會成爲正爲口渴所苦的人的線索。線索會使他想到飲料（目標）將能舒緩他的口渴。他將會嚐試招牌廣告的飲料，而假如他感到滿意，以後每次感到口渴時他就可能消費相同廠牌的飲料。換句話說，假如他在第一次嚐試時沒有得到想要的結果，他將會尋找其它的線索，嚐試其它廠牌的飲料或利用其它的方式來舒緩他的口渴。

這個模型給我們帶來二個重要的啓發，如下所述：

1. 通路的選擇應該要使搜尋的時間減少
2. 要使線索更強烈

這就是可口可樂公司過去的配銷目標，「讓你伸手可及」。

要使線索更強烈，重點通常會放在媒體的廣告上。然而，零售據點、商品展示和廣告據點，都會加強線索。這些是情境性（situational）的線索，而且可以有效的造成衝動性購買，而非深思熟慮的結果。若想在吵雜的工廠和人說話，則我們必須叫得比機器的聲音還大。相同的，爲了要在市場上被消費者看得見、聽得到，你的線索一定要比競爭者的更加強烈。同樣的，線索所承諾的事一定要顯示在產品上，要不然就會造成消費者的不滿和失望。假如眞的得到滿足，消費者會開始變得像是俄國心理學家普夫洛夫的狗，達到下意識自動反應的行爲階段。除非競爭者能提供更特殊更強烈的誘因，要不然消費者就會維持他的忠誠。

環境　　許多環境因素，像是技術、經濟狀況、和政府規定都會影響配銷通路的選擇。

交通運輸工具的改善幫助許多公司避免或減少許多中間商。已開發國家會使用自動販賣機，來銷售許多產品。最近在電子方面的進步，使做生意的方式和以往大大的不同。消費者坐在自己的電腦終端機前，就可以連上一個特產店並下單購買。他甚至可以透過電腦螢幕，從不同的角度來欣賞產品的尺寸、形狀、顏色等等，然後再下單訂購。在這種方法中，你不需要用紙鈔或硬幣。當消費者對一家商店下單時，他的銀行帳號會自動扣款，而金額會自動轉帳到商店的戶頭。日本廠商藉著他們的「及時化」（just in time）存貨系統，來降低許多存貨的持有。生產科技朝向「彈性自動化」的方向發展，使得在同樣的生產線上，可以用很少的轉換成本和非常短的時間來製造不同的產品。這樣的發展，以及改善後的交通運輸，更有可能以合理的成本製造適合個人要求的產品。

一個國家的一般經濟狀況也會影響到配銷。在通貨膨脹時期，節省成本變成最重要的任務，而公司或許應該排除C級市場（即銷售額很低的市場）。

政府對許多產品的配銷會加以限制，像是煤、紙、肥料、和糖。所以在決定行銷通路時，我們必須注意政府的規定。當要決定某些稅額變數大的產品之零售據點或展示處時，應該要將每州不同的銷售稅制納入考量。舉例來說，答米那度州大部份的汽車都在龐地雪利（Pondicherry）銷售，就是因為當地有營業稅優惠。

競爭　　在決定配銷系統時，值得先參考競爭者的行動。複製競爭對手的計劃或許是最簡單的事。若是公司願意比競爭者支付更多的佣金，那就可能贏得中間商對其產品的支持，而權力也可能轉移到通路上。

有些時候或許值得做一些和競爭者不同的事。當Vicks感冒藥透過藥局配銷時，華納印度藥廠推出另一種形式的藥片Halls，並將這項產品配銷到所有種類的零售據點，還包括鐵路月台的香煙攤。這種配銷策略以及其特殊的包裝方式（類似糖果二端扭合式的包裝），使Halls得到了空前的勝利。

組織　假如公司想要擁有更強的操控力，則可以選擇直接配銷。大型公司，像是布魯克公司和寶塔公司，都有直接的配銷機制。但是在這種情況下，有些問題會危害到公司，像是通路員工形成工會，維修基礎設施的成本提高，或是工資上漲等。一家小公司可能無法負擔直接配銷的費用，所以這個工作最好交由一些其它的大公司，或獨立銷售代理商來處理。但是另一方面，也有許多小公司在小區域中配銷，像是Ponvandu香皂，而他們偏好直接配銷到零售據點是基於以下二個原因：（i）他們的經常性支出會減少，和（ii）他們可以把直接配銷當成一種策略工具，以得到競爭優勢。在非常小型的營運者的案例上，像是醃製和販賣泡菜的人，營運者會自己配銷產品以避免額外的成本，自己並同時扮演能說善道的推銷員角色。

然而，大部份的公司都偏好透過中間商來配銷而非直接配銷，以控制成本。這些公司同時也在廣告上投入很多預算，並使用「市場拉拔」（market pull）策略。

行銷通路的決定，可說是公司所面對的最複雜最具挑戰性的任務之一。每個廠商通常都會面對幾種選擇方案來接觸市場。從使用直接銷售，到通過層層中間商都有。大部份的公司會採行多重通路的做法，來滿足不同市場區隔的要求。

在決定通路的基本設計之後，公司面臨的任務就變成如何有效的管理通路。一旦完成挑選經銷商／廠商的任務，公司就需要透過交易佣金、誘因和指導來激勵通路成員。它必須進一步的定期評估個別通路成員的表現，以自己本身過去的銷售記錄、其它通路成員的銷售成績、以及銷售目標爲比較評估標準。

因爲市場和行銷環境持續的變化，公司必須時時準備修正通路：或許會減少或增加個別成員，修正特定市場的通路，甚至有時候要重新設計全部的通路系統。

配銷物流

配銷物流包含一組任務，牽涉到規劃和執行產品實體流通的進行，使產品能從生產原點流通到使用或消費點，進行在有利潤的情況下滿足消費者的需求。需要考慮到的重要活動包括運輸、存貨和倉儲。除了這些活動之外，包裝、加工（分類、散裝等）、處理（裝、卸貨等）、資訊管理和控制（下單程序、遞送時程），同樣也都是配銷物流的環節。

運輸工具、倉儲地點、存貨水準的維持等等的選擇，都視廠商想要提供給消費者的服務水準而定。在這裡，消費者可能指最終消費者或中間商。對消費者的服務意味著幾件事情：

- 一般訂單裝貨和出貨的速度
- 製造商對消費者所需急件的配合度
- 關心貨物運送的情形，使貨物抵達時能夠狀況良好
- 製造商是否隨時準備好能快速的更換瑕疵品

- 製造商是否能提供充裕的零件，以及安裝和維修的服務
- 製造商是否願意為了顧客而持有存貨
- 服務費是「免費」，或要另外索價

公司應該詳盡的研究，它想要爲每條產品線和每個不同的市場區隔提供何種水準的顧客服務。接著它應該思考不同的整合實體配銷功能的方法，這些方法可以使公司達成原訂的服務水準。接著儘量選擇最低成本的方法來達到目標。我們現在來探討三個主要的活動—運輸、存貨、和倉儲—在實體配銷的總成本中扮演何種角色。

運輸

公司或許有許多的選擇來運送它的產品，像是航空、鐵路、陸路、或海運。選擇交通工具的標準爲：（i）速度、（ii）頻率、（iii）成本、（iv）可信賴度、和（v）可利用性：是否遍及各地。

最後的抉擇端視於成本和可信賴度、成本和速度、成本和可利用性等等的抵換關係（trade-off）。

存貨

公司應該維持的存貨水準，端視可允許的缺貨水準，或換句話說，要維持的服務水準而定。爲了要維持服務水準百分之百，公司將需要維持高程度的存貨，這同時也會面臨高存貨成本。從另一方面來說，假若只想維持六成的服務水準，則需要維持的商品存貨將會較少，而存貨成本也會較低。但是平均來說，若顧客光觀10次有4次遇到缺貨，這可能會造成顧客的不滿。

倉儲

公司必須做出二種和倉儲相關的決策。

1. 需要多少倉庫？
2. 每個倉庫的地點。

倉庫地點的選擇決定於三種因素：(i) 地方／城鎮的可達性，(ii) 周邊基礎設施的完備性，以及 (iii) 和消費中心的接近性。

隨著倉庫數目的增加，銷售同樣也會增加，因爲鋪貨能含蓋的市場範圍變大。然而成本也會隨之增加。因此利潤一開始會增加，接著當倉庫增加的數目高於最適數目時，利潤就會開始降低。

總成本分析

因爲存貨、倉儲、和運輸間有非常密切的關係，我們在設計實體配銷系統時，可以採用總成本理論。當配銷系統中又增加一個倉庫時，就會發生下列的變化。

從工廠至倉庫的運輸費用	上升
從倉庫至消費者的運輸費用	下降
公司的存貨	上升
顧客的存貨	下降
倉庫管理費用	上升

表8.4 行銷組合之整合分析的檢查清單

比較基準	公司	主要競爭者
產品： ◆ 品質 ◆ 包裝 ◆ 售後服務 ◆ 保證 ◆ 品牌資產 ◆ 產品組合 ◆ 品牌生命週期		
價格： ◆ 標示價格 ◆ 交易佣金 ◆ 折扣 ◆ 定價策略		
促銷： ◆ 預算 ◆ 促銷組合 ◆ 消費者推廣與交易推廣 ◆ 媒體組合 ◆ 廣告訴求 ◆ 人員銷售的努力		
配銷—通路： ◆ 使用的通路 ◆ 運輸 ◆ 存貨 ◆ 倉儲		

行銷組合的整合分析

一般來說，行銷人應該以下列的特性來分析市場：

- 市場的成熟度（即產品的生命週期）
- 價格彈性
- 對不同促銷手法的敏感度
- 消費者偏好的通路

這種分析部份會在顧客分析時進行。然而，爲了提高行銷組合分析的完整度，重新將顧客分析的成果用不同的形式在行銷組合分析中呈現，將使我們能更加了解這個主題。

除此之外，行銷人應該要進行公司和競爭者之行銷組合策略的比較分析。表8.4可以做爲參考。

在行銷組合分析的最後，行銷人會對於如何運用行銷變數來爭取更高的市場佔有率和更高的獲利，產生一些洞察心得。行銷人同樣也能因此而了解競爭者的不同做法。

本章摘要

公司基本的策略應該是藉著產品的提供，來滿足公司選擇服務的市場區隔之需求和需要。在本章，我們談到關於產品差異化、包裝和品牌化的一些面向。我們同時也透過投資組合分析來探討不少產品選擇的準則。

訂價是管理學上最複雜與最困難的任務之一。並沒有世界通用的公式或是黃金法則可以做出訂價決策。最重要而必須了解的一件事就是，價格並無法獨立於其它行銷組合元素之外。它會受到目標市場、產品定位、產品差異性、促銷支援、配銷計劃、個人銷售努力等等因素的影響。所有的這些面向都應該反映出行銷人想要賦予產品的形象，諸如高級形象、尊榮形象、或某種生活風格形象。除此之外，各種面向之間應該要彼此一致。

處於自由市場中，要看到顧客在製造商的門前大排長龍的景象已經不太可能。相反的，製造者必須先告知潛在購買者，說市場上存在著他們的品牌，並促使他們來嚐試其品牌。即使在人們購買之後，製造商還必須持續提醒顧客其品牌的優點，以降低顧客轉換品牌的機率。

促銷的目的在於獲得並保住顧客。但若是其它的行銷組合設計不正確，則再好的促銷活動都無用武之地。從另一方面來說，若經過差異化的產品具有受歡迎的屬性、訂價公道、且人們可以在想要購買或消費的地方得到，那麼促銷活動將能非常有效的創造銷售業績。

就配銷而言，公司認為他們的配銷目標為：「用最低的成本，在適當的時間，將適當的商品，送到適當的地方。」然而不幸的，這句話並沒有提供什麼具體的方向。並沒有配銷系統可以在極大化顧客服務的同時，又能最小化配銷成本。最好的做法是先固定要提供的顧客服務水準，接著選擇一種配銷系統，來達成以最少的成本提供特定的服務水準。

最後，行銷人應該進行行銷組合的整合分析，來了解競爭者所使用的行銷組合策略，和消費者對不同的行銷組合元素的敏感度。有了這些洞察之後，行銷人就能據以發展公司可以採行的策略，以進一步開發市場。

第九章

擬定競爭優勢的維持策略

在上面的章節裡，我們探討過要如何進行情勢稽核（situation audit），包括環境、消費者（內部和外部）、競爭、市場、公司本身、以及行銷組合（請見圖9.1）。我們並不需要按照順序來分析這些元素。此外，這些元素也都不是可以分開分析的獨立客體。舉例來說，

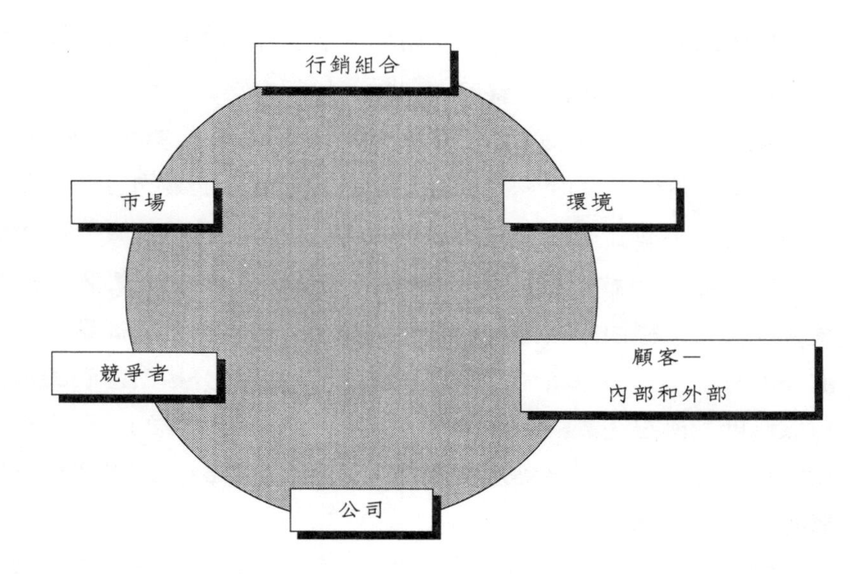

圖9.1　情勢稽核的元素

當我們分析行銷組合時，通常也會進行公司和競爭者之間的比較。同樣的，缺少消費者這項元素就不足以構成市場分析。這些元素間的基本差異在於，在市場分析中我們看的是總體，像是總合產業需求，而在消費者分析中，我們考慮諸如購買動機和購買過程等個體議題。相同的，當我們寬廣的研究產業結構時，也會發現競爭者分析和市場分析之間有重疊的地方。

如同上面所討論的，環境分析在於辨認機會、威脅和趨勢；公司分析協助規劃者確認能力、關鍵資源和弱點；競爭者分析和顧客分析則能協助廠商迅速彌補特定的缺口。

策略性行銷

規劃始於對目標或目的有充份的了解。在我們擬訂自己的策略之前，我們應該知道我們究竟目標何在。如同在第一章所述，策略性行銷或策略性市場規劃的進行會以SBU（策略事業單位，Strategic Business Unit）爲單位。SBU的目標必須衍生自企業的目標。在單一產品公司和小型公司的情況下，整個公司可能就是一個單一的SBU。

有了企業目標之後，下一步就要預測公司在未來某個時點的成績。成績可以經由銷售額、利潤、或綜合二者來衡量。從環境分析、消費者分析、競爭分析、行銷組合分析、和公司分析所得到的資料，可以協助預測公司或SBU未來四、五年內的成績。標的或目標相對於預期成績之間的缺口稱爲規劃缺口（planning gap），這需要透過規劃來加以克服。**圖9.2**圖示規劃缺口。

當銷售額或利潤開始下滑時才開始進行規劃，這是不當的做法。需注意的是，規劃活動應該持續進行。假使規劃構面橫跨四、五年，

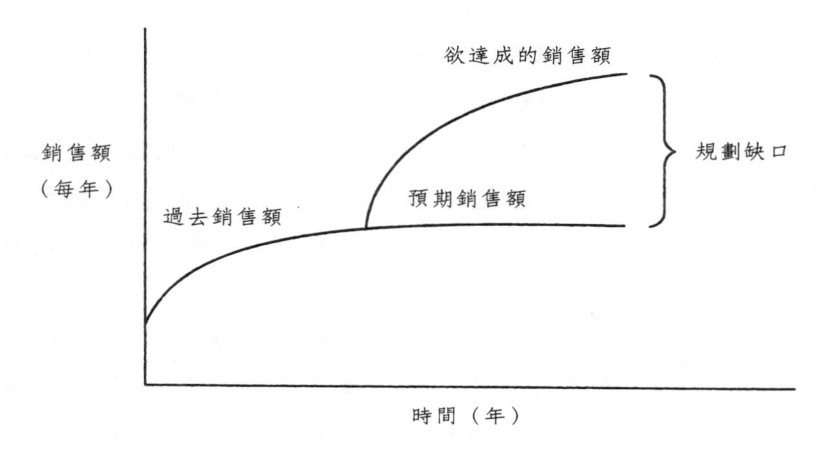

圖9.2　規劃缺口

則計劃或許應該隨著環境的動盪而經常修正。因此你或許會疑惑，爲何要準備一個你並不會持續遵循的計劃。此處的想法是，雖然我們清楚的知道目標何在，但是我們仍須保留一些做法上的彈性。政府政策的重要改變，競爭者推出一項新科技，或重要職位的經理人離開公司另謀高就等，都是一些會造成早先的計劃需要修正的事件。

在第一章我們同樣也提到，策略性行銷是一個動態的過程。動態的過程就需要分析性的規劃程序。拋棄規劃程序就像是把嬰兒連同洗澡水一起潑掉。因而，規劃也同樣應該是動態的過程。換句話說，因爲規劃很重要，所以需要常常檢討。在有些市場中可能一年需要做一次檢討，因而或許會產生一個持續運作的計劃。在另一些別的產業中，可能要每個月檢討一次。假設你是一個共同基金經理人，你更是會視股票市場的發展，而每週修正你的計劃。情況或許還會更糟，假如你是一個貨幣市場交易員，則你甚至需要每個小時就改變你的計劃。因此規劃對於任何情況都是必需的。

所有的規劃運籌最後都會收斂到傳統的SWOT分析，換句話說，就是將公司的優勢和環境中的機會配對。圖9.3是規劃流程的總覽。

環境分析、市場分析、和競爭者分析可以協助公司找出機會、威脅和趨勢。公司分析和內部顧客分析顯示出公司的優勢－劣勢概況。外部顧客分析和行銷組合分析協助我們了解優勢—劣勢和機會—威脅的概況。

機會會啓發公司檢視其它可行的行動選擇。而方案的選擇端視公司的價值觀而定。雖然環境中也存在一些像是走私或欺騙行銷的機會，但是假如公司能堅守創辦者或組織的價值觀，將不會選擇這種策略。從剩餘的選擇中，公司將會利用符合自身優勢的選擇，以這種方式，公司將能縮小規劃缺口與達成目標。

策略必須考量內部—外部的聯繫。爲了要實現外部策略的利益，內部策略必須同時實行，因爲若是沒有清楚明白的陳述內部策略的配合作法，就不可能訂出行銷策略。外部策略基本上處理：產品和市場的選擇、競爭性定位、和成長。

若要投入新的冒險事業，我們需要定義須製造的產品和擬開發的市場。即使是舊有的事業，若有需要，仍應重新檢視和修正產品及市場決策。

競爭性定位指相較於競爭者，公司／產品在市場上的定位。藉由SPACE（策略性地位和行動評估，Strategic Position and Action Evaluation）分析（隨後會討論）的協助，公司可以決定要使用的一般性策略，以及在市場上寬廣的定位。藉由詳細分析公司和競爭者的資料，可以發展出特定的定位。視目標的不同，公司將需要檢視各種能幫助成長的策略（請參考本章成長策略的部份）。假使公司正面臨困境，則必須尋找求生的策略，我們隨後將討論這個主題。此外，我

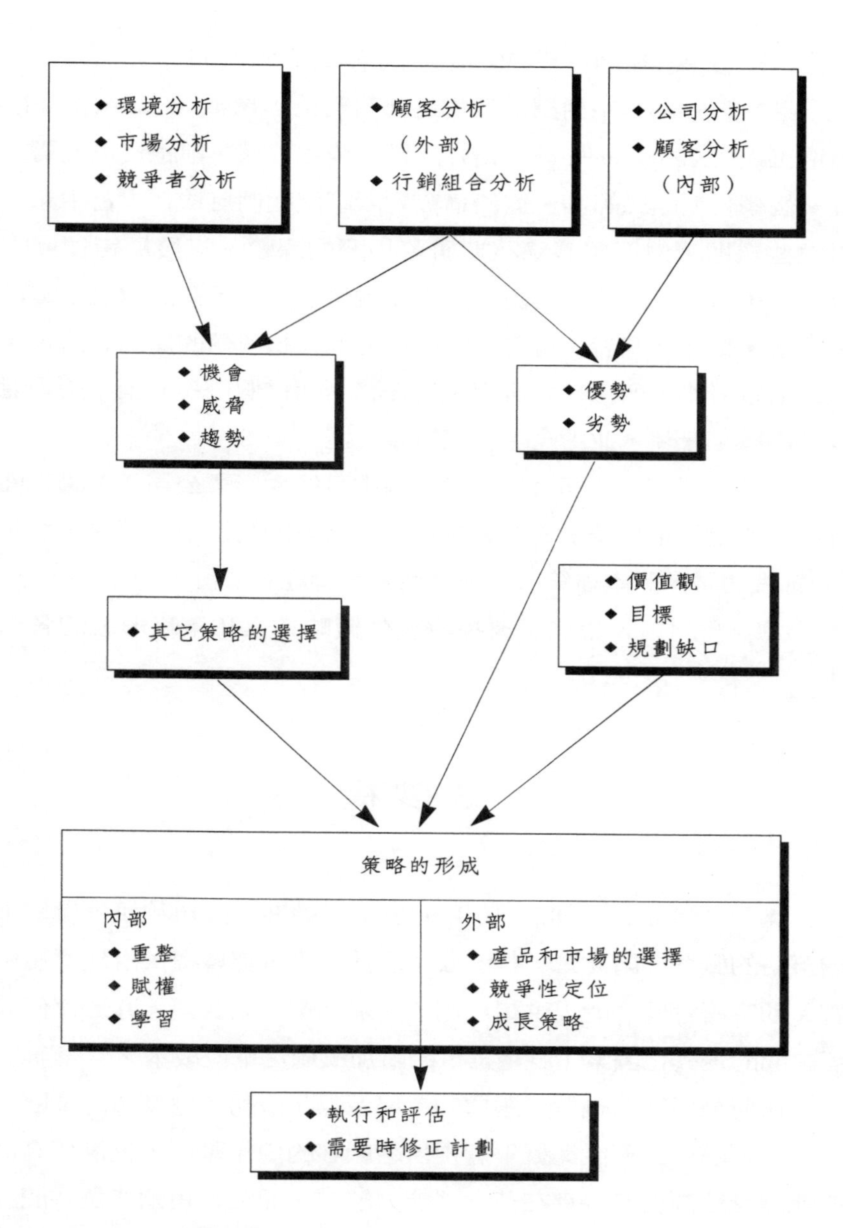

圖9.3　策略性市場規劃流程

們也將同時探討在銷售萎靡的情況下該使用的提振策略。

應該和外部策略對應一致的內部策略爲：重整（restructuring）、再造工程（reengineering）、提升品質、成本管理、前線員工授權、建立一個學習型組織等等。雖然篇幅的限制使我們無法在本書中深入探討這些議題，然而讀者應該要研習相關的課題，以發展跨領域的視野。在策略性行銷背後所隱含的觀點就是，創造更高的價值並提供給消費者。畢竟消費者將會選擇能提供他們物超所值的產品之公司。提供給消費者物超所值是整個組織的任務，而這個任務必須由跨功能的專家團隊來管理，並由高階管理階層監控。

在執行期間，公司必須對於環境中可能會影響公司—不論正面或負面—的變動抱持著敏銳的警覺心。在必要的情況下可以修正計劃。（詳細說明請參照本書第二章策略性議題管理的部份）

從現在開始，我們將要探討產生策略方案和策略形成的各種方法。

3C架構

奧門（Ohmae, 1982）使用3C模型（顧客、公司和競爭者）來描繪策略的概念（請見圖9.4）。公司及其競爭者都會提供附加價值給顧客。顧客將會偏好能提供給他們較高附加價值的公司。介於每個競爭者之間的差異化因素，就是提供的附加價值之單位成本。

任何公司都有幾個可選擇的市場區隔。公司所應選擇的區隔，是在此一區隔中公司能比競爭者提供給顧客的價值更高。提供更高價值的能力應該源自市場存在著一些能力缺口，而公司也須能長時間的維持這些能力。換句話說，公司不應冒然地進入它沒有能力（capability）

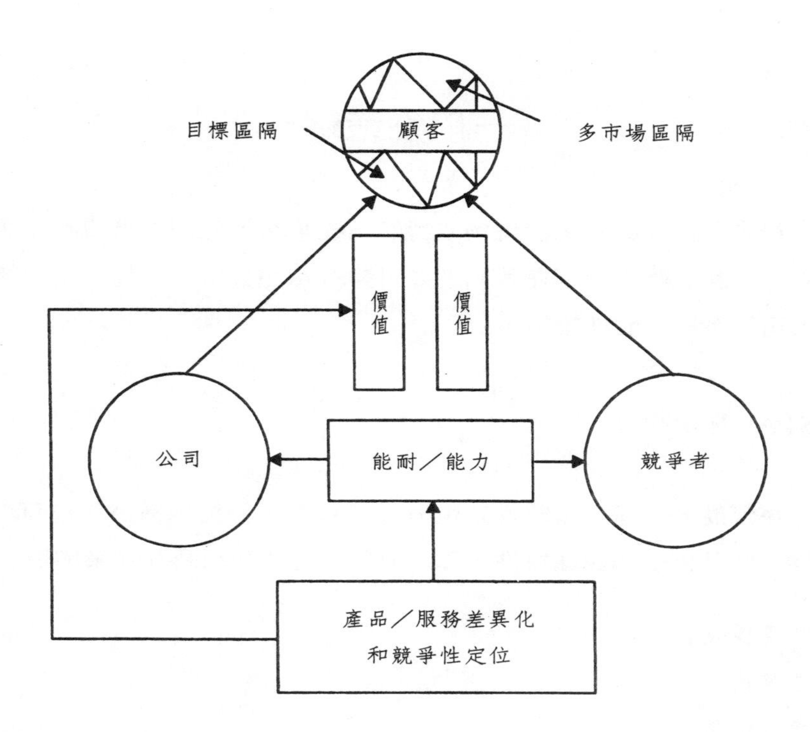

圖9.4　多市場區隔

採用自Ohmae, Kenichi,《The Mind of the Strategist-Business Planning for Competitive Advantage》, Penguin, New York, 1982, p.82.

的區隔。舉例來說，許多以出口爲導向的紡織公司就不應該冒然進入本土市場，因爲它們缺乏在本土市場上行銷的能力。除此之外，它們的產品訂價將會居高不下，因爲它們將無法在本土市場上得到任何的稅率優惠。

一般性策略

我們已經在第六章探討過波特的三種策略，分別為總成本領導、差異化、和專精化。現在我們則要討論SPACE分析，這種分析將能幫助公司篩選出一般性策略。

SPACE分析

在幫助公司建立策略性定位方面，SPACE分析堪稱為一種有用的工具。此分析根據四種特性，以六分制來評估公司及其商業環境。

1. 環境穩定性
2. 產業優勢
3. 競爭優勢
4. 財務優勢

1. 決定環境穩定性（ES）的因素:

科技變化	多	0	1	2	3	4	5	6	少
通貨膨脹率	高	0	1	2	3	4	5	6	低
需求變異性	大	0	1	2	3	4	5	6	小
競爭產品的價格區間	寬	0	1	2	3	4	5	6	窄
市場的進入障礙	少	0	1	2	3	4	5	6	多
競爭性壓力	高	0	1	2	3	4	5	6	低
需求的價格彈性	有彈性	0	1	2	3	4	5	6	無彈性

其它		0 1 2 3 4 5 6	

ES分數＝平均分數－6＝

2. 決定產業優勢（IS）的因素：

成長潛力	低	0 1 2 3 4 5 6	高
獲利潛力	低	0 1 2 3 4 5 6	高
財務穩定性	低	0 1 2 3 4 5 6	高
科技訣竅（know-how）	簡單	0 1 2 3 4 5 6	複雜
資源利用性	無效率	0 1 2 3 4 5 6	有效率
資本密集度	高	0 1 2 3 4 5 6	低
市場進入的容易度	簡單	0 1 2 3 4 5 6	困難
產能利用率	低	0 1 2 3 4 5 6	高
其它		0 1 2 3 4 5 6	

IS分數＝平均分數＝

3. 決定競爭優勢（CA）的因素

市場佔有率	小	0 1 2 3 4 5 6	大
產品品質	劣質	0 1 2 3 4 5 6	優質
產品生命週期的階段	晚期	0 1 2 3 4 5 6	早期
顧客忠誠度	低	0 1 2 3 4 5 6	高
競爭者的產能利用率	高	0 1 2 3 4 5 6	低
科技訣竅（know-how）	低	0 1 2 3 4 5 6	高
垂直整合	低	0 1 2 3 4 5 6	高
其它		0 1 2 3 4 5 6	

CA分數＝平均分數－6＝

4. 決定財務優勢（FS）的因素：

投資報酬率	低	0	1	2	3	4	5	6	高
財務槓桿	不平衡	0	1	2	3	4	5	6	平衡
流動性	低	0	1	2	3	4	5	6	高
所需資本／可用資本	高	0	1	2	3	4	5	6	低
流動現金	低	0	1	2	3	4	5	6	高
撤離市場的容易度	困難	0	1	2	3	4	5	6	容易
生意中涉及的風險	高	0	1	2	3	4	5	6	低

CA分數＝平均分數＝

一旦從這四個方向各自得到ES、IS、CA、FS的分數時，就可以繪成如圖9.5的坐標圖。連接這四個分數的點可以畫出一個四邊形，四邊形最長的一邊則可以劃出一條總結的向量。當公司在每一種因素上都很強時，總結的向量會落在第一象限。其建議的策略是採低成本法，這是一種侵略的策略。若是FS和ES的分數很高，而其它因素很低時，總結的向量將會落在第二象限。此時適當的策略將是專精化，這則是一種保守的策略。當IS、CA和FS都很強時，總結的向量將會落在第三象限，建議的策略爲差異化，這是一種競爭性策略。當四種因素的分數都很弱時，總結的向量會落在第四象限，適當的策略將是撤資，這是一種防衛性策略。

假設公司在所有因素上的平均分數都是5（見圖9.5）。則用來繪製圖表的分數爲：

IS ＝5

FS＝5

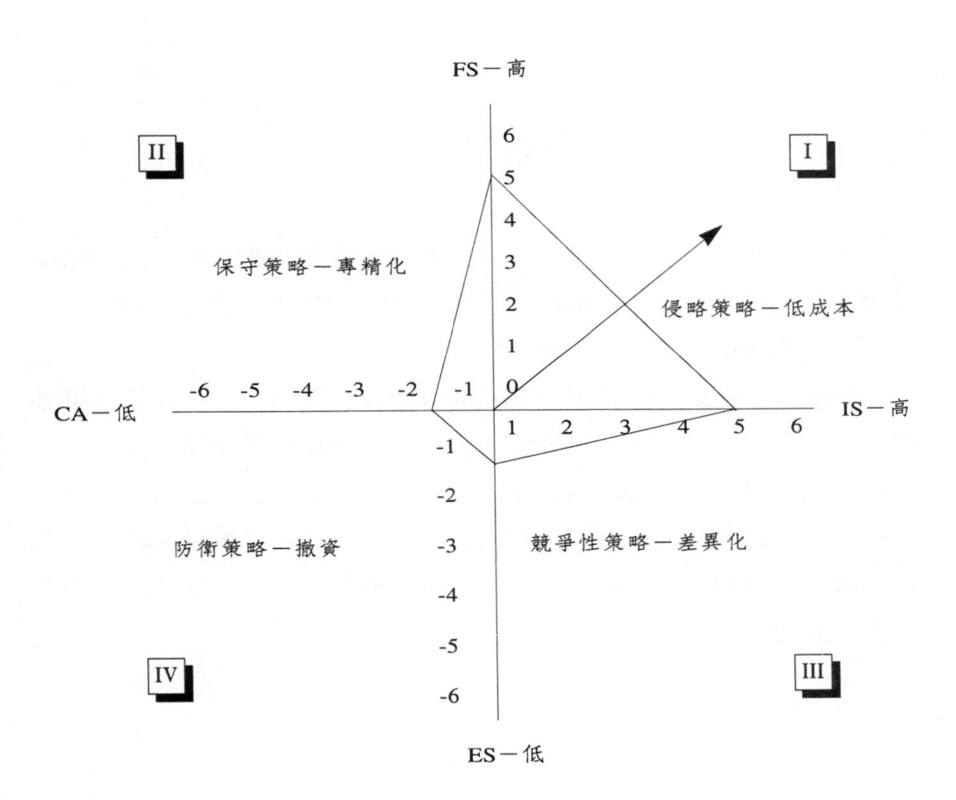

圖9.5　SPACE分析圖表—範例

CA=5-6= －1

ES =5-6= －1

因此推薦的策略是低成本。

成長策略

大多數的策略基本上都是爲了求成長。成長規劃最熱門的架構由安索夫（Ansoff, 1957）所提出。他以四種「產品—市場」的組合而發展出一種簡單的架構，如圖9.6所示。

一家公司可以依靠其現有產品而專注於現有市場，這就是市場滲透。從這種位置，公司可以朝任何方向前進，如成長向量矩陣所示。公司可以爲現有的市場製造新產品，這基本上是一種產品發展策略。公司的其它選擇可以是爲其現有產品尋找新市場，這就是市場發展策略。假使一家公司挾著新產品進入一個全新的市場，這就是所謂的多角化。圖9.7爲修正後的成長向量矩陣。

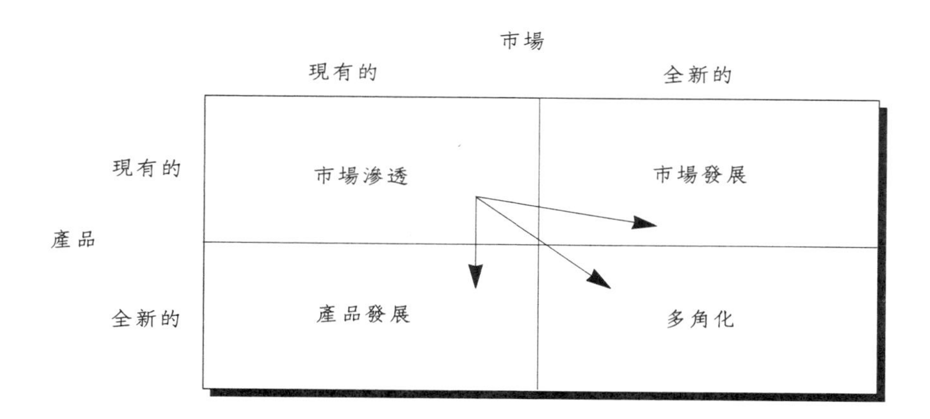

圖9.6　成長向量矩陣

	現在	經過改良的	全新的
現有的	市場滲透	產品變化型；模仿	擴充產品線
市場選擇	侵略性、擴展性的促銷	市場區隔化和產品差異化	垂直多角化
全新的	市場發展	市場擴張	集團多角化

產品選擇

圖9.7　修正後的成長向量矩陣

密集成長、整合成長、和多角化成長的策略

公司利用其現有的產品和市場難以達到大幅度的成長。為了要達到更高的目標，必須各自遵循密集的、整合的、和多角化的成長策略（如圖9.8所示）。

密集成長策略

密集成長策略如下：

1. 市場滲透　　這代表公司應該增加其市場佔有率。舉例來說，印

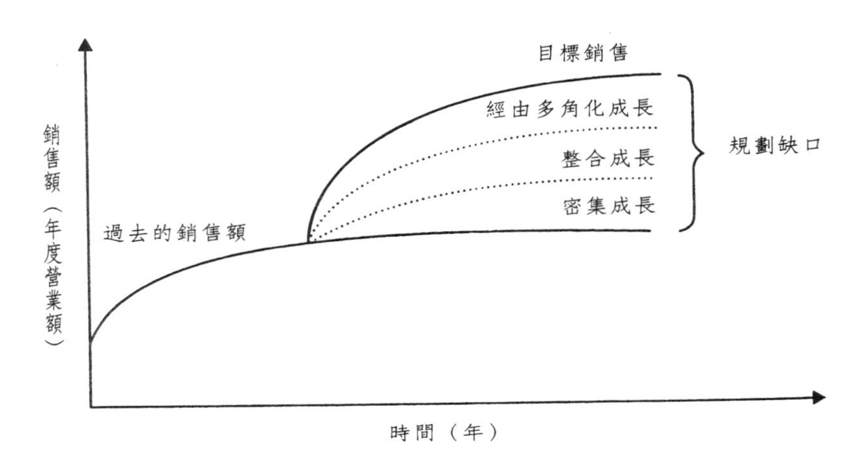

圖9.8　成長策略

度槓桿公司正嚐試以其香皂和洗潔劑滲透到偏遠市場。

2. 市場發展　　這代表公司應該爲其現有產品尋找新市場。舉例來說，在衛浴用品市場中，一家洗髮精的製造商可以同時將其洗髮精包裝成藥用產品來行銷，例如可以滋養頭髮和治療頭皮屑的洗髮精。

3. 產品發展　　這是指公司應該在現有市場中發展新產品。其中一個例子就是嗒嗒汽車公司，它以Indica攻入小型車市場。

整合成長策略

整合成長可以藉由下列三種整合型態來達成：

1. 向後整合　　這是指公司自行製造目前由外頭進貨的產品。舉例來說，現在從外國進口磷酸鹽的南部化工產業公司（SPIC），就併購一家摩洛哥的公司來自己製造磷酸鹽。

2. 向前整合　　這是指公司自行製造目前由顧客製造的產品。舉例來說，馬德拉斯煉油公司（MRL）目前供應給達美那都石化產品公司製造Linear Alkyl Benzene（LAB）所需的原料。假如MRL決定自行建造設備來生產LAB，這將是一種向前整合策略。

3. 水平整合　　這是指公司併購製造相同產品的競爭者。舉例來說，馬拉里石化產品公司併購UB石化公司，以成爲印度最大的石化產品製造商。

多角化成長策略

多角化成長策略可分爲三種型態：

1. 核心科技（Concentric）多角化　　這是指一家公司發展應用相同核心科技的新產品。像是汽車製造商本田開發除草機和電動噴灑機，就是核心科技多角化的一個最佳範例。
2. 水平多角化　　這是指一家公司開發向同一市場行銷的新產品。SPIC從肥料的製造移向殺蟲劑的製造，就是水平多角化的一個例子。
3. 集團多角化　　這是指一家公司進入全然不相關的領域。

生存策略

Ideal Jawa是讓70年代的印度青年爲之心動的摩托車，現在已經幾乎絕跡了。Ambassador被許多人暱稱爲「汽車化的牛車」，完美的適合印度的道路狀況，且佔領市場很長的一段時間。然而，隨著Maruti的推出，Ambassador已經被擠到第三名。

高露潔支配印度的牙膏市場，其它品牌要振撼其地位非常困難。然而，巴沙拉保健產品公司從這個牙膏市場的盟主和其它跨國企業的手中，奪得市場佔有率而成爲市場的老二。然而在1991年年中，巴沙拉卻意外被印度槓桿公司的主力品牌Close-Up擊敗，其品牌（Promise

和Babool）只好將寶座讓給Close-Up。

1984年推出的鈴木TVS，是印度市場中第一輛推出的100cc摩托車。在推出的那一年，它佔領整個100cc摩托車市場。在1985年它還佔有100cc市場的75%，及整個摩托車市場（即包括250cc、300cc和350cc的摩托車）的14%。但是當Hero Honda CD-100在1985年推出時，情勢就整個逆轉。接著艾思科公司（Escorts）引進三陽 RX-100。最後進入印度100cc摩托車市場的則是川崎 KB-100。隨著每種新款摩托車的推出，鈴木TVS開始失去其市場佔有率。在100cc市場中，它的佔有率在1987年降到28%。公司接著推出幾種新產品來迎擊。

這些只是品牌或公司起初佔領市場，隨後則慢慢失去魅力的少數例子。Vicco Vajradanti的牙膏和牙粉，Drasmic的刮鬍刀片和修面乳、Lacto-Calamine的化妝水、Murphy的收音機、Sunlight的洗面皂、Weston 的TV和VCR、Enfield的摩托車、Khatau的長布、Signal的牙膏、Calica的紡織品、Binny的布料和許多昨日知品的品牌，今日卻同樣的在市場邊緣掙扎求生，或全數消失於市場中。

從中央計劃經濟轉向市場導向經濟，印度市場見證了前所未有的轉變。當產能的執照申請許可程序和限制廢止後，經濟體中許多產品種類正從少量生產轉向產能過度。結果是競爭增加、產品容易獲得、和消費者擁有許多新的選擇。隨著遊戲規則的改變，許多爲首的老品牌或老產品註定要被逐出市場。當過去印度仍採保護經濟時，這些公司就是過去俗語所說的，瞎子群中的獨眼龍。

儘管它們以老舊的技術生產，又將它們的無效率和劣質產品用高價推給消費者。但在缺少競爭的狀況下，這些公司在過去仍然能在市場上橫行霸道。

在情勢完全轉變後，只有適合的公司才能生存，而那些「獨眼龍公司」則會逐漸的被逐出市場。是否這樣的公司和其產品註定要滅亡，或是否有任何方法可以改變它們命運呢？我們將探討讓「獨眼龍公司」在今日的背景下仍能生存的三種策略（Xavier 1992b）。假使這種公司想維持生存並具有競爭性，則應同時嚐試下列的三種策略。

1. 整頓本身事務
2. 將科技升級
3. 發展對消費者需求的敏感度

整頓本身事務

歷史悠久的公司一般都會在其全盛時期聚集許多不需要的脂肪，而在面臨危機時候就發現難以抖落這些負擔。多餘的脂肪就是不必要的規定和官僚程序，以及因此招募來執行這些步驟的多餘人力。資深職員支領和貢獻不相稱的薪酬，同樣也是多餘的包袱。在這種情況下，雖然清楚的劃分每個人的工作範圍，但在程序中，處於灰色地帶的工作通常落在短期的約聘人員身上。因此，由短期工所做的工作範圍逐漸變廣，甚至比正職員工該做的工作還多。

有些公司持續遵循數十年的舊系統和程序，這些陳腐的系統並不會提供人們任何的動機去進行創新和進步；相反的，它們會抑制創造力。除此之外，高度的尊敬階級制度，管理階層重重疊疊，從一個階級晉升到另一個階級甚至並不需要負擔更多的責任。舉例來說，一個員工從處長階級晉升為總經理，或許做的仍舊是一個處長的工作。更經常的情況是，多餘的階級被創造出來以滿足人們的渴望。辦公室的政治角力會達到高峰，因為在一個停滯成長的公司中，人們要往上升遷的機會少之又少。

在這種組織內的員工鮮少會關心自己的績效，而且他們大多數的時間，都用來汲汲於追求自己的利益。較低階層的員工會開始利用工作時間，來追求自己的利益，這可能是販賣外國商品、運作小基金、或使用公司電話來進行房地產交易。隨之而來的就是企業倫理淪喪。各種階層的員工會根據他們的能力來儘量榨取公司的資源，這種現象在這種組織中非常常見。一個打字員可能會把公司文具帶回家給小孩，而行銷部門的副總裁可能會從運輸契約中得到一輛新車以爲回饋，建築部門的副總裁可能會在公司的計劃中，請他選定的承包商順便興建他自己的房子。

實在令人懷疑這種公司眞的能在變動後的環境中生存嗎？除非他們眞能好好的自我整頓。當然，若眞的想要將變革導入組織以因應競爭的環境，高階人員的角色就非常重要。在必要的情況下，應從組織外部延聘合適的人才進入最高階層。這樣的人必須清楚的知道他想要將公司帶往何種方向，並激勵整個組織朝目標前進。假如員工能夠精於營運私人小基金的事業，或使用辦公室的電腦來開發自己的軟體，那何不運用他們的能力來提升公司利益呢？

組織的階級應該要大量減少，即組織要更扁平化。公司未來更好的願景，應該能與每個員工共享，而無法朝向這個願景前進的夥伴則應放棄。此外，應該要創造一個能敏於接受新觀念、創新和進步的環境。

將科技升級

用50年代或60年代的科技，是無法在90年代中與人競爭。想像一家公司試著要在完全電晶體的時代中，銷售眞空管製造的收音機吧！映像管製的電視機，完全被更便宜的全晶體石英電視取代的日子應該不會太遠了。

隨著全球化的興起，消費者同時能以合理的價格得到種類更多的高科技產品。因為選擇太多，以致於消費者必須要從一系列愈來愈新且複雜的產品中挑選，而他們也開始抱怨售後服務不當，和產品淘汰率加速。許多曾經被認為是奢侈品的產品，像是洗衣機和家用電腦，現在早已變成了民生必需品。

當我們談到科技，我們通常是指電子領域。這個領域裡的進展對其它領域的新產品和服務的發展一樣貢獻良多。自從1900年後，每20年一塊錢估計可購買到的計算能力已經增加千倍。自從1950年以來更是以百萬倍成長。10秒鐘預錄的音樂賀卡之處理能力，已經比1950年的任何電腦還要來得強。價值$299元的Sony Play Station電視遊樂器（1995），比過去推出時價值二千萬元的Cray-I的運算能力還更強。雪芙蘭汽車的計算能力估計比1969年的阿波羅號太空船還要強。

《Scientific American》的1998年冬季特別版，就報導麻省理工學院所開發的智慧型流行服飾。舉例來說，電視播報員的服裝特色是有一部攝影機和迷你螢幕鑲在其肩線和腰帶上。假若你喜歡玩撞球，你將會喜歡撞球選手的頭頂視野攝影機和觀看面罩，這可以分析球在球枱上的位置並找出最簡單的打法。其它未來的流行讓記憶體強化裝置能織入纖維中，使穿戴者能立即溝通上電子書、地圖和資料庫。

當科技改變，消費者、競爭、和市場也會隨之改變。科技同時也透過管理上的新方法、工具、和技術來直接影響公司，並在一些領域像是行銷、製造、新產品發展、訂價、配銷、和促銷方面衝擊決策的制定。舉例來說，書現在可以在網路上銷售（像是Amazon.com、Rediff.com）。你可以舒服的坐在自己的辦公室中瀏覽群書，閱讀書評並使用你的信用卡下訂單。在數天之內，所訂的書就送達你的辦公室或家門口。幾乎每樣東西都可以透過網路購買，包括雜物、禮物、蔬菜、電影票和電腦。

主動的公司能夠預測可能會影響其營運的科技改變，而它們也將是第一個將新科技的好處傳達給消費者的組織。然而因爲新科技會促成新或更好的產品之推出，當競爭的出現使得一大塊市場已經溜走時，「獨眼龍」公司可能還處於懵懵懂懂的狀態中。

公司應該捨棄印度市場不可能吸收高科技的錯誤看法。它們必須要有宏觀的視野，並同時以全球市場爲腹地而規劃。它們不能夠再自我設限於印度市場中。當全世界的公司都在努力追求全面品質管理（TQM）和ISO認證時，印度的公司難道還能只爲印度市場繼續製造劣質品嗎？除此之外，印度的公司也無法以其「牛車」科技來對抗太空世紀的公司。在科技升級的過程中，重新訓練既有的員工並爲多餘的人力找到替代的僱用管道或許也是基本工作吧。

發展對消費者需求的敏感度

在大多數的「獨眼龍」公司中，內部的便利性永遠比消費者的利益來得重要。因爲他們早就習慣於在產品由配額分配的短缺經濟體中營運，它們抗拒行銷的概念。這些公司的行銷理念總結一句話就是，「我們製造，你們買；我們說話，你們聽」。消費者不被視爲潛在的資產，而是他們工作的打擾者。

在改變後的環境中，消費者擁有廣泛的選擇性，他們可以拒絕任何不符合他們期望的產品或公司。消費者不再需要依靠任何一家公司。相反的，公司卻要依賴消費者持續的光顧捧場。因此，公司主要的意圖應該是要吸引並留住消費者。

服務消費者並不僅僅是行銷和銷售部門的責任。這應該是企業內每個員工的工作內容之一。舉例來說，坐辦公桌的工程師應該要了解顧客的需求，因此他才能隨之製造適合的產品。相同的，研發人員也應該了解消費者的需求。電話總機人員應該要能對顧客的不滿或詢問表示感同身受。

這要求公司內所有員工都要改變他們的態度，從全然的漠不關心變成對消費者的極端崇敬。能比其競爭者提供給消費者更好的價值和服務的公司，註定走上成功之路。

總而言之，從前在保護主義下茁壯的公司如今必須捨棄他們的舊觀念，因為今日他們必須準備面臨新世代公司無情的攻勢。

提振銷售萎靡的策略

每一個公司，或大或小、或公營或私有、無論跨國企業或本土企業，都註定要在某一些時點面臨銷售衰退的問題。銷售的衰退趨勢或許是因為競爭增加、消費者品味改變、市場成熟、缺乏市場推廣、價格提高、替代品的可得性、消沈／老舊的業務單位、一般經濟狀況、乾旱、饑荒、經濟體系崩潰等原因所造成。銷售衰退的原因，可以藉由要求業務人員解釋他們差勁的績效來加以了解。

我們現在就來探討下列提振銷售衰退的策略（Xavier 1992a）。

1. 找出新用途
2. 增加使用率
3. 找出新市場
4. 擴充產品線
5. 嘗試控制成本

找出新用途

在大多數的情況下，一項公司無法掌控的因素通常都會被用來當做失敗的藉口。然而這種做法並不能解決問題。眞正有意義的做法是利用創新和想像力來找出既有市場之外的機會。讓我們來思考幾年前Cherry Blossom鞋油的案例吧。在國內許多地方中，擦皮鞋的風氣逐漸消失。除此之外，Nike和Puma在市場上推出一系列的鞋款，也造成了流行趨勢從皮鞋漸漸轉向運動鞋和休閒鞋，因此也更進一步的侵蝕原有的鞋油市場。然而Cherry Blossom的製造商瑞可寇曼公司（Reckitt&Colman）並沒有就此退卻，或怨天尤人的責怪消費者品味不該改變；他們發現了在鞋類保養市場上的新機會，並重新定義他們的事業爲「鞋類保養」，而非「鞋油」。他們在同樣的品牌名稱下，推出一系列的新鞋類保養產品。除了液態鞋油和潔白劑外，他們最近也在孟買推出了專門保養鞋類的Cherry Blossom 鞋類保養液，目標瞄準運動鞋和休閒鞋的使用者。

當電視產業正在抱怨國內的不景氣時，BPL正高興的出口它的電視產品到英國和德國。當Ideal Jawa和Enfield正在夾縫中求生存時，Rajdoot正進軍到競爭不激烈的偏遠市場。師法這些例子，讓我們試著爲下列的問題擬訂策略。

假設在特定城市的一個知名粉筆品牌「河馬牌」，正面臨新進者「犀牛牌」的挑戰，這個對手正在學校和大學中大肆招攬生意，並同時壓低出售價格，那麼河馬牌有哪些選擇可供利用呢？傳統的做法是：（i）也打出相同的價格，和（ii）加強個人業務銷售。

然而，假使河馬牌模仿競爭者的策略，則這代表它已經承認競爭者比較強了。相反的，它應該尋找不同的方法來提供給消費者更高的價值。河馬牌究竟可以傳遞給消費者哪些額外的價值呢？粉筆自從推出以來就沒有任何改變，即圓錐型，在黑板上寫字時會發出咯吱聲，而且易碎。或許這些特性能提供許多創新和改進的機會。河馬牌可以研發出不同造型的粉筆以利拿握，產生較少雜聲，或較不容易斷裂的粉筆。另一種創新的方式是將粉筆做成圓柱型，然後每盒粉筆附贈一個塑膠粉筆套。

因此企業的最終勝利來自於，能提供給消費者比競爭者能提供的還高的價值。以現實生活為例，雖然每支電風扇看起來都一樣，寶拉電器推出的產品卻具有搖控功能。哈彼克公司將容器設計與修正成讓家庭主婦使用上更容易。將液體止痛劑（例如Iodex spray）和刮鬍爽面水的容器設計成噴霧器的型式，也提升了它們在消費者眼中的價值。因此累積許多雖然小卻實用的修正改良，使公司能傳遞給其顧客更高的價值。

增加使用率

你也可以鼓勵顧客更常使用你的產品，或使用更多的數量，以提振下滑的銷售曲線。當Dettol面臨銷售停滯的問題時，它從其原本單純的「刮除和保養」配方，重新定位成更廣泛的「保養」概念，擴充其使用性至刮鬍子、換洗嬰兒的尿布和清潔地板。Vicks Vaporub除了傳統上在感冒時可以抹在鼻子裡之外，同時也成功的拓展到塗抹在胸部和背部的應用。藉著鼓勵更廣泛的用途和增加使用的頻率，可能有助於公司渡過銷售停滯的時期。

有一家牙膏製造公司面臨銷售停滯時，它擴大牙膏管的口徑，使得顧客在每次使用時會多擠出15－20%的牙膏。較好的策略應該是在消費者身上，推廣一天內多刷幾次牙的觀念。Vicks Vaporub曾經廣告其產品爲抹在鼻子裡可以舒緩感冒症狀，其產品包裝在八公克的小錫罐中銷售。當其銷售到達停滯期時，Vicks的廣告開始出現一個慈愛的母親，輕柔的將藥抹在孩子的胸部和背部，以及原本的鼻子中。在使用後，孩子看起來像是終於從感冒和相關的兒童不適症狀中解脫。接著公司開始銷售大瓶裝的Vicks。這個做法強力的促進其總銷售量。

現在，Franch油被廣告成專治傷口、燒傷、扭傷和許多其它的應用。每個新廣告就強調一種新的應用方式，現在所有的用途加起來已經超過15種了。

從另一方面來說，公司並非總是能利用消費者對產品的使用方式。舉例來說，在某些販賣牛隻的市場中，有條黑尾巴的牛就可以賣到好價錢。因此，有些掮客就使用染髮劑來將牛尾巴染成黑色。但是這並不代表染髮劑的製造商就能夠從這裡得到靈感，並廣告「來吧，公牛們！想看起來更年輕嗎!!使用我們的染髮劑!!」。很多飼主也經常會使用人類使用的藥皂來幫他們的寵物洗澡。製造公司現在也很困惑究竟要讓這種情形持續下去，或推出另一個新品牌的寵物香皂。有一個趣聞是關於一種薄荷牙膏在非洲郊區大熱賣的軼事。當針對人們在那個地區的刷牙習慣做一個研究時，結果卻顯示當地沒有任何人曾經刷過牙。那麼那些人購買這麼多薄荷牙膏究竟是用來做什麼？結果牙膏是被用來當成麵包和小餐包上的糖霜！

找出新市場

對公司來說當面臨銷售衰退時，尋找新市場是常見的做法。舉例來說，在城市地區當大多數的消費產品都面臨成熟期時，公司就會拓展其通路將產品配銷到郊區市場。布魯克公司在配銷其茶和咖啡產品至郊區方面，就建立一條完善的配銷通路。Richardson Hindustan（今日的印度寶鹼公司）則是另一家將其系列產品線，在半都會區和郊區市場推廣順利的公司。許多消費耐久財的製造商，包括奧尼達公司和本田公司，也嚐試要進入郊區市場。

除了郊區市場外，公司也應該要考慮出口市場。在特許主權（Licence Raj）下，印度公司面臨最大的生產限制，因爲政府堅持工廠設立時要符合最小的經濟規模（MES），不管實際上國內市場的規模大小。因此，印度工廠製造的產品都塡不滿國內的需求，反觀某些國家專案獎勵的產業其工廠規模會大於國內需求，因此這些國家就變成了主要的出口國。事實是，若國家的國內需求低於MES的話，那麼MES就會成爲公司尋求海外市場的誘因。隨著印度政府推行自由化，像是產業政策、匯率及貿易政策、和貨幣及財政政策，印度公司註定要面臨跨國企業的競爭。因此印度公司應該要主動的升級它們的科技、提升產品品質、並進軍國際。

擴充產品線

自從印度市場出現牙膏以來，高露潔就一直是牙膏市場的霸主。然而，它的市場佔有率也隨著Promise和Close-Up的創新之舉而受到侵蝕。Promise重覆宣揚其內含「丁香油」牙膏的優點，強調其藥用和抗膿品質，雖然事實上每一個品牌的牙膏或多或少都含有一些丁香油成份。Close-Up是第一家推出膠狀牙膏和顏色成份，這種發明使得它能夠奪下一些市場佔有率。情勢迫使高露潔必須擴充其產品線，包括含氟、膠狀和抗齒垢牙膏，而高露潔現在也持續的支配牙膏市場。

早先我們曾討論過的Cherry Blossom的案例，也是擴充產品線的一個有趣範例，其商品從鞋油擴充至許多鞋類保養產品。在市場上推出Liril和Cinthol香皂的不同配方，也幫助其公司壟斷了一大塊高級衛浴香皂市場。

消費者已經厭倦了年復一年的使用相同的產品。因此行銷人員應該要提供多樣化的產品來吸引消費者。任何產品的多樣化過程都沒有盡頭。是故可以藉著推出同種品牌的不同口味或成份、不同的形式、或不同的應用方式來擴充產品線。以洗髮精爲例，公司可以嚐試下列的變換：

- 不同的顏色
- 不同的香氣
- 抗頭皮屑配方
- 增加潤髮功效
- 增加特別的頭髮蛋白質
- 草本配方
- 為油性髮質調配特殊的清爽配方

嚐試控制成本

我們到現在爲止探討的策略都專注於外在環境，即競爭和消費者。但是公司問題的根源經常來自組織內部。在Nirma的成長初期，印度槓桿公司試著要用自己的Surf品牌來對抗。它將Surf包裝在手提袋中，並大肆宣揚其成本效益。印度槓桿公司花了許多年才了解若要對抗Nirma，它應該要推出和Nirma相同價格等級的另一個品牌。這個決策代表公司必須要縮減成本，並製造出一種訂價能和Nirma一樣低的洗衣粉。

許多公司在全盛時期，因爲增加人員並提高其津貼而囤積了過多的脂肪。這些虛胖的企業鮮少反省自己營運的成本和效率。只有到了危急存亡的關頭時，他們才試著要縮減成本。在良好的公司中，成本控制和效率提升是一個持續進行的程序，公司隨後將採行這些做法而得到的利益，以降低價格和提升產品的方式來回饋給顧客。往後，顧客也不可能再心甘情願的補貼公司的無效率了。

銷售衰退是每家公司在某些時點上註定要面對的一種現象。若是一家公司已經無法再使用任何策略以渡過難關時，那麼惟一剩下的選擇就是撤出市場。舉例來說，當一項高科技產品能以較低的價格推出時，顯然原先的產品將會被逐出市場。假設在市場上以2000盧比的低價推出全晶體石英彩色電視機，則昂貴的映像管電視就會被送入博物館，就如同電晶體收音機問世時，眞空管收音機所遭遇的命運一樣。然而重點是，假如一家映像管電視機的製造商，能使其產品的天線接收到來自四面八方的警告訊號時，那麼它就會是市場上第一家推出進階型完全全晶體電視機的廠商。在情況迫使我們必須改變前就先行改變總是比較好。

散彈槍策略與來福槍策略

我們在第一章已經討論過散彈槍策略和來福槍策略。在普遍的情況中，當推出新產品時，行銷人員可以在散彈槍策略和來福槍策略之間做個選擇。來福槍策略指詳盡的規劃，藉著區隔市場以找出合適的目標並推出適合此目標市場的產品。散彈槍策略是指將一系列的產品儘量丟進市場中，期望其中總有一些能變成搖錢樹。

究竟何者爲佳－散彈槍策略或來福槍策略呢？一般來說，確實的知道目標市場何在再發射總是好一些。然而，在某些情況下散彈槍做法或許也能發揮功效。讓我們來研究在高級衛浴香皂市場中，介於印度槓桿公司和高德瑞公司之間的香皂大戰。印度槓桿公司一直仔細的分析市場，並將其產品定位在幾個不同的區隔中，以吸引不同族群的消費者。另一方面，高德瑞公司卻是萬箭齊發，推出一系列的產品像是Crowning Glory、Marvel和Cinthol Lime。高德瑞公司推出一項產品時並不會做太多的調查，它會先推出產品，並隨後再根據市場的反應來修正其定位或產品品質。在高級香皂市場中採用散彈槍做法倒是十分成功。

高德瑞公司的散彈槍做法能獲得成功的理由之一，是高級香皂市場穩定的成長、不存在進出障礙、以消費者也習慣更換品牌。因此市場上有空間能容納各種策略。

若是以香煙市場而論，甚至經過深思熟慮才推出的產品都會遭遇挫折，遑論那些沒有清楚的了解目標市場，就貿然推出香煙產品的廠商，幾乎已經註定以失敗收場。

下列是選擇適當策略的一些指導原則：

1. 在一個停滯的市場中，像是香煙市場，散彈槍策略將不會奏效。
2. 若是品牌忠誠度相對之下很高，像是牙膏市場的情況，則採用來福槍策略會較好。
3. 假若市場進出障礙很低，像是高級香皂的情況，則散彈槍策略可能有用。
4. 在短缺的情況下任何策略都不必要，因為任何你製造的東西，人們都一定會購買。

策略聯盟

聯盟一般是指人們、政黨、國家等等之間的共識或關係，他們正式的聯合並爲達成共同的目標而一起努力。聯盟自從人類出現以來就存在。歷史中充滿著君主間互相聯盟的範例。婚姻也可以視爲聯盟的一種形式。

近代我們見證了許多企業廠商之間的結盟。科技逐漸的複雜化甚至迫使一些大公司，像是IBM和福特汽車，也必須和世界各地的廠商結合成數個策略聯盟，以保持其在科技浪潮中的領先地位。相同的，跨國企業進入新市場，像是印度時，也會和擁有本土市場知識，並能掌握配銷通路的本土公司進行策略聯盟。

雖然有些商業聯盟被認爲非常成功，然而我們也看到許多聯盟是以失敗收場。最有名的例子就是高德瑞公司和寶鹼公司之間聯盟的破裂。同爲金融服務公司的ITC 經典公司和佩林格公司，相同的也在簽訂他們的MoU之後，不到一年就分道揚鑣。馬因達汽車和克萊斯勒之間製造Cherokee的協議，也完全沒有達成。

爲什麼聯盟甚至會在達成他們共同的目標之前就失敗？在商業文獻中有提到數個理由，包括（i）缺乏對彼此的了解，（ii）不相容的目標，（iii）不公平的付出，（iv）不相容的工作文化，和（v）無效的執行控制。一般來說，印度生意人在進行聯盟關係時都有許多不成熟之處。他們最大的敗筆就是在結盟之前，沒有全盤的評估過盟友以及詳盡的分析自己的動機。除此之外，他們和一家主要的公司進行聯盟的動機，同樣也是爲了避免競爭。這樣會造成何種反效果，在接下來摘錄自帕求寓言的故事中會適切的加以說明。

蛇和青娃

有一隻青蛙王名字叫做各各答沙。它和它的家人及親朋好友快樂的住在一口井內。有一天，各各答沙和它的一些親戚有些齟齬，從此以後它們就使青蛙王夜夜失眠。因爲無法忍受它們的殘暴行爲，各各答沙沿著水車的繩子爬到井外。

當青蛙王正四處閒逛時，它看到一條名叫佩里亞答沙的黑蛇爬進它的洞中。青蛙王馬上想到一個計劃，就是邀請黑蛇到它的井中來教訓它的親戚。雖然蛇也疑惑爲什麼乾柴要與烈火爲友，但在青蛙王的強力遊說下它還是同意了。

在抵達水井時，各各答沙將佩里亞答沙安頓在一個貼近水面舒適的石洞中，隨後並帶它去見它的親戚。蛇將它的親戚一隻接一隻的吃掉。各各答沙非常得意忘形，它終於教訓了那些已變成敵人的親戚。然而，它的興奮維持不了多久。

雖然任務已經完成，但是蛇卻拒絕出井，它說它之前的洞一定被其它的蛇佔據了。它同時也希望將更多青蛙當成它的食物。從那一天起，它們就達成一個協議，各各答沙每天在它的同伴中指定一隻青蛙爲佩里亞答沙的食物。但是當青蛙王一不留神，蛇就會多吃幾隻青蛙。

終於青蛙王只剩下家人的日子來臨了。接著蛇就吃掉青蛙王的兒子。各各答沙的妻子責備它引蛇入洞的輕率行爲，因此它就想出一個至少能救自己和妻子的計劃。藉口要從臨近水井中安排更多青蛙過來，各各答沙和它的妻子逃出井中。

當蛇在井中等青蛙王回來等得不耐煩時，佩里亞答沙馬上派出一隻蜥蜴去接它。各各答沙告訴這個使者它永遠不會回到井裡了，因爲相信一隻飢餓動物的承諾，實在不是明智之舉啊！

從故事中得到的教訓

印度的商業界和這個故事間可以找出許多相似之處。首先在特許主權（Licence Raj）的情況下，印度的商業界就像井底之蛙一樣與世隔絕。裡頭也有許多的青蛙王住在不同的井中，如同肥皂、洗潔劑、電視機、個人電腦等等。舉例來說，衛浴香皀市場之王安迪·高德瑞總是和它的對手TOMCO和印度槓桿公司爭地盤。它十之八九曾經想要和寶鹼公司（黑蛇）結盟，這樣它就可以好好的教訓它的對手。但是最後高德瑞公司卻是被寶鹼公司併吞掉，而非其競爭者。相同的，TVS-惠而浦的聯盟，最終結果也是惠而浦公司進入市場大門並拋棄TVS，而在這個過程中還順便吃掉另一隻青蛙（對手）凱文納得公司（Kelvinator）。假如乾柴眞能與烈火爲友，那背後必定令有所圖。在進行結盟之前，我們應該先了解盟友的動機。

看到這些令人膽寒的教訓，是否代表和強大的企業結盟是不可能的呢？這並非事實。我們也有許多聯盟成功的例子。其中一個例子就是英國的ICL和日本的富士集團，後者利用前者而有效的在歐洲主機電腦市場上和IBM一爭雌雄。

強大的盟友並非總是必要條件；和弱者結盟甚至也能造成有效的防禦效果。就像印度俗語有云：

雖然稚嫩，一隻竹子
源自於它竹，施與受賜與它們
力量以抗拒連根拔起；所以
弱小者連合也可以對抗敵手。

弱者聯盟的典型例子就是嗒嗒茶公司和泰德利公司的聯盟。泰德利公司想在美國市場挑起一場戰爭，來對抗全球領導者雀巢公司（Nestle），而且它在歐洲市場上也大佔優勢。另一方面，嗒嗒茶公司擅長於管理茶園，供應全球主要廠商大宗茶葉和即溶茶原料，包括雀巢公司在內。但是嗒嗒茶公司一向有雄心壯志想在全球包裝茶葉市場一展雄才。因此，嗒嗒茶公司和泰德利公司結盟來對抗雀巢實為明智之舉。這次的結盟顯然能夠彼此互利。

因此假如一家公司能夠注意下列各點，那麼它就能和其它公司進行成功的聯盟。首先它應該要詳盡的檢視盟友提議的動機之後，才進行策略聯盟。若是雙方公司都有相同的敵人或相同的意圖的話，聯盟關係就能更穩固。盟友的強弱與否端視情況而定。雙方公司應該要能互相敬重對方的才能。

我們同時也應該注意，若是形成聯盟是為了要達成某些策略性目標，該目標大多有時間性。聯盟是否會破裂或能持續下去，端視共同目標已達成後雙方是否仍有利可圖。

國內參與者的策略

印度公司在顧客服務、品質和科技方面紀錄不佳。事實上，因為在這些領域的發展如此不足，以至於只要一有進步就能使公司大有斬獲。然而當每個人都迎頭趕上時，競爭就會提升到更高的層次。在現今的環境下，大多數的印度公司可以遵循下列的策略，來得到競爭優勢。

以客為尊和市場導向　在過去的短缺經濟中，商品是根據配額來分配，公司從來不曾擔心消費者在哪裡。但現在的時勢早已經進入以客爲尊和市場導向的時代了。

科技升級　大多數的印度公司仍舊只擁有牛車科技，而它們竟然想據此和太空世紀的科技競爭。它們應該要透過技術合作或增強研發能力，來升級它們的技術。

提升品質　對印度商業界來說，品質標準仍舊是以退貨率的多寡來衡量，而整個世界卻早已走向每百萬個瑕疵率（PPM）的標準了。在印度，許多公司還是可以接受百分之二的瑕疵率，20PPM在國外卻是差勁的數字。百分之二的瑕疵率就等於每百萬個產品中就有二萬個瑕疵品。

降低成本　在過去沒有競爭的環境中成本控制並不必要，而公司的成長也伴隨著增加許多不必要的經常性支出和多餘的員工。公司現在必須要進行成本控制和提升生產力來精簡。

策略性聯盟　要獨自對抗全球的競爭並不太可能。同樣的，我們也不需要重新發明輪子。在能夠變成跨國企業之前，印度公司可以利用策略聯盟來迎頭趕上世界趨勢。

堅守核心能耐領域　過去公司會投入生產各種不同的產品，因爲擴充核心能耐領域有其限制。這就是爲什麼我們總是發現水泥公司投入電子業，或肥料公司投入生技製造業。然而在自由化的環境中，公司最好不要從事不相關的活動，必須專心堅守具有獨特競爭優勢的領域。

鼓勵創造力　雖然印度應該是擁有最多科技人才的國家之一，然而卻沒有因此而創造出競爭優勢。當科學家或工程師加入一家公司時，環境使他們難以進修，而他們也逐漸變成「技工」（doer）。現在的環境需要大量的「思考者」，而組織也應該鼓勵創造力和創新，以提升公司的產品和程序。

國際參與者的策略

在還未自由化的時代裡，印度實行鎖國政策而與世界經濟隔絕，這使得國家嚴重缺乏技術。現在經濟體已經對外開放，許多新的印度公司出現在市場中，並嚐試開發全球的行銷機會。因為是在全球市場上，公司無法在一夜之間就變得具有競爭力，需要逐漸強化自己的能力。公司或許可以從出口或授權製造開始，並隨後在海外建立子公司。我們現在就來探討全球市場進入策略（請見圖9.9）

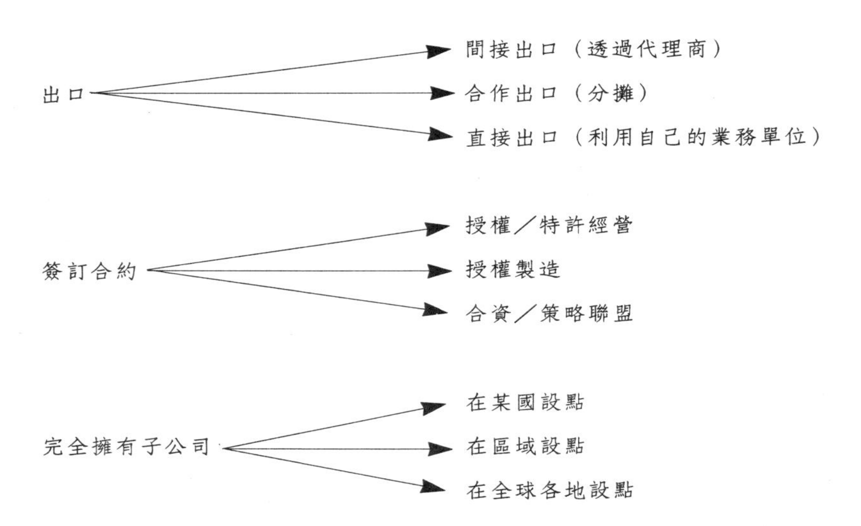

圖9.9 全球市場進入策略

出口可以透過代理商間接進行。大多數塔立巾（teri-towel）的出口都是透過代理商。它們從國外的買主手上收集訂單，並移交訂單給印度製造廠。相關的產業工會會進行出口合作。舉例來說，香條（agarbathi）公會可以進行產品出口推廣。在印度，絲織品的出口可以透過中央絲織品委員會（Central Silk Board）。一旦在國際市場得到一定程度的專業經驗時，公司就可以利用自己的業務單位，開始嚐試直接出口。

簽訂合約（Contracting）指和一家國外夥伴，就商品的行銷、供應、和／或製造方面，簽訂一紙協議。像是麥當勞公司特許其印度據點經營一樣，印度公司也可以特許或授權外國公司使用印度的技術，像是製造dosa或tanduri roti等。桑德拉公司（Sundaram Fasteners）就與通用汽車簽訂合約委託後者代工製造水箱蓋。許多印度的紡織工廠爲國際大型連鎖店代工製造，像是斯潘瑟爾服飾、班尼頓公司、利美頓服飾等等。公司間也可以合資經營，這樣外國公司就能夠投資其印度的夥伴，並進行技術移轉。

一旦公司擁有足夠的自信之後，就可以設立國外的子公司。子公司可以是多點核心（polycentric），即在某一國內集中發展；區域中心（regiocentric），限制在某些區域，像是亞太區域或中東區域；地域核心（geocentric），即是在世界上任何有經濟價值的地方設點。

下列的指導原則可以提供給有志於全球化的印度公司做爲參考：

瞄準利基　印度行銷人員可以開發對全球大廠來說太小的全球利基市場。其中一個有很大利潤空間的利基市場，就是全球的印度僑胞市場。在美國市場上，Sumeet攪拌研磨機就在印度僑胞（NRI）家庭間聲名遠播。滿蘇布魯威利公司則在英國的印度餐廳行銷一種叫做Cobra的啤酒，這種很烈的啤酒和口味重的印度菜剛好相配。印度的壓力鍋也在美國的超級市場中銷售。這就是利基市場，因為市場太小且美國製造商也不會感興趣。

進行合資　和外國公司合資，可以幫助印度公司進入外國的市場。嗒嗒茶公司就和泰德利公司進行策略聯盟。這個交易使得嗒嗒茶可以利用泰德利的行銷通路，它則保證充足的供應泰德利公司大宗茶葉和即溶茶的貨源以為回饋。因為嗒嗒茶能夠透過它在印度和斯里蘭卡擁有和管理的茶園，來控制大宗茶葉的貨源，因此它和泰德利的合夥關係就能比較穩固。其他印度公司也擁有自己的即溶茶技術，可以將茶葉製成茶包。

進行代工製造　印度在某些領域上具有充沛的能力，像是農業、工程業和紡織業。就像是桑德拉公司，許多印度公司和很多國際公司簽訂契約開始代工製造。這個趨勢在紡織業已經相當明顯，許多印度的小紡織廠就為美國和歐洲的私人廠牌進行製造。

開發環保產品　隨著西方環保意識逐漸高漲，印度公司可以提供環保包裝素材，像是棉和黃麻。公司同時也可以製造有機產品，像是有機茶等，這些都可以賣到好價錢。

進入有高比率印度人口的市場　中東地區、新加坡和馬來西亞就是印度產品的理想試驗場所，因為這些地方擁有許多印度裔的人民。隨著衛星電視的普及，要在這些市場行銷產品也變得更容易。

可維持的競爭優勢

策略化背後的涵意，就是為公司建立可維持的競爭優勢。波特

(1985) 認爲價值鏈決定著公司的競爭優勢。價值鏈是指公司創造、支援和遞送其產品的一組互相關連的活動。只要所創造的價值能夠高於附加價值的成本，那麼公司就能夠獲利。一家公司的競爭優勢來自於公司對市場、獨特的能耐、和資源配置模式所做的選擇。在每個市場上，得到機會的公司就可以選擇和其它公司競爭。公司競爭的本錢來自其產品，以及將產品傳達給顧客的相對成本。

一家公司或許是因爲能控制關鍵資源，或因爲其核心能耐和能力，而衍生出競爭優勢。資源可以是有形的，像是原料、工廠和機器設備，或無形的，像是品牌、商譽和形象。能力可以來自企業功能，像是設計、製造、研發和配銷。組織文化也愈來愈被視爲是一種競爭優勢的來源，因爲組織文化無法模仿。可維持的競爭優勢之特性如下：

- 難以交易或模仿，因為是公司所特有的，立基於公司的關鍵資源和能力（公司特有的）。
- 很稀少、耐久、且難以替代（獨一無二）。
- 和其它資源或能力結合運用時，關鍵資源可以發揮更大的能力（提供槓桿效益）。
- 能引導公司朝向顧客心目中的更高價值邁進（附加價值）。
- 和產業未來的方向相連繫（不會變得過時）。

下面是一般公司追求的競爭優勢清單：

1. 工程研究和產品發展
2. 員工的開創能力（培養內部的創業精神）
3. 顧客服務
4. 品質的口碑

5. 利用資訊科技來製造和配銷
6. 製造的彈性和速度
7. 品牌管理
8. 低成本製造

處在一個瞬息萬變的環境中，優勢可能經過一段時間後就會逐漸過時或消失。因而公司要持續的尋找機會，以強化自己的競爭優勢。

本章摘要

在本章裡，我們討論了各種擬訂策略的做法。奧門（1982）的三C模型，在發展競爭策略方面非常實用。這個模型背後的基本涵意是，消費者將會選擇物超所值的產品。因此公司必須要找出一些方式和做法，提供比競爭者所提供的價值更高的產品給選定的市場區隔。SPACE分析提供公司應遵循的一般性策略做法的一些指導原則。

成長策略包括密集、整合和多角化等策略。市場滲透、市場開發和產品開發是典型的密集發展策略。向後整合、向前整合和水平整合則是整合策略。多角化策略包括核心科技多角化、水平多角化、和集團多角化。

每個印度公司都應該遵循一些基本的生存策略，以期趕上世界趨勢。許多公司在保護主義時代造成過於虛胖，因爲它們可以將自身的無效率以漲價的方式轉嫁給消費者。但是現在已經不可能如此了，必須好好整頓以提升自身的營運效率。除此之外，它們也不可能靠著原來的牛車科技在太空世紀中與人競爭，因此就需要科技升級。最後，公司必須注重消費者的需求，改良其產品，這最終將能爲公司帶來更高的銷售量。

銷售不振的改善策略包括找出產品的新用途和新市場、提高使用率、擴充產品線、和嚐試控制成本。對新產品的推出來說，有二種策略非常重要（i）散彈槍策略，和（ii）來福槍策略。二者適用的市場狀況不盡相同。

公司在進行策略聯盟時必須小心，在本章我們已經藉著帕求寓言加以說明。印度公司在進行聯盟時有些做法並不成熟。公司在進行策略聯盟之前，應該清楚自己的目標和何時達成這些目標。

本章同時也針對在本土市場營運的印度公司，以及有志於全球化的公司，提供一些一般性策略。對本土企業的建議包括以顧客爲尊、科技升級、品質提升、成本削減、進行策略聯盟、開發利用核心能耐領域的產品、以及鼓勵創造力和創新。至於對於有志進軍全球的公司之建議包括瞄準全球利基市場、進行合資、代工製造、開發環保產品、和瞄準印度僑胞。

總而言之，創造可維持的競爭優勢對公司來說非常重要。在今日的環境中，策略、產品、科技、和程序都很容易被複製。因此勝利的秘訣在於，在競爭者趕上你現今的優勢之前，就已經爲自己創造明日的優勢。藉著發明新的遊戲規則和重新定義產業，公司應該學習如何爲明日競爭。

策略性行銷（行銷策略）

原　　著／M. J. Xavier
譯　　者／李茂興・沈孟宜
執行編輯／黃碧釧
出 版 者／弘智文化事業有限公司
登 記 證／局版台業字第6263號
地　　址／台北市丹陽街39號1樓
E-Mail／hurngchi@ms39.hinet.net
電　　話／（02）23959178・23671757
郵政劃撥／19467647　戶名：馮玉蘭
傳　　眞／（02）23959913・23629917
發 行 人／邱一文
總 經 銷／旭昇圖書有限公司
地　　址／台北縣中和市中山路2段352號2樓
電　　話／（02）22451480
傳　　眞／（02）22451479
製　　版／信利印製有限公司
版　　次／2002年1月初版一刷
定　　價／400元

ISBN 957-0453-39-7

國家圖書館出版品預行編目資料

策略性行銷 / M. J. Xavier作；李茂興，沈孟宜譯. -- 初版. -- 臺北市：弘智文化

2001〔民90〕

面：　　公分

譯自：Strategic marketing : a guide for developing sustainable competitive advantage

ISBN 957-0453-39-7（平裝）

1. 市場學

496　　　　　　　　　　90014768